W0302453

Dr. Gert Maibaum
Wahrscheinlichkeitsrechnung

Wahrscheinlichkeits-rechnung

Dr. Gert Maibaum

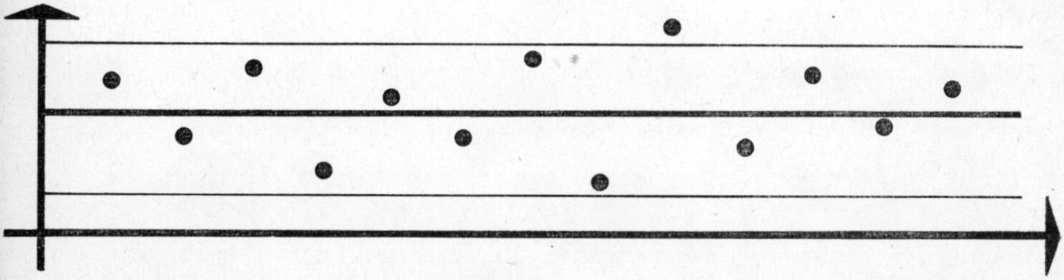

Verlag Harri Deutsch,
Frankfurt/Main und Zürich
1972

Autor: Dr. Gert Maibaum

Redaktion: Siegmar Kubicek
Einband: Karl-Heinz Wieland
Zeichnungen: Ingrid Schäfer

ISBN 3 87144 116 3
Alle Rechte bei Volk und Wissen
Volkseigener Verlag, DDR-Berlin
Lizenzausgabe für den Verlag
Harri Deutsch, Frankfurt/Main und Zürich
Printed in the German Democratic Republic

Inhaltsverzeichnis

Vorwort

In starkem und immer mehr zunehmendem Maße finden mathematische Verfahren Verwendung, die auf der Wahrscheinlichkeitsrechnung beruhen. Hieraus ergibt sich die Notwendigkeit, die in der schulischen Ausbildung stehenden jungen Menschen schon frühzeitig mit dem Gedankengut der Wahrscheinlichkeitsrechnung bekannt zu machen. Diesem Ziel dienen unter anderem Arbeitsgemeinschaften und Lehrgänge über Wahrscheinlichkeitsrechnung im Rahmen des fakultativen mathematisch-naturwissenschaftlichen Unterrichts in der erweiterten Oberschule und Vorlesungen über dieses Gebiet an den Fachschulen, Ingenieurhochschulen, Hochschulen und Universitäten in den ersten Lehrabschnitten des Grundstudiums vieler Sektionen. Es fehlt aber dabei an geeigneten lehrbuchartigen Darstellungen der Wahrscheinlichkeitsrechnung, die mit den in einer Oberschule vermittelten Mathematikkenntnissen auskommen und auch den heutzutage üblichen Anforderungen hinsichtlich mathematischer Strenge genügen. Das vorliegende Buch soll helfen, diese Lücke zu schließen; es ist gedacht als Lehr- und gleichzeitig als Lernhilfe und wendet sich damit an Lehrer und Schüler, darüber hinaus aber auch an Studenten. Genauer, dieses Buch wendet sich an

— **Lehrer** der erweiterten Oberschulen, die im Fach Mathematik unterrichten, insbesondere aber an diejenigen, die im Rahmen des fakultativen Unterrichts Lehrgänge über Wahrscheinlichkeitsrechnung durchführen oder durchführen wollen;
es soll ihnen dabei ein fachlicher und auch methodischer Ratgeber bei der Unterrichtsvorbereitung sein.

— **Schüler** der oberen Klassen von erweiterten Oberschulen, die sich für das Stoffgebiet „Wahrscheinlichkeitsrechnung“ interessieren;
es soll denjenigen, die in Arbeitsgemeinschaften oder im fakultativen Unterricht an einem Lehrgang über Wahrscheinlichkeitsrechnung teilnehmen können, zum Nacharbeiten und Vertiefen des gebotenen Stoffs dienen;
es soll denjenigen, die eine solche Möglichkeit nicht besitzen, eine leicht verständliche und dabei moderne Einführung in dieses Wissensgebiet vermitteln.

Studenten, die während ihres Studiums Vorlesungen über Wahrscheinlichkeitsrechnung oder über Gebiete hören, in denen wahrscheinlichkeitstheoretische Methoden verwendet werden;

es kann ihnen helfen, Klarheit über die Grundbegriffe und Methoden der Wahrscheinlichkeitsrechnung zu gewinnen, zumal diese in Vorlesungen im allgemeinen nur wenig ausführlich behandelt werden.

Inhaltlich umfaßt das Buch im Prinzip den Stoff, der für den fakultativen mathematisch-naturwissenschaftlichen Unterricht, Lehrgang „Wahrscheinlichkeitsrechnung", zu empfehlen ist. Bei der gesamten Darstellung habe ich mich darum bemüht, einen unmittelbaren Anschluß an Lehrbücher und Vorlesungen über mathematische Statistik und weitere Anwendungsgebiete der Wahrscheinlichkeitsrechnung zu gewährleisten. Besonderer Wert wurde darauf gelegt, die Aussagen in ihrer inhaltlichen und praktischen Bedeutung zu interpretieren und an Hand von Beispielen die vielfältigsten Anwendungsmöglichkeiten aufzuzeigen. Bis auf einige wenige Ausnahmen sind alle mathematischen Aussagen in diesem Buch auch bewiesen. Dies hielt ich im Hinblick auf den oben angegebenen Verwendungszweck des Buches für erforderlich. Derjenige Leser, der an den Beweisen kein sonderliches Interesse hat, kann sie auch übergehen.
Jeder der zwei Teile dieses Buches enthält fünf Kapitel, die wiederum in Abschnitte untergliedert sind. Am Ende der Kapitel — eine Ausnahme bildet lediglich das Kapitel 10 — findet man Aufgaben, deren Bearbeitung dem Leser sehr empfohlen wird; die zugehörigen Lösungen befinden sich am Ende des Buches. Schließlich sind in einem Anhang einige Tafeln wiedergegeben, die sich bei der Bearbeitung vieler praktischer Aufgabenstellungen als nützlich erweisen. Zur besseren Übersicht und für eine schnelle Orientierung sind durch

⋈ Erklärungen und Definitionen,
▷ wichtige Aussagen (z. T. als Behauptungen formuliert), Rechenregeln und Formeln,
□ Beispiele

gekennzeichnet. Außerdem wurden die Beispiele innerhalb jedes Kapitels durchnumeriert; dabei gibt die erste Zahl jeweils die Nummer des Kapitels und die zweite Zahl die Nummer des Beispiels in dem entsprechenden Kapitel an.
Die zur Lektüre des Buches erforderlichen mathematischen Vorkenntnisse sind für die einzelnen Kapitel und Abschnitte unterschiedlich; insgesamt wird aber das in einer Oberschule erworbene Mathematikwissen im allgemeinen völlig ausreichen. Falls sich dennoch für den einen oder anderen Leser an einigen Stellen Schwierigkeiten ergeben, so sollte er diese Stellen vorerst übergehen.
Abschließend möchte ich Herrn Prof. Dr. rer. nat. habil. P. H. Müller, Leiter des Bereichs Wahrscheinlichkeitstheorie und Mathematische Statistik der Sektion Mathematik der Technischen Universität Dresden, herzlichst danken; er hat das gesamte Manuskript äußerst kritisch durchgesehen und mir in zahlreichen und langen Diskussionen wertvolle Ratschläge für die endgültige Abfassung des Buches gegeben.

Gert Maibaum

Einleitung

Die Wahrscheinlichkeitsrechnung ist ein relativ junges Teilgebiet der Mathematik. Zwar hat der Begriff „Wahrscheinlichkeit" schon in der antiken griechischen Philosophie eine Rolle gespielt; die eigentlichen Anfänge der Wahrscheinlichkeitsrechnung sind aber erst in der Lösung von Aufgaben im Zusammenhang mit Glücksspielen, Sterblichkeitstafeln und Versicherungsproblemen zu sehen (16. Jh.). An der Herausbildung der Wahrscheinlichkeitsrechnung zu einer selbständigen Disziplin haben P. Fermat (1601—1665), B. Pascal (1623—1662), Chr. Huygens (1629—1695), J. Bernoulli (1654—1705), A. Moivre (1667—1754), P. Laplace (1749—1827), C. F. Gauss (1777—1855) und S. D. Poisson (1781—1840) einen besonderen Anteil; ihre Untersuchungen dienten vor allem der Klärung der Grundbegriffe der Wahrscheinlichkeitsrechnung und der Erweiterung des Anwendungsbereichs der bisher erhaltenen Resultate. So gab Laplace eine erste mathematische Definition der Wahrscheinlichkeit eines Ereignisses als Verhältnis der Anzahl der günstigen Fälle zur Anzahl der möglichen Fälle; Gauss entwickelte die Theorie der Beobachtungsfehler und entdeckte dabei die Normalverteilung („Gausssche Glockenkurve"). In der Folgezeit wurden zahlreiche wichtige Ergebnisse in der Wahrscheinlichkeitsrechnung und in der Anwendung wahrscheinlichkeitstheoretischer Methoden von bedeutenden Gelehrten, z. B. von den russischen Mathematikern P. L. Tschebyschew (1821—1894), A. A. Markow (1856—1922), A. M. Ljapunow (1857—1918), erzielt. Ein entscheidender Fortschritt im Hinblick auf die Grundlagen für die mathematische Theorie der Wahrscheinlichkeitsrechnung wurde aber erst 1933 durch eine Arbeit des sowjetischen Mathematikers A. N. Kolmogorow[1]) (geb. 1903) erreicht. In dieser Arbeit wird die Wahrscheinlichkeitsrechnung — einem in der gesamten Mathematik heutzutage üblichen Vorgehen entsprechend — axiomatisch begründet. Erst durch die damit verbundene Klarstellung der Grundbegriffe fügt sich die Wahrscheinlichkeitsrechnung harmonisch und als vollwertige Spezialdisziplin in das Gebäude der Mathematik ein.

[1]) Wer sich für die Persönlichkeit A. N. Kolmogorows interessiert, lese den Artikel *Ein erstaunlicher Mensch* von W. Jankulin. In: „Presse der Sowjetunion", Ausgabe A, 104, (1970), S. 8 ff.

Die Wahrscheinlichkeitsrechnung liefert Modelle zur mathematischen Beschreibung von Erscheinungen, die zufälligen Einflüssen unterworfen sind, und trifft darüber hinaus Aussagen über deren Gesetzmäßigkeiten. Hieraus ergibt sich unmittelbar die große Bedeutung der Wahrscheinlichkeitsrechnung für eine Vielzahl praktischer Probleme, beispielsweise für die Einschätzung der Zuverlässigkeit von Systemen (an Hand der Zuverlässigkeit der Bauelemente eines solchen Systems), für die Untersuchung konkreter Bedienungssituationen oder für die Durchführung von Qualitätskontrollen bei Massenproduktionen. Hervorzuheben ist aber auch die Bedeutung der Wahrscheinlichkeitsrechnung im Bereich der Naturwissenschaften; mit den Methoden der Wahrscheinlichkeitsrechnung gelang es, zahlreiche Erscheinungen (z. B. Probleme, die mit der Bewegung von Elementarteilchen zusammenhängen, die MENDELschen Gesetze in der Biologie, die Gasgesetze in der Chemie und Physik) in einer der objektiven Realität mathematisch noch besser angepaßten Form zu beschreiben, die schon erhaltenen Resultate auf neue und sehr aufschlußreiche Weise zu interpretieren und darüber hinaus auch zu neuen erkenntnisreichen Aussagen zu gelangen.
In den letzten Jahrzehnten wurden zahlreiche Disziplinen entwickelt, die sich mit speziellen Fragestellungen der Wahrscheinlichkeitsrechnung oder mit der Anwendung wahrscheinlichkeitstheoretischer Methoden in verschiedenen Natur- und Gesellschaftswissenschaften, Medizin, Technik und Ökonomie befassen (z. B. Bedienungstheorie, Zuverlässigkeitstheorie, Entscheidungstheorie, Spieltheorie, Informationstheorie, Biometrie, statistische Qualitätskontrolle, Monte-Carlo-Simulation). Dabei ist zu bemerken, daß die Verschiedenartigkeit und Kompliziertheit der Anwendungssituationen an die Wahrscheinlichkeitsrechnung immer größere Anforderungen stellen und Ausgangspunkte vieler eigenständiger theoretischer Untersuchungen geworden sind.
Außerdem bedient man sich im Rahmen der Operationsforschung und Kybernetik und auch bei Entscheidungsvorbereitungen zunehmend wahrscheinlichkeitstheoretischer Methoden.
Die Wahrscheinlichkeitsrechnung ist das Fundament der mathematischen Statistik. Die mathematische Statistik liefert Verfahren, um an Hand von Stichproben, d. h. an Hand von konkretem Datenmaterial, Aufschlüsse über Grundgesamtheiten zu erhalten. Mit der Entwicklung leistungsstarker elektronischer Datenverarbeitungsanlagen wuchs sprunghaft und wächst weiter die Anwendung solcher — also auf der Wahrscheinlichkeitsrechnung beruhender — Verfahren in der Praxis.
Im Rahmen unserer Darstellung beschäftigen wir uns hauptsächlich mit den Grundbegriffen der Wahrscheinlichkeitsrechnung und der mathematischen Formulierung von Gesetzmäßigkeiten zufälliger Erscheinungen; wir werden aber jede Gelegenheit nutzen, auf Anwendungsmöglichkeiten der mathematischen Theorie hinzuweisen und diese an Beispielen auch aufzeigen.

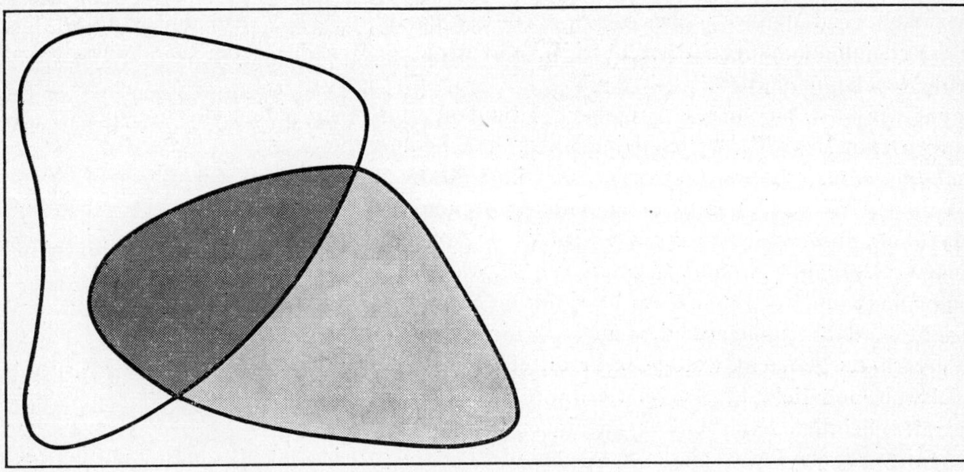

Teil I

Zufällige Ereignisse und deren Wahrscheinlichkeit

Im ersten Teil dieses Buches werden wir uns ausführlich mit dem mathematischen Wahrscheinlichkeitsbegriff beschäftigen und wichtige Rechengesetze für Wahrscheinlichkeiten kennenlernen.
Bevor wir uns aber diesen Aufgaben zuwenden, wollen wir einige allgemeine Bemerkungen zum Begriff „Wahrscheinlichkeit" machen.
In der Umgangssprache begegnen uns laufend Formulierungen, die mit dem Wort „Wahrscheinlichkeit" im Zusammenhang stehen (z. B.: „Ich halte es für unwahrscheinlich, daß es heute regnen wird." — „Höchstwahrscheinlich bekomme ich am Sonntag Besuch."). Solche Formulierungen dienen dazu, den Grad des eigenen Überzeugtseins vom Eintreten eines bestimmten Sachverhalts auszudrücken. Dabei ist zu beachten, daß Aussagen, die von verschiedenen Personen hinsichtlich des gleichen Sachverhalts gemacht werden, sehr unterschiedlich ausfallen können. (So ist es beispielsweise möglich, daß es eine Person für recht wahrscheinlich, eine andere für höchst unwahrscheinlich hält, daß es an einem bestimmten Tag regnen wird.) Der in der Umgangssprache verwendete Wahrscheinlichkeitsbegriff besitzt also häufig subjektive Züge und man beabsichtigt damit im allgemeinen auch nur eine qualitative Aussage hinsichtlich des Überzeugtseins vom Eintreten einer bestimmten Situation.
Bei der Einführung des mathematischen Wahrscheinlichkeitsbegriffs stellt man sich demgegenüber die Aufgabe, eine objektive Maßzahl für den Grad der Unbestimmtheit des Eintretens eines Ereignisses zu gewinnen, d. h., man stellt sich die Aufgabe, die Unbestimmtheit des Eintretens eines Ereignisses in objektiver und quantitativer Form zu beschreiben.
Wie alle modernen Lehrbücher über Wahrscheinlichkeitsrechnung gehen auch wir dabei axiomatisch vor, d. h., wir werden den Wahrscheinlichkeitsbegriff durch einige wenige Grundeigenschaften — sogenannte Axiome — kennzeichnen. Dabei werden wir uns aber sehr genau überlegen, warum es naheliegend und auch zweckmäßig ist, dem allgemeinen mathematischen Wahrscheinlichkeitsbegriff gerade diese Axiome zugrunde zu legen. Die in den Kapiteln 2 (↗35 ff.) und 3 (↗43 ff.) durchgeführten Betrachtungen über die relative Häufigkeit und über den klassischen Wahrscheinlichkeitsbegriff verfolgen unter anderem dieses Ziel. Die eigentliche axiomatische Fassung des Wahrscheinlichkeitsbegriffs erfolgt erst im Kapitel 4 (↗61 ff.). Daß die wenigen dort formulierten Axiome in hervorragender Weise zur Beschreibung der Eigenschaften eines objektiven Wahrscheinlichkeitsbegriffs geeignet sind, zeigt sich an Hand der aus den Axiomen ableitbaren Aussagen und in der Übereinstimmung der auf theoretischem Wege gewonnenen Resultate mit in der Praxis beobachteten Ergebnissen. Die folgenden Kapitel enthalten hierzu eine Vielzahl von Beispielen und Aussagen. In diesem Zusammenhang sei vermerkt, daß also alle diese Aussagen auf einigen wenigen und überdies sehr einfach formulierbaren und auch einleuchtenden Grundannahmen — eben den Axiomen — beruhen. Dies ist für das Verständnis der Wahrscheinlichkeitsrechnung insgesamt von großer Wichtigkeit; für die praktische Anwendung einer Aussage über Wahrscheinlichkeiten ist es natürlich gleichgültig, ob diese Aussage als Axiom der mathematischen Theorie zugrunde liegt oder aber aus Axiomen hergeleitet wurde.

1. Zufällige Ereignisse

Wenn man von Wahrscheinlichkeiten spricht, so tut man dies immer im Zusammenhang mit irgendwelchen Ereignissen, deren gemeinsames Kennzeichen darin besteht, daß sie — unter den gegebenen Umständen — eintreten können, aber nicht eintreten müssen. Solche Ereignisse werden wir künftig **zufällige Ereignisse** nennen. Entsprechend wollen wir einen Versuch, dessen Ausgang im Rahmen verschiedener Möglichkeiten ungewiß ist, einen **zufälligen Versuch**[1]) nennen. Mit der ausführlichen Erläuterung dieser — und einiger weiterer — Begriffe, die hauptsächlich an Hand von Beispielen erfolgt, werden wir uns in den ersten beiden Abschnitten dieses Kapitels beschäftigen. Im Abschnitt 1.3. behandeln wir wichtige **Operationen zwischen zufälligen Ereignissen.** Die Verwendung dieser Operationen erweist sich nicht nur für die formelmäßige Darstellung der Gesetze der Wahrscheinlichkeitsrechnung als sehr zweckmäßig, sondern führt darüber hinaus oft zu einer einfachen und übersichtlichen Formulierung von Sachverhalten und Aufgabenstellungen. Schließlich lernen wir den für den axiomatischen Aufbau der Wahrscheinlichkeitsrechnung wichtigen Begriff des **Ereignisfeldes** kennen.

Wir wollen an dieser Stelle noch zwei Bemerkungen anschließen, die auch in den folgenden Kapiteln zu beachten sind.

Als Beispiele für zufällige Versuche verwenden wir ziemlich oft das Werfen einer Münze, das Würfeln mit einem Spielwürfel und auch das Herausgreifen einer Kugel aus einer Urne, die Kugeln verschiedener Farbe enthält; also Beispiele, denen man vielleicht auf den ersten Blick keine größere praktische Bedeutung beimessen wird. Diese Beispiele besitzen aber einige Vorzüge, die eine häufige Verwendung vollauf rechtfertigen. Wir können nämlich diese Beispiele sehr einfach und kurz beschreiben, zumal sie jedem Leser in gleicher Weise gut vertraut sind; außerdem lassen sich an Hand dieser Beispiele viele Aussagen der Wahrscheinlichkeitsrechnung leicht erklären oder nachprüfen und schließlich dienen sie als Modelle für praktisch interessierende Beispiele. So lassen sich beispielsweise die bei Qualitätsuntersuchungen häufig vorkommenden Stichprobenentnahmen modellmäßig als Ziehungen von Kugeln aus einer Urne interpretieren.

[1]) Die Bezeichnung „Zufallsexperiment" ist ebenfalls üblich.

Die zweite Bemerkung bezieht sich auf eine vielfach gebrauchte Formulierung, in der von Durchführungen eines zufälligen Versuchs die Rede ist. Dazu ist generell zu bemerken, daß es für Betrachtungen im Rahmen der Wahrscheinlichkeitsrechnung niemals erforderlich ist, zufällige Versuche oder gar Wiederholungen zufälliger Versuche tatsächlich durchzuführen; es genügt stets, sich dies nur vorzustellen, wobei die Aufmerksamkeit auf die Gesamtheit der möglichen Versuchsausgänge zu richten ist.

1.1. Zufällige Versuche

Wir wollen den wesentlichen Inhalt des Begriffs ,,zufälliger Versuch" an Hand von Beispielen erfassen.

□ BEISPIELE 1/1...8:

1. Das Werfen einer Münze ist ein zufälliger Versuch. Die möglichen Ausgänge dieses Versuchs sind die Ereignisse ,,Zahl oben" und ,,Wappen oben".

2. Das einmalige Würfeln mit einem Spielwürfel ist ein zufälliger Versuch. Die möglichen Ausgänge werden durch die oben erscheinende Augenzahl gekennzeichnet.

3. Das n-malige Würfeln mit einem Spielwürfel ist ein zufälliger Versuch. Wenn wir uns nur für die Anzahl der dabei auftretenden Sechsen interessieren, so hat dieser Versuch $n + 1$ mögliche Ausgänge. (Die Anzahl der Sechsen ist eine sogenannte diskrete Zufallsgröße, die die $n + 1$ Werte $0, 1, 2, \ldots, n$ annehmen kann.)

4. Die Auszählung der fehlerhaften Teile in einer Stichprobe von n Stück aus einer Grundgesamtheit (z. B. der Tagesproduktion eines Betriebs) von N Stück, die M fehlerhafte Teile enthält, ist ein zufälliger Versuch; dabei werde die Stichprobe auf einmal entnommen und jedes der insgesamt N Teile habe die gleiche Chance, bei der Entnahme der Stichprobe mit entnommen zu werden.

5. Die Ermittlung der Anzahl der Kunden, die an einem Werktag zwischen 15 und 17 Uhr einen bestimmten Frisier-Salon betreten, ist ein zufälliger Versuch.

6. Die Bestimmung der Beladezeit eines LKW durch einen Bagger ist ein zufälliger Versuch.

7. Die Bestimmung der Lebensdauer einer Glühlampe ist ein zufälliger Versuch.

8. Das Messen des äußeren Durchmessers einer auf einer automatischen Drehmaschine hergestellten Antriebswelle ist ein zufälliger Versuch.

Allen Beispielen ist gemeinsam, daß das Ergebnis vor Durchführung des entsprechenden Versuchs nicht bekannt ist und somit auch nicht mit Sicherheit vorhergesagt werden kann. Die einen solchen Versuch beschreibenden äußeren Bedingungen legen also den Ausgang dieses Versuchs nicht eindeutig fest; der Ausgang ist im Rahmen verschiedener Möglichkeiten ungewiß. Führt man einen derartigen Versuch unter Einhaltung der den Versuch kennzeichnenden äußeren Bedingungen mehrmals unabhängig voneinander durch, so können verschiedene Ergebnisse auftreten. Die allgemein durch diese Eigenschaften gekennzeichneten Versuche wollen wir „zufällige Versuche" nennen und geben dazu folgende Begriffserklärung:

⋈ ERKLÄRUNG:

Unter einem **zufälligen Versuch** verstehen wir einen Versuch, dessen Ausgang im Rahmen bestimmter Möglichkeiten ungewiß ist und der sich unter Einhaltung der den Versuch kennzeichnenden äußeren Bedingungen — zumindest gedanklich — beliebig oft wiederholen läßt.

Der zufällige Versuch ist also nicht in irgendeiner Weise zufällig; es gibt aber zufällige Einflüsse, die bei der Beschreibung des Versuchs, d. h. bei der Aufzählung der den Versuch kennzeichnenden äußeren Bedingungen, nicht berücksichtigt sind und dazu führen, daß das *Ergebnis* dieses Versuchs im Rahmen verschiedener Möglichkeiten ungewiß ist.

In der obigen Erklärung haben wir auch betont, daß zufällige Versuche — zumindest gedanklich — beliebig oft wiederholbar sein müssen. Diese Eigenschaft ist die Voraussetzung dafür, bei zufälligen Erscheinungen sogar Gesetzmäßigkeiten zu studieren, die erst durch eine große Anzahl von unabhängig voneinander durchgeführten Wiederholungen eines entsprechenden zufälligen Versuchs erkennbar werden. (Diesen Sachverhalt drückt man gelegentlich auch dadurch aus, daß man sagt, die im Hinblick auf solche Gesetzmäßigkeiten zu untersuchenden Erscheinungen müßten Massenerscheinungen sein.) Das Studium der Gesetzmäßigkeiten zufälliger Erscheinungen ist das wesentliche Anliegen der Wahrscheinlichkeitsrechnung.

1.2. Zufällige Ereignisse

⋈ ERKLÄRUNG:

Als **zufälliges Ereignis** bezeichnen wir ein Ergebnis eines zufälligen Versuches. Es ist also dadurch charakterisiert, daß es unter gegebenen Bedingungen — die den Versuch kennzeichnen — eintreten kann, aber nicht eintreten muß. (Dabei ist zu beachten, daß jedes zufällige Ereignis an einen bestimmten Versuch gebunden ist.)

Wir bezeichnen zufällige Ereignisse im allgemeinen mit großen lateinischen Buchstaben (A, B, C, ...), die wir — falls es nötig oder zweckmäßig ist — mit Zahlen oder Buchstaben indizieren.

□ BEISPIELE 1/1'...8':

Wir beziehen uns auf die Beispiele 1/1...8 (↗ 16).

1'. A ... Das Wappen erscheint oben.

2'. A_k ... Die gewürfelte Augenzahl ist gleich k ($k = 1, 2, 3, 4, 5, 6$).
B ... Die gewürfelte Augenzahl ist eine gerade Zahl.

3'. A_k ... Die Anzahl gewürfelter Sechsen ist gleich k ($k = 0, 1, 2, \ldots, n$).

4'. A_k ... Die Anzahl der fehlerhaften Teile ist gleich k ($k = 0, 1, 2, \ldots, n$).

5'. A_k ... Die Anzahl der eingetroffenen Kunden ist gleich k ($k = 0, 1, 2, \ldots$).

6'. A_t ... Die Beladezeit ist kleiner als t ($t > 0$).

7'. A_t ... Die Lebensdauer der Glühlampe ist mindestens gleich t ($t > 0$).

8'. A_d ... Der äußere Durchmesser ist kleiner als d ($d > 0$).
B ... Der äußere Durchmesser liegt innerhalb der Toleranzgrenzen.

Sicheres und unmögliches Ereignis

In unsere Betrachtungen über zufällige Ereignisse wollen wir zwei Ereignisse einbeziehen, die als Grenzfälle zufälliger Ereignisse bezeichnet werden können: das sogenannte sichere Ereignis und das sogenannte unmögliche Ereignis.

⋈ ERKLÄRUNGEN:

1. Ein **sicheres Ereignis** ist dadurch gekennzeichnet, daß es *stets* — d. h. bei jeder Wiederholung des zufälligen Versuchs — eintritt.

2. Ein **unmögliches Ereignis** ist dadurch gekennzeichnet, daß es *niemals* eintritt.

Um auch schon durch die Bezeichnung deutlich zu machen, daß es sich bei diesen Ereignissen eigentlich nicht um zufällige Ereignisse im Sinne obiger Begriffserklärung handelt, verwenden wir für sichere Ereignisse die Bezeichnung „Ω" und für unmögliche Ereignisse die Bezeichnung „$\emptyset$" und nicht — wie ansonsten vereinbart — große lateinische Buchstaben.[1])

□ BEISPIELE 1/9 und 10:

9. Wir würfeln einmal mit einem Spielwürfel. Ein sicheres Ereignis Ω besteht z. B. darin, daß eine der Augenzahlen 1, 2, 3, 4, 5, 6 auftritt. Ein unmögliches Ereignis $\emptyset$ besteht z. B. darin, daß keine dieser Augenzahlen oder die Augenzahl 7 auftritt.

10. Wir würfeln zweimal mit einem Spielwürfel und interessieren uns für die Summe der beiden Augenzahlen. Ein sicheres Ereignis Ω besteht z. B. darin, daß diese Summe mindestens 2 und höchstens 12 beträgt. Ein unmögliches Ereignis $\emptyset$ besteht z. B. darin, daß die Summe der beiden Augenzahlen gleich 13 ist.

[1]) In der Literatur werden sichere Ereignisse auch mit „S" und unmögliche Ereignisse auch mit „U" bezeichnet.

Zufälliges Ereignis — Menge

Zufällige Ereignisse veranschaulicht man sich gern — und oft sogar unabhängig von ihrer konkreten Bedeutung — als Punktmengen auf der Zahlengeraden oder in der Ebene. Daß man sich ein zufälliges Ereignis immer als Menge vorstellen darf, sichert eine allgemeingültige mathematische Aussage, von der wir im folgenden häufig Gebrauch machen werden, ohne sie hier ausführlich zu erörtern. Insbesondere wird sich diese Beziehung zur Mengenlehre für das Operieren mit zufälligen Ereignissen und für das praktische Rechnen mit Wahrscheinlichkeiten als sehr nützlich erweisen.

□ BEISPIELE 1/11...13:

11. Wir würfeln einmal mit einem Spielwürfel. Das Ereignis A_k, das im Würfeln der Augenzahl k besteht, identifizieren wir mit der Menge, die als einziges Element die Zahl k enthält: $A_k = \{k\}$. Jedes im Zusammenhang mit diesem zufälligen Versuch interessierende Ereignis wird dann durch diejenige Menge gekennzeichnet, die als Elemente genau die für das betrachtete zufällige Ereignis „günstigen" Augenzahlen enthält. Das Ereignis B, das im Würfeln einer geraden Augenzahl besteht, wird also durch die Menge $\{2, 4, 6\}$ beschrieben. Dem sicheren Ereignis Ω entspricht hier die Menge $\{1, 2, 3, 4, 5, 6\}$.

12. Wir bestimmen den äußeren Durchmesser einer Antriebswelle, die auf einer automatischen Drehmaschine hergestellt worden ist. Jedes im Zusammenhang mit diesem zufälligen Versuch interessierende Ereignis läßt sich durch eine Menge von Zahlen beschreiben, nämlich durch die Menge der für das betrachtete Ereignis „günstigen" Durchmesser (Bild 1).
    B ... Der Durchmesser liegt innerhalb der Toleranzgrenzen.
    $B = \{d\colon T_u < d < T_o\}$[1])
    C ... Der Durchmesser ist mindestens so groß wie das Sollmaß.
    $C = \{d\colon d \geqq a\}$
    D ... Die Welle kann durch Nacharbeit brauchbar gemacht werden.
    $D = \{d\colon d \geqq T_o\}$
    E ... Die Welle kann nicht verwendet werden (Ausschuß).
    $E = \{d\colon d \leqq T_u\}$

13. Jedes im Zusammenhang mit einem Schuß auf eine Schießscheibe mit zehn konzentrisch angeordneten Kreisen mit den Radien $r_1 < r_2 < \cdots < r_{10}$ interessierende Ereignis läßt sich durch die Menge aller für das betrachtete Ereignis „günstigen" Punkte in der x, y-Ebene beschreiben. Wir legen zweckmäßigerweise den (gemeinsamen) Mittelpunkt der konzentrisch angeordneten Kreise in den Koordinatenursprung des x, y-Koordinatensystems in der Ebene (Bild 2).
    A ... Der Schuß ist ein Treffer.
    $A = \{(x, y)\colon x^2 + y^2 \leqq r_{10}^2\}$
    B ... Der Schuß trifft in den Kreisring, der begrenzt wird von den Kreisen mit den Radien r_2 und r_3.
    $B = \{(x, y)\colon r_2^2 < x^2 + y^2 < r_3^2\}$

[1]) Lies: „B ist die Menge aller Zahlen d, die der Ungleichungskette $T_u < d < T_o$ genügen."

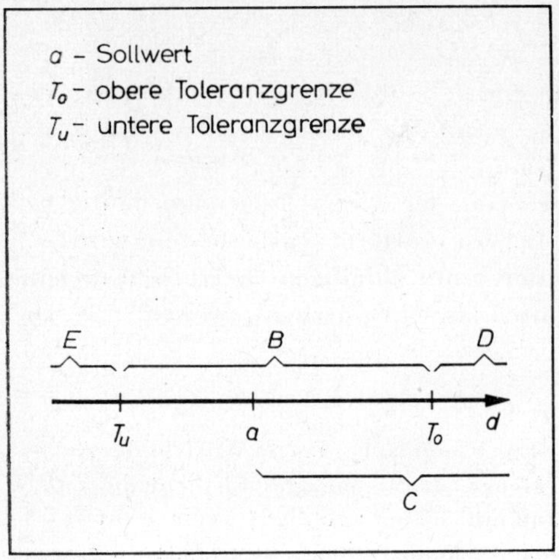

Bild 1

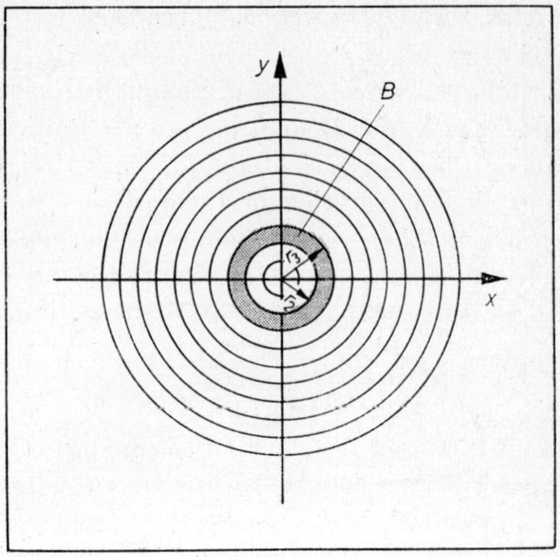

Bild 2

Ereignis A zieht Ereignis B nach sich: $A \subset B$

⋈ ERKLÄRUNG:

Wenn das Eintreten des Ereignisses A stets auch das Eintreten des Ereignisses B zur Folge hat, d. h., wenn mit dem Ereignis A stets auch das Ereignis B eintritt, so schreiben wir

$A \subset B$. (lies: „A zieht B nach sich", „A impliziert B" oder „A ist Teil von B")

Die formelmäßige Beschreibung und auch die letztgenannte Sprechweise für einen solchen Sachverhalt deuten schon wieder auf die Beziehung zur Mengenlehre hin (Bild 3): Stellt man sich die Ereignisse A und B als Mengen vor, so ist die das Ereignis A darstellende Menge eine Teilmenge der das Ereignis B darstellenden Menge. (Wir erinnern daran, daß eine Menge A genau dann eine Teilmenge einer Menge B — in Zeichen „$A \subset B$"[1]) — ist, wenn jedes Element von A auch Element von B ist.)
Es gilt für jedes Ereignis A:

$$\emptyset \subset A,\ A \subset A,\ A \subset \Omega .$$

Wenn das Ereignis A das Ereignis B zur Folge hat und B das Ereignis C impliziert, so zieht offenbar das Ereignis A auch das Ereignis C nach sich; in Formeln:

$$A \subset B,\ B \subset C \Rightarrow A \subset C .$$

□ BEISPIEL 1/14:

Wurf mit einem Spielwürfel

A ... Die Augenzahl ist gleich 6.
B ... Die Augenzahl ist gerade.
C ... Die Augenzahl ist ungleich 1.

$$\left.\begin{matrix} A \subset B \\ B \subset C \end{matrix}\right\} \Rightarrow A \subset C$$

[1]) Man findet in der Literatur an Stelle von „$A \subset B$" auch „$A \subseteqq B$" und drückt mit „$A \subset B$" dann aus, daß A eine echte Teilmenge von B ist, d. h., daß B mindestens ein Element enthält, das nicht zu A gehört.

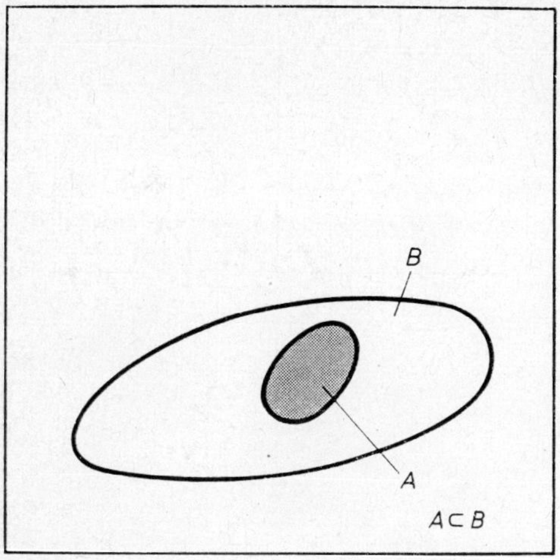

Bild 3

Gleichheit von zufälligen Ereignissen: $A = B$

⋈ DEFINITION:

Zwei zufällige Ereignisse A und B heißen **gleich** (in Formeln: $A = B$), wenn bei jeder Wiederholung des Versuches stets beide Ereignisse eintreten oder beide Ereignisse nicht eintreten.
Mit anderen Worten:
A und B heißen **gleich**, wenn sowohl das Ereignis A das Ereignis B nach sich zieht als auch umgekehrt das Ereignis B das Ereignis A nach sich zieht.
In Formeln:
$A \subset B,\ B \subset A \Leftrightarrow A = B$.

Sind zwei zufällige Ereignisse A und B nicht gleich, so drücken wir dies auch durch $A \neq B$ aus.

1.3. Operationen zwischen zufälligen Ereignissen

Um später leichter mit Ereignissen umgehen und mit Wahrscheinlichkeiten bequemer rechnen zu können, stellen wir in diesem Abschnitt einige wichtige Operationen zwischen zufälligen Ereignissen und sich daraus ergebende Formeln zusammen. Zu einem schnellen Verständnis dieser Formeln gelangt man häufig dadurch, daß man sich den oben angedeuteten Zusammenhang zwischen zufälligen Ereignissen und Mengen zunutze macht, d. h. also dadurch, daß man sich die zufälligen Ereignisse als Mengen vorstellt und die inhaltliche Bedeutung der Operationssymbole zwischen Ereignissen durch die entsprechende bei Mengen ersetzt.

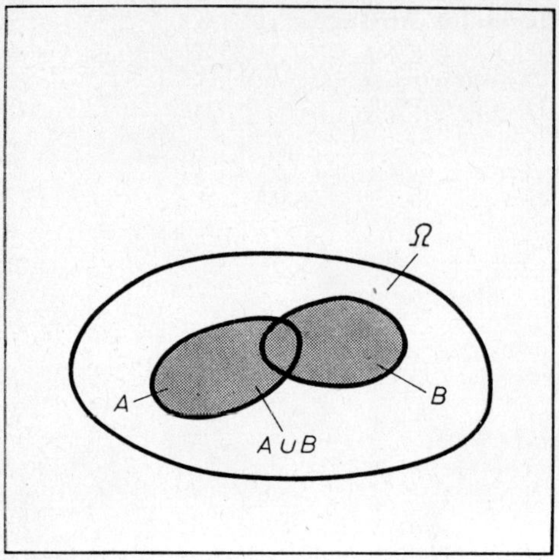

Bild 4

Für die nun im einzelnen zu behandelnden Operationen geben wir jeweils nur ein Beispiel an. Alle diese Beispiele beziehen sich auf den zufälligen Versuch, der im einmaligen Würfeln mit einem Spielwürfel besteht. Weitere Beispiele findet man in den Aufgaben und laufend im Text, so daß bald ein gewisses Vertrautsein mit diesen Operationen erreicht sein wird.

Summe von Ereignissen

⋈ ERKLÄRUNG:

Sind A und B zufällige Ereignisse, so bezeichnen wir das Ereignis, das darin besteht, daß mindestens eines der Ereignisse A und B eintritt, mit
$A \cup B$.
(lies: „A oder B“, „Summe von A und B“ oder „A vereinigt mit B“.)

Stellt man sich die Ereignisse A und B als Mengen vor, so entspricht dem Ereignis $A \cup B$ gerade deren Vereinigungsmenge. (Unter der Vereinigungsmenge zweier Mengen versteht man die Menge aller der Elemente, die zu mindestens einer der beiden Mengen gehören. Bild 4)

□ BEISPIEL 1/15:

Wurf mit einem Spielwürfel

A ... Die gewürfelte Augenzahl ist eine gerade Zahl.
$A = \{2, 4, 6\}$

B ... Die gewürfelte Augenzahl ist nicht größer als 3.
$B = \{1, 2, 3\}$

$A \cup B$ ... Die gewürfelte Augenzahl ist von 5 verschieden.
$A \cup B = \{2, 4, 6\} \cup \{1, 2, 3\} = \{1, 2, 3, 4, 6\}$

▷ Man bestätigt sofort die Richtigkeit folgender Aussagen:

$A \cup \emptyset = A$

$A \cup A \;= A$ allgemeiner: $A \cup B = A$ für jedes B mit $B \subset A$

$A \cup \Omega = \Omega$ allgemeiner: $A \cup B = B$ für jedes B mit $A \subset B$

$A \subset (A \cup B)$

$B \subset (A \cup B)$

▷ Außerdem erkennt man unmittelbar die Gültigkeit von

$A \cup B = B \cup A$ (Kommutativgesetz)

▷ Offenbar besteht auch die folgende Gleichheit:

$A \cup (B \cup C) = (A \cup B) \cup C$ (Assoziativgesetz)

Auf Grund der Gültigkeit des Assoziativgesetzes können wir die Klammern weglassen und die Definition der Summe von Ereignissen (↗ 22) auf mehrere Summanden erweitern. Insbesondere tritt also das Ereignis $A \cup B \cup C$ genau dann ein, wenn mindestens eines der zufälligen Ereignisse A, B und C eintritt.

Sind $A_1, A_2, \ldots, A_n$ zufällige Ereignisse, so schreiben wir an Stelle von $A_1 \cup A_2 \cup \ldots \cup A_n$ kürzer $\bigcup\limits_{i=1}^{n} A_i$:

$$\bigcup_{i=1}^{n} A_i = A_1 \cup A_2 \cup \ldots \cup A_n\,.$$

Das Ereignis $\bigcup\limits_{i=1}^{n} A_i$ tritt also genau dann ein, wenn mindestens eines der Ereignisse $A_1, A_2, \ldots, A_n$ eintritt.

In weiterer Verallgemeinerung dazu bezeichnen wir das Ereignis, das darin besteht, daß mindestens eines der Ereignisse der (unendlichen) Folge $A_1, A_2, \ldots$ von Ereignissen A_i eintritt, mit $\bigcup\limits_{i=1}^{\infty} A_i$ oder mit $A_1 \cup A_2 \cup \ldots$:

$$\bigcup_{i=1}^{\infty} A_i = A_1 \cup A_2 \cup \ldots$$

Produkt von Ereignissen

⋈ DEFINITION:

Sind A und B zufällige Ereignisse, so bezeichnen wir das Ereignis, das darin besteht, daß sowohl A als auch B eintritt, mit

$A \cap B$. (lies: „A und B", „Produkt von A und B" oder „A geschnitten mit B".)

Stellt man sich die Ereignisse A und B als Mengen vor, so entspricht dem Ereignis $A \cap B$ gerade deren Durchschnittsmenge. (Unter der Durchschnittsmenge zweier Mengen versteht man die Menge aller der Elemente, die zu beiden Mengen gehören. Bild 5)

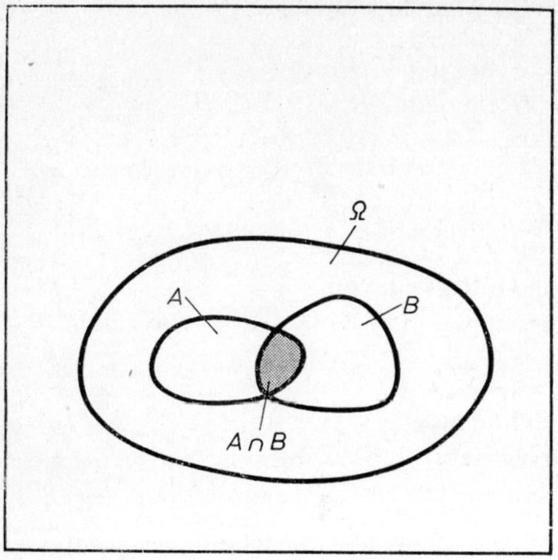

Bild 5

□ BEISPIEL 1/16:

Wurf mit einem Spielwürfel

A ... Die gewürfelte Augenzahl ist eine gerade Zahl.
$A = \{2, 4, 6\}$

B ... Die gewürfelte Augenzahl ist nicht größer als 3.
$B = \{1, 2, 3\}$

$A \cap B$ ... Die gewürfelte Augenzahl ist gleich 2.
$A \cap B = \{2, 4, 6\} \cap \{1, 2, 3\} = \{2\}$

▷ Man bestätigt sofort die Richtigkeit folgender Aussagen:

$A \cap \emptyset = \emptyset$

$A \cap A = A$ allgemeiner: $A \cap B = B$ für jedes B mit $B \subset A$

$A \cap \Omega = A$ allgemeiner: $A \cap B = A$ für jedes B mit $A \subset B$

$(A \cap B) \subset A$

$(A \cap B) \subset B$

▷ Außerdem erkennt man unmittelbar die Gültigkeit von
$A \cap B = B \cap A$ (Kommutativgesetz)

▷ Offenbar besteht auch die folgende Gleichheit:
$A \cap (B \cap C) = (A \cap B) \cap C$ (Assoziativgesetz)

Auf Grund der Gültigkeit des Assoziativgesetzes können wir die Klammern weglassen und die Definition des Produkts von Ereignissen auf mehrere Faktoren erweitern. Insbesondere tritt also das Ereignis $A \cap B \cap C$ genau dann ein, wenn jedes der zufälligen Ereignisse A, B, C eintritt.

Sind $A_1, A_2, \ldots, A_n$ zufällige Ereignisse, so schreiben wir an Stelle von $A_1 \cap A_2 \cap \ldots \cap A_n$ kürzer $\bigcap_{i=1}^{n} A_i$:

$$\bigcap_{i=1}^{n} A_i = A_1 \cap A_2 \cap \ldots \cap A_n$$

Das Ereignis $\bigcap_{i=1}^{n} A_i$ tritt also genau dann ein, wenn alle Ereignisse $A_1, A_2, \ldots, A_n$ eintreten.

In weiterer Verallgemeinerung dazu bezeichnen wir das Ereignis, das darin besteht, daß jedes Ereignis der (unendlichen) Folge $A_1, A_2, \ldots$ von zufälligen Ereignissen A_i eintritt, mit $\bigcap_{i=1}^{\infty} A_i$ oder mit $A_1 \cap A_2 \cap \ldots$:

$$\bigcap_{i=1}^{\infty} A_i = A_1 \cap A_2 \cap \ldots$$

Unvereinbare Ereignisse

⋈ DEFINITION:

Zwei zufällige Ereignisse heißen **unvereinbar**, wenn ihr gemeinsames Eintreten unmöglich ist; in Formeln:

A und B unvereinbar $\Leftrightarrow A \cap B = \emptyset$.

Gilt $A \cap B = \emptyset$, so sagt man auch, daß sich A und B *ausschließen* oder daß das *gemeinsame* Eintreten von A und B *unmöglich* ist.

□ BEISPIEL 1/17:

Wurf mit einem Spielwürfel

A ... Die gewürfelte Augenzahl ist eine gerade Zahl.

$A = \{2, 4, 6\}$

B ... Die gewürfelte Augenzahl ist entweder 1 oder 5.

$B = \{1, 5\}$

A und B sind unvereinbare zufällige Ereignisse:

$A \cap B = \{2, 4, 6\} \cap \{1, 5\} = \emptyset$

■

Vollständiges System von Ereignissen

⋈ ERKLÄRUNG:

Wir betrachten einen zufälligen Versuch, als dessen Ausgang genau eines der zufälligen Ereignisse $A_1, A_2, \ldots, A_n$ eintritt. Die Menge, die als Elemente diese zufälligen Ereignisse $A_1, A_2, \ldots, A_n$ enthält, d. h. die Menge $\{A_1, A_2, \ldots, A_n\}$, nennen wir ein **vollständiges System von Ereignissen.**

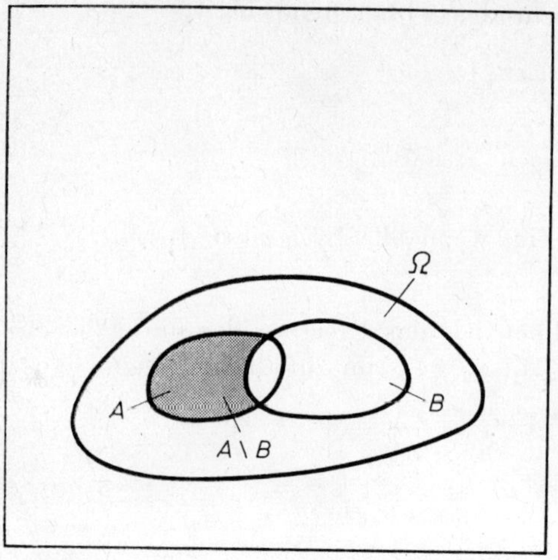

Bild 6

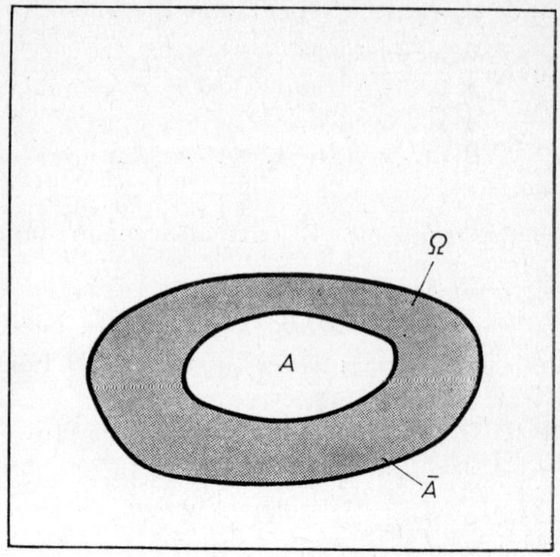

Bild 7

Mit den eingeführten Operationssymbolen „∪" und „∩" bestehen also für ein vollständiges System von zufälligen Ereignissen $A_i \neq \emptyset$ $(i = 1, 2, \ldots, n)$ die charakteristischen Beziehungen

$$A_1 \cup A_2 \cup \ldots \cup A_n = \Omega \quad \text{und}$$
$$A_i \cap A_j = \emptyset \quad (i \neq j)\,.$$

□ BEISPIEL 1/18:

Wurf mit einem Spielwürfel

A_k ... Die gewürfelte Augenzahl ist gleich der Zahl k $(k = 1, 2, 3, 4, 5, 6)$

Es gilt: $A_1 \cup A_2 \cup A_3 \cup A_4 \cup A_5 \cup A_6 = \Omega$ und $A_i \cap A_j = \emptyset$ für $i \neq j$.

Differenz von Ereignissen

⋈ DEFINITION:

Sind A und B zufällige Ereignisse, so bezeichnen wir das Ereignis, das darin besteht, daß das Ereignis A, aber nicht das Ereignis B eintritt, mit
$A \setminus B$.
(lies: „A und nicht B", „Differenz von A zu B" oder „A minus B".)

Stellt man sich die Ereignisse A und B als Mengen vor, so entspricht dem Ereignis $A \setminus B$ gerade deren Differenzmenge (Bild 6).
(Unter der Differenzmenge $A \setminus B$ zweier Mengen A und B versteht man die Menge aller der Elemente, die zu A, aber nicht zu B gehören.)

□ BEISPIEL 1/19:

Wurf mit einem Spielwürfel

A ... Die gewürfelte Augenzahl ist gerade.
$A = \{2, 4, 6\}$

B ... Die gewürfelte Augenzahl ist nicht größer als 3.
$B = \{1, 2, 3\}$

$A \backslash B$ ... Die gewürfelte Augenzahl ist entweder gleich 4 oder 6.
$A \backslash B = \{2, 4, 6\} \backslash \{1, 2, 3\} = \{4, 6\}$

$B \backslash A$ ... Die gewürfelte Augenzahl ist entweder gleich 1 oder 3.
$B \backslash A = \{1, 2, 3\} \backslash \{2, 4, 6\} = \{1, 3\}$

▷ Man bestätigt sofort die Richtigkeit folgender Aussagen:

$A \backslash \emptyset = A$

$A \backslash A = \emptyset$ allgemeiner: $A \backslash B = \emptyset$ für jedes B mit $A \subset B$

$A \backslash \Omega = \emptyset$

An obigem Beispiel erkennen wir, daß für die Differenz von Ereignissen kein Kommutativgesetz gilt, d. h., im allgemeinen gilt nicht $A \backslash B = B \backslash A$.

Entgegengesetztes oder komplementäres Ereignis

⋈ DEFINITION:

Ist A ein zufälliges Ereignis, so bezeichnen wir das Ereignis $\Omega \backslash A$ mit $\bar{A}$,

$\bar{A} = \Omega \backslash A$,

und nennen es das zu A **entgegengesetzte** oder **komplementäre Ereignis.** (Bild 7)

□ BEISPIEL 1/20:

Wurf mit einem Spielwürfel

A ... Die gewürfelte Augenzahl ist kleiner als 6.
$A = \{1, 2, 3, 4, 5\}$

$\bar{A}$ ... Die gewürfelte Augenzahl ist gleich 6.
$\bar{A} = \Omega \backslash A = \{1, 2, 3, 4, 5, 6\} \backslash \{1, 2, 3, 4, 5\} = \{6\}$

▷ Offensichtlich bestehen die folgenden Beziehungen:

$A \cup \bar{A} = \Omega$ und $A \cap \bar{A} = \emptyset$.

Ist also A ein zufälliges Ereignis, das weder unmöglich noch sicher ist (d. h. $A \neq \emptyset$, $A \neq \Omega$), so ist die Menge $\{A, \bar{A}\}$ ein vollständiges System von Ereignissen.
Wenn das Ereignis A das Ereignis B nach sich zieht, so zieht das Nichteintreten von B das Nichteintreten von A nach sich; in Formeln:

$$A \subset B \Rightarrow \bar{B} \subset \bar{A}.$$

▷ Weitere wichtige Beziehungen, die wir später verwenden, werden durch die Formeln

$\overline{A \cap B} = \bar{A} \cup \bar{B}$ (*)

$\overline{A \cup B} = \bar{A} \cap \bar{B}$

ausgedrückt.

Wir beweisen die erste Formel; die zweite Formel kann auf ähnliche Weise bewiesen werden.

BEWEIS von (*):

Das Ereignis $\overline{A \cap B}$ tritt genau dann ein, wenn $A \cap B$ nicht eintritt, d. h., wenn nicht sowohl A als auch B eintritt, d. h., wenn wenigstens eines der beiden Ereignisse $\bar{A}$ und $\bar{B}$ eintritt, d. h., wenn $\bar{A} \cup \bar{B}$ eintritt. Damit ist die Gleichheit der Ereignisse $\overline{A \cap B}$ und $\bar{A} \cup \bar{B}$ bewiesen.

Die soeben aufgeführten Formeln lassen sich in folgender Weise für eine Folge $A_1, A_2, \ldots$ von zufälligen Ereignissen verallgemeinern:

$$\overline{\bigcap_{i=1}^{\infty} A_i} = \bigcup_{i=1}^{\infty} \overline{A_i}$$

$$\overline{\bigcup_{i=1}^{\infty} A_i} = \bigcap_{i=1}^{\infty} \overline{A_i}$$

Schließlich vermerken wir noch, daß gilt:

$$A \backslash B = A \cap \bar{B}$$

Diese Gleichheitsbeziehung zeigt, daß man das Operationssymbol „\“ stets durch die Operationssymbole „∩“ und „¯“ ausdrücken kann.

Symmetrische Differenz von Ereignissen

DEFINITION:

Sind A und B zufällige Ereignisse, so bezeichnen wir das Ereignis, das darin besteht, daß entweder A oder B eintritt, nicht aber beide Ereignisse eintreten, mit $A \triangle B$.

(lies: „symmetrische Differenz von A und B“ oder „genau eines der Ereignisse A und B“.)

Stellt man sich die Ereignisse A und B als Mengen vor, so entspricht dem Ereignis $A \triangle B$ gerade deren symmetrische Differenz. (Unter der symmetrischen Differenz zweier Mengen versteht man die Menge aller der Elemente, die in genau einer der beiden Mengen vorkommen. Bild 8)

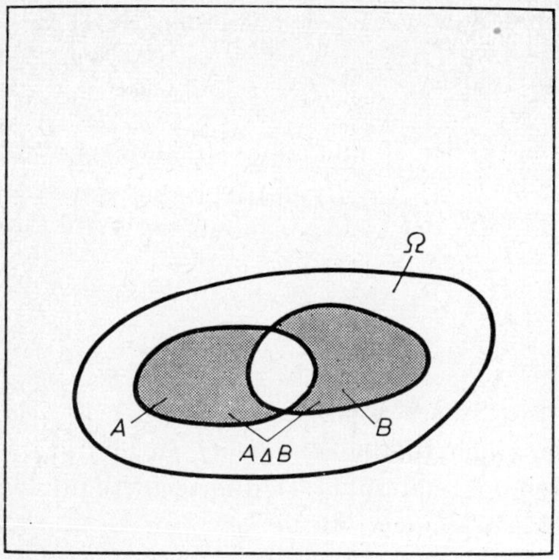

Bild 8

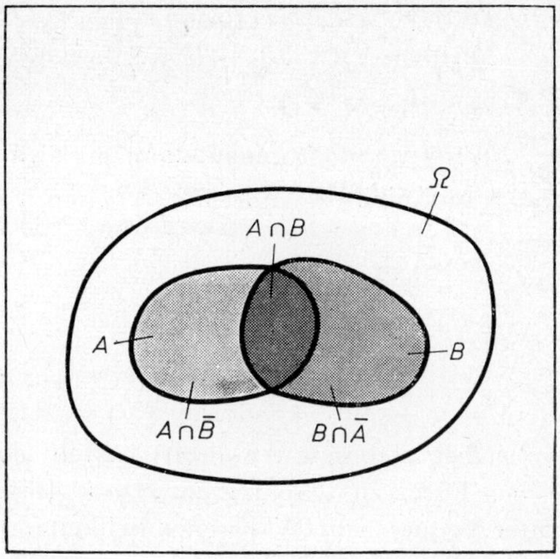

Bild 9

▷ Man bestätigt sofort die Richtigkeit folgender Aussagen:
$A \triangle A = \emptyset$
$A \triangle \emptyset = A$
$A \triangle \Omega = \overline{A}$

▷ Wir erkennen außerdem, daß für die symmetrische Differenz zweier Ereignisse das Kommutativgesetz gilt, d. h., es gilt:
$A \triangle B = B \triangle A$ (Kommutativgesetz)

▷ An Hand der Definition bestätigen wir ferner unmittelbar die folgenden Gleichheiten:
$A \triangle B = (A \setminus B) \cup (B \setminus A) = (A \cap \overline{B}) \cup (B \cap \overline{A})$

Diese zeigen uns, wie man das Operationssymbol „$\triangle$“ durch die Operationssymbole „$\setminus$“, „$\cup$“ oder „$\cap$“, „$\overline{}$“, „$\cup$“ ausdrücken kann.

□ BEISPIEL 1/21:
Wurf mit einem Spielwürfel
A ... Die gewürfelte Augenzahl ist eine gerade Zahl.
$A = \{2, 4, 6\}$
B ... Die gewürfelte Augenzahl ist nicht größer als 3.
$B = \{1, 2, 3\}$
$A \triangle B$ ... Die gewürfelte Augenzahl ist verschieden von 2 und 5.
$A \triangle B = (A \setminus B) \cup (B \setminus A) = \{4, 6\} \cup \{1, 3\} = \{1, 3, 4, 6\}$

Zum Abschluß wollen wir uns von der Richtigkeit der folgenden Zerlegungsformel für die Summe zweier Ereignisse in drei paarweise unvereinbare Ereignisse überzeugen (Bild 9).

▷ Es gilt:

$$A \cup B = (A \cap \bar{B}) \cup (B \cap \bar{A}) \cup (A \cap B)$$

$A \cup B$ tritt nämlich genau dann ein, wenn entweder A und nicht B (d. h. $A \cap \bar{B}$) oder B und nicht A (d. h. $B \cap \bar{A}$) oder A und B (d. h. $A \cap B$) eintritt.

1.4. Das Ereignisfeld

Unser Ziel in diesem Abschnitt besteht darin, einen zufälligen Versuch in mathematischer Form zu beschreiben. Diese Beschreibung soll so beschaffen sein, daß wir später bequem mit Wahrscheinlichkeiten rechnen können. Zu diesem Zwecke führen wir den Begriff des Ereignisfeldes ein.

⋈ ERKLÄRUNG:

Wir gehen aus von einem zufälligen Versuch und betrachten zu diesem eine Menge von zufälligen Ereignissen. Eine solche Menge wollen wir ein **Ereignisfeld** nennen und mit $\mathfrak{E}$ bezeichnen, wenn

1. diese Menge alle im Zusammenhang mit dem Versuch interessierenden Ereignisse enthält und
2. Anwendungen der im vorigen Abschnitt eingeführten Operationen (zwischen zufälligen Ereignissen) auf Elemente dieser Menge nicht aus dieser Menge hinausführen, d. h., immer wieder Elemente dieser Menge liefern.

□ BEISPIEL 1/22:

Der zufällige Versuch bestehe im Werfen zweier Münzen.
Wir interessieren uns in erster Linie für die folgenden Ereignisse:
A ... Bei beiden Münzen liegt die Zahl oben.
B ... Bei beiden Münzen liegt das Wappen oben.
Zwangsläufig wird man aber in die Betrachtungen das Ereignis C einbeziehen, das darin besteht, daß bei einer Münze die Zahl und bei der anderen Münze das Wappen oben liegt. (Es gilt $C = \overline{A \cup B}$.) Die Menge $\{A, B, C\}$ ist dann die Menge der im Zusammenhang mit dem oben beschriebenen Versuch interessierenden Ereignisse. Diese Menge ist ein vollständiges System von Ereignissen, aber noch kein Ereignisfeld. Zum Beispiel enthält sie nicht das Ereignis, das durch Anwendung der Operation „$\cup$“ auf die Ereignisse A und B entsteht. Man überzeugt sich nun leicht davon, daß die Menge $\mathfrak{E} = \{\emptyset, A, B, C, A \cup B, A \cup C, B \cup C, \Omega\}$ ein Ereignisfeld ist, mithin die oben genannten Eigenschaften besitzt.

Das Ereignisfeld ist also eine Menge von zufälligen Ereignissen, die im allgemeinen umfangreicher ist als die Menge der (im Zusammenhang mit dem Versuch) unmittelbar interessierenden Ereignisse. Dies bedeutet insbesondere, daß die Verwendung des Be-

griffes „Ereignisfeld“ keinerlei Einschränkung hinsichtlich der Gesamtheit der von uns betrachteten zufälligen Versuche mit sich bringt. Im folgenden können wir also stets annehmen, daß die Menge der im Zusammenhang mit einem Versuch betrachteten Ereignisse ein Ereignisfeld bildet.
Wir wollen einige sehr wichtige Eigenschaften eines Ereignisfeldes $\mathfrak{E}$ — von denen wir des öfteren Gebrauch machen werden — noch besonders hervorheben.

▷ EIGENSCHAFTEN EINES EREIGNISFELDES $\mathfrak{E}$:

(1) Das Ereignisfeld $\mathfrak{E}$ enthält als Elemente stets auch das sichere Ereignis Ω und das unmögliche Ereignis $\emptyset$. Es gilt also:

$$\Omega \in \mathfrak{E}, \quad \emptyset \in \mathfrak{E}$$

(2) Sind die zufälligen Ereignisse A und B Elemente des Ereignisfeldes $\mathfrak{E}$, so sind auch deren Summe $A \cup B$ und deren Produkt $A \cap B$ Elemente des Ereignisfeldes $\mathfrak{E}$. Es gilt also:

$$A \in \mathfrak{E}, \quad B \in \mathfrak{E} \;\Rightarrow\; A \cup B \in \mathfrak{E}, \quad A \cap B \in \mathfrak{E}$$

(3) Ist das zufällige Ereignis A Element des Ereignisfeldes $\mathfrak{E}$, so ist auch das dazu entgegengesetzte Ereignis $\bar{A}$ Element des Ereignisfeldes $\mathfrak{E}$. Es gilt also:

$$A \in \mathfrak{E} \;\Rightarrow\; \bar{A} \in \mathfrak{E}$$

(4) Sind die zufälligen Ereignisse A_i $(i = 1, 2, \ldots)$ Elemente des Ereignisfeldes $\mathfrak{E}$, so ist auch deren Summe $\bigcup_{i=1}^{\infty} A_i$ (d. h., das Ereignis, das darin besteht, daß wenigstens eines der Ereignisse $A_1, A_2, \ldots$ eintritt) ein Element des Ereignisfeldes $\mathfrak{E}$. Es gilt also:

$$A_i \in \mathfrak{E} \; (i = 1, 2, \ldots) \;\Rightarrow\; \bigcup_{i=1}^{\infty} A_i \in \mathfrak{E}$$

Wir erinnern noch einmal an die enge Beziehung zwischen zufälligen Ereignissen und Mengen. Stellt man sich jedes zufällige Ereignis als Menge vor, so entspricht einem Ereignisfeld $\mathfrak{E}$ ein System $\mathfrak{B}$ von Mengen. Alle diese Mengen sind Teilmengen der das sichere Ereignis Ω darstellenden Menge, die wir ebenfalls mit Ω bezeichnen wollen. Das System $\mathfrak{B}$ dieser Mengen besitzt dann auch die Eigenschaften (1) bis (4). Ein solches System $\mathfrak{B}$ von Teilmengen einer Menge Ω nennt man in der Mengenlehre sehr oft eine σ-Algebra.

ZUSAMMENFASSUNG:

Jedem zufälligen Versuch ordnen wir ein sogenanntes Ereignisfeld $\mathfrak{E}$ zu, d. h., eine Menge, die als Elemente insbesondere die im Zusammenhang mit dem Versuch unmittelbar interessierenden Ereignisse enthält und darüber hinaus so beschaffen ist, daß Anwendungen der uns bekannten Operationen zwischen zufälligen Ereignissen auf Elemente dieser Menge nicht aus dieser Menge hinausführen. Wichtige Eigenschaften eines Ereignisfeldes kommen in den oben aufgeführten Punkten (1) bis (4) zum Ausdruck. Ein Ereignisfeld können wir uns vorstellen als eine σ-Algebra von Teilmengen einer Grundmenge; diese Grundmenge ist dabei die mengentheoretische Vorstellung des sicheren Ereignisses.

Schließlich wollen wir noch die Begriffe „atomares Ereignis“ und „zusammengesetztes Ereignis“ einführen.

Atomares Ereignis

⋈ DEFINITION:

Ein Ereignis $A \in \mathfrak{E}$ heißt ein **atomares Ereignis**[1]), wenn es kein Ereignis $B \in \mathfrak{E}$, $B \neq \emptyset$, $B \neq A$ gibt, so daß $B \subset A$ gilt.

□ BEISPIEL 1/23:

Die im Beispiel 1/22 (Werfen zweier Münzen, ↗ 30) auftretenden Ereignisse A, B und C sind (hinsichtlich des dort genannten Ereignisfeldes) atomare Ereignisse.

Man erkennt unmittelbar, daß ein Ereignis $A \in \mathfrak{E}$ genau dann atomar ist, wenn sich A nicht als Summe von Ereignissen (des zugrunde liegenden Ereignisfeldes) darstellen läßt, die vom unmöglichen Ereignis und von A selbst verschieden sind. Eine weitere Charakterisierung dieser Eigenschaft kommt in der folgenden Aussage zum Ausdruck: Ein Ereignis $A \in \mathfrak{E}$ ist genau dann atomar, wenn für jedes beliebige zufällige Ereignis $B \in \mathfrak{E}$ entweder $A \cap B = \emptyset$ oder $A \subset B$ gilt.

Zusammengesetztes Ereignis

⋈ DEFINITION:

Ein Ereignis $A \in \mathfrak{E}$ heißt ein **zusammengesetztes Ereignis**, wenn es kein atomares Ereignis ist.

Ein zusammengesetztes Ereignis $A \in \mathfrak{E}$ läßt sich also darstellen in der Form $A = B \cup C$; dabei sind B und C Elemente des zugrunde liegenden Ereignisfeldes $\mathfrak{E}$, die beide vom unmöglichen Ereignis und von A selbst verschieden sind.

[1]) An Stelle „atomares Ereignis“ findet man in der Literatur auch „Elementarereignis“.

1.5. Aufgaben

1. Unter den Hörern einer Vorlesung wird eine Person zufällig ausgewählt. Wir betrachten die folgenden Ereignisse:
A ... Die ausgewählte Person ist männlichen Geschlechts.
B ... Die ausgewählte Person raucht nicht.
C ... Die ausgewählte Person wohnt in einem Internat.
a) Man beschreibe die Ereignisse $A \cap B$, $A \cap \bar{C}$, $B \setminus A$, $A \setminus B$ und $A \triangle B$ in Worten.
b) Unter welcher Bedingung gilt $A \cap B \cap C = A$?
c) Unter welcher Bedingung gilt $\bar{C} \subset B$?
d) Unter welcher Bedingung gilt $\bar{A} = B$?

2. Eine Schießscheibe bestehe aus zehn konzentrisch angeordneten Kreisen mit den Radien $r_1 < r_2 < \cdots < r_{10}$. Das Ereignis A_k bestehe darin, daß ein abgegebener Schuß ein Treffer im Kreis mit dem Radius r_k ist ($k = 1, 2, \ldots, 10$). Man beschreibe die Ereignisse
a) $B = \bigcup_{k=1}^{6} A_k$, b) $C = \bigcap_{k=1}^{10} A_k$, c) $D = \bar{A}_1 \cap A_2$.

3. Der zufällige Versuch bestehe im einmaligen Würfeln mit einem Spielwürfel. Wir führen die folgenden Ereignisse ein:
A ... Es wird eine gerade Zahl gewürfelt.
B ... Es wird eine durch 3 teilbare Zahl gewürfelt.
C ... Es wird eine „1" gewürfelt.
Man drücke die Ereignisse
D ... Es wird eine ungerade Zahl gewürfelt,
E ... Es wird eine Augenzahl $\geqq 2$ gewürfelt,
F ... Es wird eine „6" gewürfelt,
G ... Es wird eine „1" oder eine „5" gewürfelt
durch die Ereignisse A, B und C unter Verwendung der im Abschnitt 1.3. eingeführten Operationssymbole aus.

Hinweis: Man stelle sich die Ereignisse als Mengen vor, deren Elemente die für das betrachtete Ereignis „günstigen" Augenzahlen sind, z. B. $A = \{2, 4, 6\}$.

4. Der zufällige Versuch bestehe im dreimaligen Würfeln mit einem Spielwürfel. Wir bezeichnen mit A_k das Ereignis, das im Würfeln einer „6" beim k-ten Wurf ($k = 1, 2, 3$) besteht. Man drücke die Ereignisse
A ... Es wird keine einzige „6" gewürfelt,
B ... Es wird mindestens eine „6" gewürfelt,
C ... Es wird genau eine „6" gewürfelt
durch die Ereignisse A_1, A_2, A_3 aus.

5. Eine Anlage, die aus zwei Kesseln und einer Maschine besteht, ist arbeitsfähig, wenn die Maschine und mindestens ein Kessel intakt sind. Wir führen die folgenden Ereignisse ein:

A ... Die Maschine ist intakt.

B_k ... Der k-te Kessel ($k = 1, 2$) ist intakt.

C ... Die Anlage ist arbeitsfähig.

Man drücke die Ereignisse C und $\overline{C}$ durch die Ereignisse A, B_1 und B_2 aus.

6. Wir betrachten ein System aus n Bauelementen, die wir uns von 1 bis n numeriert denken. Wir führen die folgenden Ereignisse ein:

A ... Das System fällt aus.

A_k ... Das Bauelement mit der Nummer k ($k = 1, 2, \ldots, n$) fällt aus.

Man drücke die Ereignisse A und $\overline{A}$ durch die Ereignisse $A_1, A_2, \ldots, A_n$ aus, wenn die Bauelemente

a) in Reihe geschaltet sind, das System also genau dann ausfällt, wenn wenigstens ein Bauelement ausfällt;

b) parallel geschaltet sind, das System also genau dann ausfällt, wenn alle Bauelemente ausfallen.

2. Relative Häufigkeit

Unser Ziel ist es, Gesetzmäßigkeiten bei zufälligen Erscheinungen zu erkennen und mathematisch zu begründen. Dazu ist die Verwendung von Rechengesetzen für Wahrscheinlichkeiten erforderlich. Wie bereits in der Einleitung zum Teil I dieses Buches erwähnt, werden wir den Wahrscheinlichkeitsbegriff durch Axiome beschreiben und aus diesen derartige Rechengesetze herleiten. Die folgenden beiden Kapitel dienen nun insbesondere der Vorbereitung des axiomatischen Aufbaus der Wahrscheinlichkeitsrechnung. Dabei behandeln wir in diesem Kapitel die relative Häufigkeit (des Eintretens eines zufälligen Ereignisses in einer Serie von n unabhängig voneinander durchgeführten Wiederholungen ein und desselben Versuches). Die relative Häufigkeit eines zufälligen Ereignisses in n Versuchen liefert im Falle einer genügend großen Zahl n eine praktisch brauchbare Maßzahl für den Grad der Unbestimmtheit des Eintretens dieses zufälligen Ereignisses; sie ist aber keine „ideale“ Maßzahl dafür, unter anderem schon deshalb nicht, weil man hierbei Versuche wirklich durchführen muß und da sich außerdem die relative Häufigkeit in Abhängigkeit von der Anzahl der durchgeführten Versuche im allgemeinen ändern wird. Die Untersuchung der Eigenschaften der relativen Häufigkeit gibt uns aber wichtige Hinweise dazu, welche Eigenschaften man einem allgemeinen mathematischen Wahrscheinlichkeitsbegriff zugrunde legen sollte.

2.1. Absolute und relative Häufigkeit

Ausgangspunkt unserer Überlegungen ist ein zufälliger Versuch, wobei wir uns nur dafür interessieren, ob ein bestimmtes zufälliges Ereignis A eintritt oder nicht. Wir wiederholen diesen Versuch n-mal unabhängig voneinander und zählen, wie oft das Ereignis A in diesen n Versuchen eingetreten ist. Ist das Ereignis A in diesen n Versuchen m-mal eingetreten, so heißen m die **absolute Häufigkeit** und der Quotient $\frac{m}{n}$ die **relative**

Häufigkeit des Ereignisses A in n Versuchen. Da wir die relative Häufigkeit ausführlicher untersuchen wollen, stellen wir deren Definition besonders heraus.

⋈ DEFINITION der relativen Häufigkeit:

Ist das zufällige Ereignis A in n unabhängigen Wiederholungen ein und desselben Versuches m-mal eingetreten, so heißt

$h_n(A) = \frac{m}{n}$

die **relative Häufigkeit** des Ereignisses A in n Versuchen.

□ BEISPIEL 2/1:

Der zufällige Versuch bestehe im einmaligen Würfeln mit einem Spielwürfel; das interessierende Ereignis A bestehe im Auftreten der Augenzahl 5. Sind bei 120-maligem Würfeln 17 Fünfen vorgekommen, so sind 17 die absolute Häufigkeit und $\frac{17}{120} \approx 0{,}142$ die relative Häufigkeit der Augenzahl 5 in diesen 120 Würfen mit diesem Spielwürfel.

Als Werte für die absolute Häufigkeit eines Ereignisses in n Versuchen kommen die Zahlen $0, 1, 2, \ldots, n-1, n$, als Werte für die relative Häufigkeit also die Werte $0, \frac{1}{n}, \frac{2}{n}, \ldots, \frac{n-1}{n}, 1$ in Frage. Welchen Wert die absolute bzw. relative Häufigkeit in einer konkreten Versuchsreihe annehmen wird, kann nicht mit Bestimmtheit vorausgesagt werden. Sowohl die relative als auch die absolute Häufigkeit sind vom Zufall abhängige Größen, sogenannte Zufallsgrößen. Wir werden sie später als diskrete Zufallsgrößen bezeichnen und ihre sogenannte Wahrscheinlichkeitsverteilung untersuchen.

2.2. Eigenschaften der relativen Häufigkeit

Wir stellen in diesem Abschnitt einige Eigenschaften der relativen Häufigkeit zusammen, auf die wir uns später berufen wollen.

▷ EIGENSCHAFTEN DER RELATIVEN HÄUFIGKEIT:

(1) Die relative Häufigkeit ist eine zwischen 0 und 1 gelegene Zahl. Es gilt also:
$0 \leqq h_n(A) \leqq 1$

(2) Ein sicheres Ereignis besitzt die relative Häufigkeit 1. Es gilt also:
$h_n(\Omega) = 1$

(3) Ein unmögliches Ereignis besitzt die relative Häufigkeit 0. Es gilt also:
$h_n(\emptyset) = 0$

(4) Die relative Häufigkeit des zu A entgegengesetzten Ereignisses $\bar{A}$ ist gleich der Differenz zwischen der Zahl 1 und der relativen Häufigkeit des Ereignisses A. Es gilt also:
$h_n(\bar{A}) = 1 - h_n(A)$

(5) Sind A und B unvereinbare zufällige Ereignisse und ist A p-mal und B q-mal in n unabhängigen Wiederholungen ein und desselben Versuches eingetreten, so ist die relative Häufigkeit dafür, daß A oder B eintritt, offenbar gleich $\frac{p+q}{n} = \frac{p}{n} + \frac{q}{n}$. Es gilt also:
$h_n(A \cup B) = h_n(A) + h_n(B)$ für $A \cap B = \emptyset$

(6) Sind A und B beliebige zufällige Ereignisse und ist A p-mal, B q-mal und $A \cap B$ r-mal in n unabhängigen Wiederholungen ein und desselben Versuches eingetreten, so ist die relative Häufigkeit von $A \cup B$ gleich $\frac{p+q-r}{n} = \frac{p}{n} + \frac{q}{n} - \frac{r}{n}$. Es gilt also:
$h_n(A \cup B) = h_n(A) + h_n(B) - h_n(A \cap B)$

(7) Zieht das Ereignis A das Ereignis B nach sich und ist A p-mal und B q-mal in n unabhängigen Wiederholungen ein und desselben Versuches eingetreten, so gilt offenbar $p \leqq q$ und demzufolge $\frac{p}{n} \leqq \frac{q}{n}$. Es gilt also:
$A \subset B \Rightarrow h_n(A) \leqq h_n(B)$

Wir bemerken im Zusammenhang mit den Eigenschaften (2) und (3), daß aus $h_n(A) = 1$ nicht darauf geschlossen werden kann, daß A ein sicheres Ereignis ist und daß aus $h_n(A) = 0$ nicht darauf geschlossen werden kann, daß A ein unmögliches Ereignis ist.
Wenn man beispielsweise bei zehn Würfen mit einem Spielwürfel keine einzige „6“ erhalten hat, so kann man daraus nicht schließen, daß es unmöglich ist, mit diesem Würfel eine „6“ zu würfeln.
Mittels der relativen Häufigkeit haben wir jedem Ereignis A, das im Zusammenhang mit einem zufälligen Versuch steht (d. h. Element des dem zufälligen Versuch zugeordneten Ereignisfeldes $\mathfrak{E}$ ist), eine Zahl — eben die relative Häufigkeit $h_n(A)$ — zugeordnet. Diese Zuordnung A $(\in \mathfrak{E}) \rightarrow h_n(A)$ können wir als eine auf dem Ereignisfeld $\mathfrak{E}$ definierte (reellwertige) Funktion auffassen, deren wesentliche Eigenschaften oben angegeben worden sind (↗ 36 f.).

2.3. Stabilität der relativen Häufigkeit

Wenn man lange Reihen von unabhängigen Wiederholungen ein und desselben Versuches durchführt und jeweils die relative Häufigkeit des zufälligen Ereignisses A ermittelt, so stellt man immer wieder fest, daß sich diese Zahlen nur wenig voneinander unterscheiden. Deshalb spricht man von der **Stabilität der relativen Häufigkeit**. Die relativen Häufigkeiten des Ereignisses A schwanken also im allgemeinen — vorausgesetzt, daß die Versuchsreihen genügend lang sind — nur wenig um einen gewissen Wert, den wir aber häufig nicht kennen. Diesen Wert wollen wir als Wahrscheinlichkeit des zufälligen Ereignisses A bezeichnen, wobei wir uns darüber im klaren sein müssen, daß wir auf diesem Wege nicht die Wahrscheinlichkeit eines Ereignisses berechnen können, sondern immer nur einen Schätzwert für diese Zahl erhalten. Später werden wir den Wahrscheinlichkeitsbegriff — wie bereits in der Einleitung zu diesem Kapitel angekündigt — durch formale Eigenschaften charakterisieren und aus diesen formalen Eigenschaften Beziehungen zur relativen Häufigkeit gewinnen, die die Bezeichnung derjenigen Zahl, um die die relativen Häufigkeiten eines Ereignisses schwanken, als Wahrscheinlichkeit dieses Ereignisses rechtfertigen.

□ BEISPIEL 2/2:

Münzwurf

Wir entnehmen dieses Zahlenbeispiel der Literatur. Bedeutende Wissenschaftler auf dem Gebiet der Wahrscheinlichkeitsrechnung und der mathematischen Statistik haben den Effekt der Stabilisierung der relativen Häufigkeit unter anderem auch am Beispiel des Münzwurfes studiert. Es bezeichne A das Ereignis „Zahl oben".

Tabelle 1:

	Anzahl der Münzwürfe n	Absolute Häufigkeit von A m	Relative Häufigkeit von A $h_n(A)=\frac{m}{n}$
BUFFON	4040	2048 (2020)	0,5080
K. PEARSON	12000	6019 (6000)	0,5016
K. PEARSON	24000	12012 (12000)	0,5005

Wir erwarten, daß in etwa der Hälfte aller Münzwürfe das Ereignis A eintritt. In der dritten Spalte der Tabelle 1 haben wir die erwarteten Anzahlen in Klammern angegeben. Die Tabelle zeigt uns deutlich, daß unsere Erwartung um so besser erfüllt ist, je größer die Anzahl der ausgeführten Münzwürfe ist.

□ BEISPIEL 2/3:

Wurf mit einem Spielwürfel

Es bezeichne A das Ereignis, das im Würfeln der Augenzahl 5 besteht.

Tabelle 2:

Anzahl der Würfe n	Absolute Häufigkeit von A m	Relative Häufigkeit von A $h_n(A)=\frac{m}{n}$
120	17 (20)	0,1417
240	36 (40)	0,1500
360	64 (60)	0,1778
480	73 (80)	0,1521
600	105 (100)	0,1750
720	121 (120)	0,1681
840	135 (140)	0,1607
960	166 (160)	0,1729
1080	191 (180)	0,1769
1200	197 (200)	0,1642

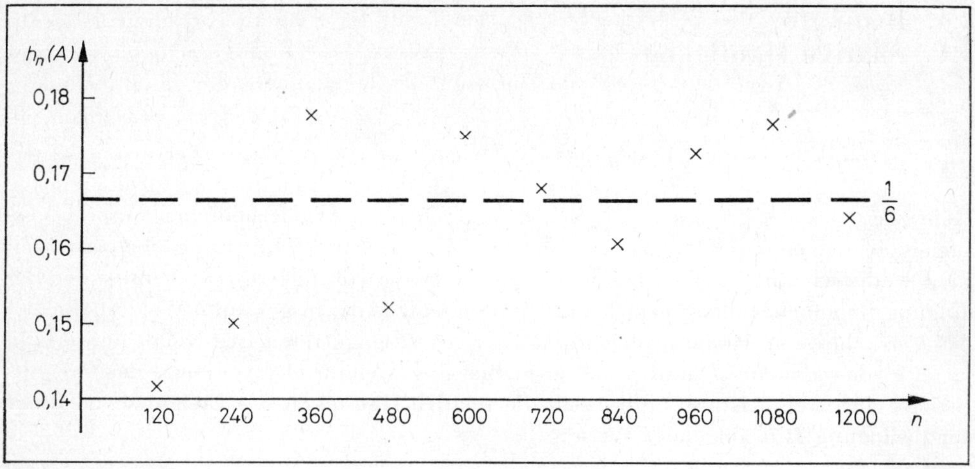

Bild 10

(Es entstanden hier keine Versuchsreihen dadurch, daß an eine vorhergegangene Versuchsreihe weitere Versuche angeschlossen wurden. Insgesamt ist also für Beispiel 2 6600-mal gewürfelt worden; dabei trat das Ereignis A in 1105 Versuchen auf, was einer relativen Häufigkeit von 0,1674 entspricht.)
Wir erwarten hier, daß in etwa einem Sechstel aller Würfe das Ereignis A eintritt. In der zweiten Spalte haben wir wieder die erwarteten Anzahlen in Klammern angegeben. Auch hier zeigt uns die Tabelle deutlich, daß unsere Erwartung um so besser erfüllt ist, je größer die Anzahl der ausgeführten Würfe ist.
Wir veranschaulichen uns den Inhalt der Tabelle 2 noch in einer graphischen Darstellung (Bild 10).

Die angegebenen und weitere ähnliche Beispiele könnten die Vermutung aufkommen lassen, daß für *jede* konkrete Versuchsreihe die Folge $(h_n(A))$ der relativen Häufigkeiten $h_n(A)$ für $n \to \infty$ einem Grenzwert — den wir hier mit $g(A)$ bezeichnen wollen — zustrebt. Dies ist nicht richtig, wenn man den üblichen Grenzwertbegriff bei Zahlenfolgen zugrunde legt. Das hieße nämlich, daß es zu jeder positiven Zahl ε eine natürliche Zahl n_0 gäbe, so daß $|h_n(A) - g(A)| < \varepsilon$, d. h., $g(A) - \varepsilon < h_n(A) < g(A) + \varepsilon$ für jede natürliche Zahl $n \geqq n_0$ gelten würde. Zurückgreifend auf das Beispiel 2/2 können wir uns aber vorstellen, daß auch in sehr langen Versuchsreihen kein einziges Mal die Augenzahl 5 fällt. Mit anderen Worten, wir können uns vorstellen, daß es bei festem $\varepsilon > 0$ immer wieder natürliche Zahlen n gibt, für die die Ungleichungskette $g(A) - \varepsilon < h_n(A) < g(A) + \varepsilon$ nicht erfüllt ist, d. h., für die die Ungleichung $|h_n(A) - g(A)| \geqq \varepsilon$ gilt. Allerdings erscheint uns ein solcher Fall sehr „unwahrscheinlich".
Die mathematische Formulierung dieses Sachverhaltes erfolgt durch das sogenannte Gesetz der großen Zahlen. Es besagt, daß die Wahrscheinlichkeit der Abweichung der relativen Häufigkeit eines Ereignisses in n Versuchen um mehr als eine beliebig vorgegebene positive Zahl ε von der Wahrscheinlichkeit dieses Ereignisses mit steigender Anzahl der Versuche gegen Null konvergiert (↗ 196 f., Abschnitt 10.2.).

2.4. Bedingte relative Häufigkeit

Ausgangspunkt unserer Überlegungen ist wiederum ein zufälliger Versuch, den wir n-mal unabhängig voneinander wiederholen. Wir interessieren uns hier für die relative Häufigkeit des Ereignisses A in solchen unabhängigen Wiederholungen unseres Versuches, in denen das Ereignis B eingetreten ist. Bei der Ermittlung der gesuchten Zahl — die wir mit $h_n(A/B)$ bezeichnen und relative Häufigkeit von A unter der Bedingung B nennen wollen — spielen also nur diejenigen der insgesamt n Wiederholungen des Versuches eine Rolle, in denen das Ereignis B eingetreten ist. Wenn nun m-mal ($m \geqq 1$) das Ereignis B und r-mal zusätzlich das Ereignis A (also r-mal das Ereignis $A \cap B$) eingetreten ist, so ergibt sich die **relative Häufigkeit des Ereignisses *A* unter der Bedingung *B*** in folgender Weise:

$$\triangleright \quad h_n(A/B) = \frac{r}{m} = \frac{\frac{r}{n}}{\frac{m}{n}} = \frac{h_n(A \cap B)}{h_n(B)}$$

Die relative Häufigkeit von A unter der Bedingung B ist also im allgemeinen genau zu unterscheiden von der relativen Häufigkeit des Ereignisses $A \cap B$ und außerdem natürlich von der relativen Häufigkeit des Ereignisses B unter der Bedingung A, d. h. von $h_n(B/A)$.

□ BEISPIEL 2/4:

Wurf mit einem Spielwürfel

Das Ereignis B bestehe im Würfeln einer geraden Augenzahl ($B = \{2, 4, 6\}$); das Ereignis A bestehe im Würfeln einer von 6 verschiedenen Augenzahl ($A = \{1, 2, 3, 4, 5\}$). Wir haben 100 Würfe ausgeführt; die Ergebnisse sind in der folgenden Tabelle 3 zusammengestellt.

Tabelle 3:

n	$m(A)$	$m(B)$	r	$h_n(A/B)$	$h_n(B/A)$	$h_n(A \cap B)$
100	83	49	32	0,653	0,386	0,320

Die relative Häufigkeit von A unter der Bedingung B in n Versuchen können wir wieder als eine Funktion auffassen, deren Definitionsbereich das dem zufälligen Versuch zugeordnete Ereignisfeld ist: $A \in \mathfrak{E} \to h_n(A/B)$ ($B \in \mathfrak{E}$ fest). Die wesentlichen Eigenschaften dieser Funktion ergeben sich unmittelbar aus den entsprechenden Eigenschaften der relativen Häufigkeit. Wir stellen diese Eigenschaften formelmäßig zusammen.

▷ EIGENSCHAFTEN DER BEDINGTEN RELATIVEN HÄUFIGKEIT:

(1) $0 \leqq h_n(A/B) \leqq 1$

(2) $h_n(\Omega/B) = 1$

(3) $h_n(\emptyset/B) = 0$

(4) $h_n(\bar{A}/B) = 1 - h_n(A/B)$

(5) $h_n(A_1 \cup A_2/B) = h_n(A_1/B) + h_n(A_2/B)$ für $A_1 \cap A_2 = \emptyset$

(6) $h_n(A_1 \cup A_2/B) = h_n(A_1/B) + h_n(A_2/B) - h_n(A_1 \cap A_2/B)$

(7) $A_1 \subset A_2 \Rightarrow h_n(A_1/B) \leqq h_n(A_2/B)$

Besonders hervorheben wollen wir noch zwei weitere — inhaltlich sofort einleuchtende — Implikationen:

(8) Wenn das Ereignis B stets das Ereignis A nach sich zieht, so ist die relative Häufigkeit von A unter der Bedingung B gleich Eins. Es gilt also:
$B \subset A \Rightarrow h_n(A/B) = 1$

(9) Sind A und B unvereinbare zufällige Ereignisse, so sind die bedingten relativen Häufigkeiten $h_n(A/B)$ und $h_n(B/A)$ beide gleich Null. Es gilt also:
$A \cap B = \emptyset \Rightarrow h_n(A/B) = 0\,,\ h_n(B/A) = 0$

Schließlich bemerken wir, daß $h_n(A/\Omega) = h_n(A)$ für jedes zufällige Ereignis $A \in \mathfrak{E}$ und jede natürliche Zahl n gilt.
Auf die bedingte relative Häufigkeit und deren Eigenschaften kommen wir bei der Behandlung der sogenannten bedingten Wahrscheinlichkeit zurück.

2.5. Aufgaben

1. Man würfle 120-mal mit einem Spielwürfel und ermittle die relativen Häufigkeiten der folgenden Ereignisse:
A_k ... Die gewürfelte Augenzahl ist gleich k ($k = 1, 2, 3, 4, 5, 6$).
A ... Die gewürfelte Augenzahl ist gerade.
B ... Die gewürfelte Augenzahl ist nicht größer als 3.
Man vergleiche die ermittelten Zahlen mit den „erwarteten" Zahlen. Außerdem prüfe man am Beispiel die Beziehung (6) des Abschnitts 2.2. (↗ 37) nach und überlege sich nochmals deren allgemeine Gültigkeit.

2. Unter Zugrundelegung der Beziehungen (↗ 36 f.)
(1) $0 \leqq h_n(A) \leqq 1$
(2) $h_n(\Omega) = 1$
(3) $h_n(A \cup B) = h_n(A) + h_n(B)$ für $A \cap B = \emptyset$

beweise man die Aussagen

a) $h_n(\emptyset) = 0$

b) $h_n(\bar{A}) = 1 - h_n(A)$

c) $A \subset B \Rightarrow h_n(A) \leqq h_n(B)$.

(Damit ist gezeigt, daß die Beziehungen (3), (4), (7) des Abschnitts 2.2. bereits aus den Beziehungen (1), (2) und (5) des Abschnitts 2.2. (↗ 36 f.) folgen.)

3. Man würfle 120-mal mit einem Spielwürfel — man kann die Wurfserie aus der Aufgabe 1 verwenden — und ermittle die bedingten relativen Häufigkeiten $h_{120}(A/B)$, $h_{120}(B/A)$ und die relativen Häufigkeiten $h_{120}(A)$, $h_{120}(B)$, $h_{120}(A \cap B)$ für die Ereignisse

A ... Die gewürfelte Augenzahl ist eine Primzahl.

B ... Die gewürfelte Augenzahl ist größer als 3.

Man vergleiche die erhaltenen Zahlen mit den "erwarteten" Zahlen. Außerdem bestätige man an Hand dieses Beispiels die Gültigkeit der Beziehung

$$h_n(A/B) = \frac{h_n(A \cap B)}{h_n(B)} .$$

3. Der klassische Wahrscheinlichkeitsbegriff

Ein axiomatischer Aufbau der Wahrscheinlichkeitsrechnung, der einerseits eine universelle und kalkülmäßige Anwendung gestattet und andererseits allen mathematischen Ansprüchen genügt, ist erst im Jahre 1933 durch den sowjetischen Mathematiker A. N. KOLMOGOROW veröffentlicht worden. Allerdings wurde schon wesentlich früher mit Wahrscheinlichkeiten gerechnet, u. a. auch im Zusammenhang mit Glücksspielen. Die dieser Wahrscheinlichkeitsrechnung zugrunde liegende Definition der Wahrscheinlichkeit wird heute als klassische Definition der Wahrscheinlichkeit bezeichnet. Sie ist anwendbar zur Berechnung von Wahrscheinlichkeiten zufälliger Ereignisse, die Ergebnisse von solchen zufälligen Versuchen sind, bei denen es nur endlich viele gleichmögliche Versuchsausgänge gibt. Die klassische Definition der Wahrscheinlichkeit besagt, daß die Wahrscheinlichkeit eines beliebigen Ereignisses gleich ist dem Quotienten aus der Anzahl der für dieses Ereignis günstigen Versuchsausgänge und der Gesamtanzahl der möglichen Versuchsausgänge.
In diesem Kapitel wollen wir den klassischen Wahrscheinlichkeitsbegriff und den darauf aufbauenden geometrischen Wahrscheinlichkeitsbegriff systematisch untersuchen, bevor wir im Kapitel 4 (↗ 61 ff.) den axiomatischen Aufbau der Wahrscheinlichkeitsrechnung behandeln.

3.1. LAPLACEsche Ereignisfelder

Wir hatten eingangs betont, daß die klassische Definition der Wahrscheinlichkeit nur bei zufälligen Versuchen bzw. Ereignisfeldern angewendet werden kann, die zusätzliche Bedingungen erfüllen. In diesem Abschnitt werden wir diese Bedingungen genau benennen und untersuchen, bevor wir im nächsten Abschnitt auf die klassische Definition der Wahrscheinlichkeit ausführlich eingehen.

⋈ ERKLÄRUNG:

Es bezeichne $\mathfrak{E}$ das einem zufälligen Versuch zugeordnete Ereignisfeld. Wir wollen voraussetzen, daß $\mathfrak{E}$ die folgenden zusätzlichen Eigenschaften erfüllt:

(1) Es gibt endlich viele atomare Ereignisse $A_1, A_2, \ldots, A_k$, die ein vollständiges System von Ereignissen bilden:

$A_1 \cup A_2 \cup \ldots \cup A_k = \Omega$

$A_i \cap A_j = \emptyset$ für $i \neq j$

A_i atomar $(i = 1, 2, \ldots, k)$.

(2) Die zufälligen Ereignisse $A_1, A_2, \ldots, A_k$ sind gleichmöglich, d. h., sie sind hinsichtlich des Grades der Unbestimmtheit ihres Eintretens nicht unterscheidbar.

Ein Ereignisfeld $\mathfrak{E}$, das die Bedingungen (1) und (2) erfüllt, wollen wir ein **LAPLACEsches Ereignisfeld** nennen.

Aus der Bedingung (1) ergibt sich unmittelbar, daß sich jedes beliebige zufällige Ereignis $A \neq \emptyset$ als Summe gewisser atomarer Ereignisse darstellen läßt, nämlich als Summe derjenigen atomaren Ereignisse, die das Ereignis A nach sich ziehen. Diesen Sachverhalt drücken wir formelmäßig wie folgt aus:

$$A = \bigcup_{i:\, A_i \subset A} A_i$$

Man erkennt dies am einfachsten mittels der im Abschnitt 1.4. zuletzt angegebenen Charakterisierung des atomaren Ereignisses (↗ 32).
Zusammen mit der Eigenschaft (2) zeigt uns dies, daß zwei zufällige Ereignisse A und B eines LAPLACEschen Ereignisfeldes $\mathfrak{E}$ dann und nur dann unterscheidbar sind hinsichtlich des Grades der Unbestimmtheit ihres Eintretens, wenn die Anzahlen der atomaren Ereignisse, die zum Eintreten von A bzw. B führen, ungleich sind.
Die LAPLACEschen Ereignisfelder sind die mathematische Beschreibung solcher zufälligen Versuche, in deren Ablauf genau eines von endlich vielen gleichmöglichen atomaren Ereignissen eintritt.

□ BEISPIELE 3/1 und 2:

1. Der zufällige Versuch bestehe im einmaligen Würfeln mit einem Spielwürfel.

A_i ... Die gewürfelte Augenzahl ist gleich i.

$A_i = \{i\}$ $(i = 1, 2, 3, 4, 5, 6)$

Die Ereignisse A_1, A_2, A_3, A_4, A_5, A_6 sind gleichmögliche atomare Ereignisse, die ein vollständiges System von Ereignissen bilden ($A_1 \cup A_2 \cup A_3 \cup A_4 \cup A_5 \cup A_6 = \{1, 2, 3, 4, 5, 6\} = \Omega$, $A_i \cap A_j = \emptyset$ für $i \neq j$). Jedes im Zusammenhang mit diesem Versuch stehende zufällige Ereignis läßt sich als Summe gewisser A_i darstellen, z. B:

A ... Die gewürfelte Augenzahl ist gerade.

$A = \{2, 4, 6\} = \{2\} \cup \{4\} \cup \{6\} = A_2 \cup A_4 \cup A_6$.

B ... Die gewürfelte Augenzahl ist nicht größer als 3.

$B = \{1, 2, 3\} = \{1\} \cup \{2\} \cup \{3\} = A_1 \cup A_2 \cup A_3$.

Die Ereignisse A und B sind hinsichtlich des Grades der Unbestimmtheit ihres Eintretens nicht unterscheidbar, d. h., sie sind gleichmöglich.

2. Aus den 32 gut durchmischten Karten eines Skatspieles wird eine Karte zufällig herausgegriffen. Dabei ist das Wort „zufällig" so zu verstehen, daß jede Karte die gleiche Chance hat, herausgegriffen zu werden.[1] Dieser Versuch besitzt 32 gleichmögliche Ausgänge; diese Ausgänge sind atomare Ereignisse. Jedes im Zusammenhang mit diesem Versuch stehende Ereignis läßt sich als Summe einiger dieser atomaren Ereignisse darstellen. Zum Beispiel ist das Ereignis, das im Herausgreifen einer Herz-Karte oder eines As besteht, als Summe von 11 atomaren Ereignissen darstellbar.

Weitere Beispiele für zufällige Versuche, deren Ereignisfelder LAPLACEsche Ereignisfelder sind, lernen wir im nächsten und übernächsten Abschnitt kennen.

3.2. Die klassische Definition der Wahrscheinlichkeit

Die Wahrscheinlichkeit eines Ereignisses soll eine (zwischen Null und Eins gelegene) Zahl sein, die eine Vorstellung über den Grad der Sicherheit (und damit auch der Unsicherheit) des Eintretens dieses Ereignisses im Rahmen eines bestimmten zufälligen Versuches vermittelt. In dem Falle, daß das dem zufälligen Versuch zugeordnete Ereignisfeld ein LAPLACEsches Ereignisfeld ist, ist es außerordentlich naheliegend, wie man zu einer solchen Maßzahl gelangt. Wir beschreiben jetzt diesen Weg.
Es sei also $\mathfrak{E}$ ein LAPLACEsches Ereignisfeld mit den endlich vielen gleichmöglichen atomaren Ereignissen $A_1, A_2, \ldots, A_k$, die ein vollständiges System von Ereignissen bilden ($A_1 \cup A_2 \cup \ldots \cup A_k = \Omega$, $A_i \cap A_j = \emptyset$ für $i \neq j$), d. h., von denen bei Durchführung des zugehörigen Versuches genau eines eintritt. Wie oben bereits festgestellt wurde, ist jedes beliebige zufällige Ereignis $A \in \mathfrak{E}$ darstellbar als Summe derjenigen atomaren Ereignisse A_i, die das Ereignis A nach sich ziehen. Bezeichnen wir mit $g(A)$ deren Anzahl, d. h. die Anzahl der A_i mit $A_i \subset A$, so vermittelt der Quotient $\frac{g(A)}{k}$ eine Vorstellung über den Grad der Sicherheit des Eintretens des zufälligen Ereignisses A. Wir nennen diesen Quotienten $\frac{g(A)}{k}$ Wahrscheinlichkeit des zufälligen Ereignisses A und bezeichnen ihn mit $P(A)$.

⋈ KLASSISCHE DEFINITION der Wahrscheinlichkeit:

$$P(A) = \frac{g(A)}{k} = \frac{\text{Anzahl der atomaren Ereignisse } A_i \text{ mit } A_i \subset A}{\text{Anzahl der atomaren Ereignisse}}$$

Nennt man ein atomares Ereignis A_i günstig für ein Ereignis A, wenn es das Ereignis A nach sich zieht (d. h., wenn $A_i \subset A$ gilt), so läßt sich die klassische Definition der Wahrscheinlichkeit folgendermaßen formulieren:

$$P(A) = \frac{g(A)}{k} = \frac{\text{Anzahl der für } A \text{ günstigen atomaren Ereignisse}}{\text{Anzahl der atomaren Ereignisse}}$$

[1] Wenn wir in Zukunft das Wort „zufällig" in einem ähnlichen Zusammenhang ohne besondere Erklärung verwenden, dann verstehen wir es in dem oben erläuterten Sinn.

Bemerkung: Häufig findet man in der Literatur Formulierungen, die sich von dieser nur dadurch unterscheiden, daß an Stelle des Begriffs „atomares Ereignis" eines der Wörter „Möglichkeit", „Versuchsausgang" oder „Fall" gebraucht wird.

Aus dieser Definition erhalten wir insbesondere, daß die Wahrscheinlichkeiten der atomaren Ereignisse A_i sämtlich gleich $\frac{1}{k}$ sind:

$$P(A_1) = P(A_2) = \ldots = P(A_k) = \frac{1}{k},$$

da auf Grund der Eigenschaften der Ereignisse A_i die Gleichung $g(A_i) = 1$ $(i = 1, 2, \ldots, k)$ besteht. Die Voraussetzung, daß die Ereignisse A_i gleichmöglich sind, spiegelt sich also darin wider, daß alle die gleiche Wahrscheinlichkeit besitzen.

Die soeben behandelte Definition der Wahrscheinlichkeit als Quotient der Anzahl der für das betrachtete Ereignis günstigen Möglichkeiten durch die Anzahl der Möglichkeiten geht auf P. LAPLACE (1749—1827) zurück. Das hierbei zugrunde liegende Prinzip nennt man häufig das **LAPLACEsche Prinzip der gleichmöglichen Fälle.**

Später werden wir den Wahrscheinlichkeitsbegriff durch Axiome charakterisieren und zeigen, daß und wie sich die klassische Definition der Wahrscheinlichkeit dort einordnen läßt. Dennoch kommt der klassischen Definition der Wahrscheinlichkeit eine besondere Bedeutung zu, da diese auch die Möglichkeit gibt, Wahrscheinlichkeiten berechnen zu können. Die Berechnung interessierender Wahrscheinlichkeiten — d. h. die Berechnung der Anzahl der möglichen Fälle und die Ermittlung der Anzahl der für ein betrachtetes Ereignis günstigen Fälle — erfolgt dabei im allgemeinen mit Methoden der Kombinatorik und ist nicht immer ganz einfach.

□ BEISPIELE 3/3...6:

3. Der zufällige Versuch bestehe im Werfen einer Münze. Die Ausgänge dieses Versuches sind die (atomaren und gleichmöglichen) Ereignisse „Zahl oben" und „Wappen oben". Jedes dieser Ereignisse besitzt also die Wahrscheinlichkeit $\frac{1}{2}$.

4. Der zufällige Versuch bestehe im einmaligen Würfeln mit einem Spielwürfel. Die sechs möglichen Ausgänge werden durch die oben erscheinende Augenzahl gekennzeichnet. Wir berechnen die Wahrscheinlichkeiten einiger Ereignisse:

   A_i ... Die gewürfelte Augenzahl ist gleich i.
   $P(A_i) = \frac{1}{6}$ $\quad (i = 1, 2, 3, 4, 5, 6)$

   A ... Die gewürfelte Augenzahl ist gerade.
   $P(A) = \frac{3}{6} = \frac{1}{2}$

   B ... Die gewürfelte Augenzahl ist ungleich 6.
   $P(B) = \frac{5}{6}$

   C ... Die gewürfelte Augenzahl ist $\leqq 2$.
   $P(C) = \frac{2}{6} = \frac{1}{3}$

5. Wir interessieren uns für die Wahrscheinlichkeit dafür, daß eine aus 32 gut gemischten Karten zufällig herausgegriffene Karte eine Herz-Karte oder ein As ist (Ereignis A; ↗ 45, Beispiel 3/2).
   Anzahl der atomaren Ereignisse: $k = 32$
   Anzahl der für A günstigen atomaren Ereignisse: $g(A) = 11$
   Damit ergibt sich die gesuchte Wahrscheinlichkeit zu $P(A) = \frac{g(A)}{k} = \frac{11}{32} \approx 0{,}34$.

6. In einer Urne befinden sich 90 Kugeln, und zwar 85 rote und fünf blaue Kugeln. Wir entnehmen dieser Urne zufällig auf einmal fünf Kugeln und interessieren uns für die Wahrscheinlichkeiten folgender Ereignisse:

A ... Alle fünf entnommenen Kugeln sind blau.

B ... Unter den fünf entnommenen Kugeln sind zwei Kugeln rot und drei blau.

Wir bestimmen zuerst die Anzahl der atomaren Ereignisse. Diese Anzahl ist gleich der Anzahl der Möglichkeiten, die es gibt, aus 90 Objekten fünf auszuwählen, d. h., es gilt

$$k = \binom{90}{5} = \frac{90 \cdot 89 \cdot 88 \cdot 87 \cdot 86}{1 \cdot 2 \cdot 3 \cdot 4 \cdot 5} = 43\,949\,268\,.$$

Die Anzahl $g(A)$ bzw. $g(B)$ der für A bzw. B günstigen atomaren Ereignisse ergibt sich wie folgt:

$$g(A) = \binom{5}{5} \cdot \binom{85}{0} = 1 \cdot 1 = 1$$

$$g(B) = \binom{5}{3} \cdot \binom{85}{2} = \frac{5 \cdot 4 \cdot 3}{1 \cdot 2 \cdot 3} \cdot \frac{85 \cdot 84}{1 \cdot 2} = 35\,700$$

Erläuterung zur Berechnung von $g(B)$: Da jede der $\binom{5}{3}$ Möglichkeiten, aus fünf blauen Kugeln drei auszuwählen, mit jeder der $\binom{85}{2}$ Möglichkeiten, aus 85 roten Kugeln zwei auszuwählen, kombinierbar ist, ergibt sich als Anzahl der für B günstigen atomaren Ereignisse das Produkt $\binom{5}{3} \cdot \binom{85}{2}$.

Daraus erhalten wir für die gesuchten Wahrscheinlichkeiten:

$$P(A) = \frac{g(A)}{k} = \frac{1}{\binom{90}{5}} = \frac{1}{43\,949\,268} = 0{,}000\,000\,02$$

$$P(B) = \frac{g(B)}{k} = \frac{\binom{5}{3} \cdot \binom{85}{2}}{\binom{90}{5}} = \frac{35\,700}{43\,949\,268} = 0{,}0008$$

Übrigens gibt $P(A)$ bzw. $P(B)$ die Wahrscheinlichkeit eines „Fünfers“ bzw. „Dreiers“ im Zahlenlotto „5 aus 90“ (ohne Zusatzzahl) an.

3.3. Eigenschaften des klassischen Wahrscheinlichkeitsbegriffs

Wenn man mit Wahrscheinlichkeiten auf der Grundlage der klassischen Definition der Wahrscheinlichkeit rechnet, ist es oft zweckmäßig, von Rechenregeln Gebrauch zu machen. So läßt sich z. B. die Wahrscheinlichkeit eines Ereignisses, das als Summe unvereinbarer Summanden darstellbar ist, in einfacher Weise aus den Wahrscheinlichkeiten dieser Summanden berechnen. In diesem Abschnitt wollen wir solche Rechenregeln und grundlegende Eigenschaften des klassischen Wahrscheinlichkeitsbegriffs kennenlernen und die Nützlichkeit dieser Rechenregeln an einigen Beispielen aufzeigen.

Wir gehen aus von einem LAPLACEschen Ereignisfeld $\mathfrak{E}$. Mittels der klassischen Definition der Wahrscheinlichkeit ist in eindeutiger Weise jedem zufälligen Ereignis A ($\in \mathfrak{E}$) eine Zahl — eben die Wahrscheinlichkeit $P(A)$ dieses Ereignisses — zugeordnet. Diese Zuordnung A ($\in \mathfrak{E}$) $\to P(A)$ ist also eine auf dem LAPLACEschen Ereignisfeld $\mathfrak{E}$ definierte reellwertige Funktion. (Das Funktionssymbol ist hier der Buchstabe P.) Die wesentlichen Eigenschaften dieser Funktion kommen in den folgenden sieben Punkten zum Ausdruck; dabei enthalten die Punkte (1) bis (3) grundlegende Eigenschaften und die Punkte (4) bis (7) wichtige Rechenregeln (vgl. dazu auch die Eigenschaften der relativen Häufigkeit, ↗ 36 f.).

▷ EIGENSCHAFTEN DES KLASSISCHEN WAHRSCHEINLICHKEITSBEGRIFFS:

(1) Die Wahrscheinlichkeit eines Ereignisses ist eine zwischen Null und Eins gelegene Zahl. Es gilt also:

$0 \leqq P(A) \leqq 1 \quad$ für alle $\quad A \in \mathfrak{E}$

Dies ergibt sich sofort aus der Ungleichungskette $0 \leqq g(A) \leqq k$, wobei $g(A)$ wieder die Anzahl der für A günstigen und k die Gesamtanzahl der atomaren Ereignisse in $\mathfrak{E}$ bezeichnen.

(2) Die Wahrscheinlichkeit des sicheren Ereignisses Ω ist gleich Eins. Es gilt also:

$P(\Omega) = 1$

Auf Grund der Eigenschaft (1) eines Ereignisfeldes $\mathfrak{E}$ (↗ 31) gilt $\Omega \in \mathfrak{E}$, d. h., Ω liegt im Definitionsbereich der Funktion P. Die Behauptung ergibt sich sofort daraus, daß die Anzahl der für das sichere Ereignis Ω günstigen atomaren Ereignisse gleich der Gesamtanzahl der atomaren Ereignisse ist $\left(g(\Omega) = k\right)$.

(3) Die Wahrscheinlichkeit des unmöglichen Ereignisses $\emptyset$ ist gleich Null. Es gilt also:

$P(\emptyset) = 0$

Wiederum auf Grund der Eigenschaft (1) eines Ereignisfeldes $\mathfrak{E}$ gilt $\emptyset \in \mathfrak{E}$, d. h., auch $\emptyset$ liegt im Definitionsbereich der Funktion P. Nun gilt offenbar $g(\emptyset) = 0$, woraus sich die Behauptung ergibt.

(4) Die Wahrscheinlichkeit des zu einem Ereignis A ($\in \mathfrak{E}$) entgegengesetzten Ereignisses $\bar{A}$ ist gleich der Differenz zwischen der Zahl Eins und der Wahrscheinlichkeit des Ereignisses A. Es gilt also:

$P(\bar{A}) = 1 - P(A) \quad$ für alle $\quad A \in \mathfrak{E}$

Auf Grund der Eigenschaft (3) eines Ereignisfeldes $\mathfrak{E}$ folgt aus $A \in \mathfrak{E}$ stets $\bar{A} \in \mathfrak{E}$, d.h., mit A gehört auch $\bar{A}$ zum Definitionsbereich der Funktion P. Nun ist ein atomares Ereignis A_i genau dann günstig für ein zufälliges Ereignis A (d. h. $A_i \subset A$), wenn es nicht günstig für das zu A entgegengesetzte Ereignis A und demzufolge mit diesem unvereinbar ist. Also gilt $g(A) + g(\bar{A}) = k$, woraus sich unmittelbar die Behauptung ergibt.

□ BEISPIEL 3/7:

Aus einer großen Menge von Personen (z. B. aus der Menge der derzeitigen Dresdner Einwohner) werden n Personen zufällig ausgewählt und deren Geburtstage (ohne Geburtsjahr) notiert. Wir interessieren uns für die Wahrscheinlichkeit dafür, daß unter diesen n Personen mindestens zwei den gleichen Geburtstag haben (Ereignis A). Bei der Lösung dieser Aufgabe setzen wir zusätzlich voraus, daß Personen, die am 29. Februar eines Schaltjahres geboren worden sind, nicht ausgewählt werden, so daß insgesamt nur mit 365 Tagen gerechnet werden muß. Außerdem nehmen wir an, daß die Wahrscheinlichkeit dafür, daß eine zufällig ausgewählte Person an einem bestimmten Tag (z. B. am 1. Januar) Geburtstag hat, für alle 365 Tage gleich, also gleich $\frac{1}{365}$ ist.

Wir ermitteln zuerst die Anzahl k der atomaren Ereignisse. Ein atomares Ereignis besteht darin, aus 365 Tagen n nicht notwendig verschiedene Tage auszuwählen. Die Anzahl dieser Möglichkeiten ist (unter Berücksichtigung der Reihenfolge)

$$k = \underbrace{365 \cdot 365 \cdot \ldots \cdot 365}_{n \text{ Faktoren}} = 365^n .$$

(Für $n > 4$ ist diese Anzahl k größer als eine Billion.)

Zur Berechnung der gesuchten Wahrscheinlichkeit müßten wir nun die Anzahl $g(A)$ der für A günstigen atomaren Ereignisse ermitteln. Es erweist sich als wesentlich bequemer, zuerst die Anzahl $g(\bar{A})$ der für $\bar{A}$ günstigen atomaren Ereignisse zu berechnen. Das Ereignis $\bar{A}$ besteht darin, daß unter den n ausgewählten Personen nicht mindestens zwei den gleichen Geburtstag haben, d. h. darin, daß jede der n Personen an einem von allen anderen Geburtstagen verschiedenen Tag Geburtstag hat. Die Anzahl der für $\bar{A}$ günstigen atomaren Ereignisse ist (wiederum unter Berücksichtigung der Reihenfolge)

$$g(\bar{A}) = \underbrace{365 \cdot 364 \cdot \ldots \cdot (365 - (n-1))}_{n \text{ Faktoren}} .$$

Daraus erhalten wir

$$P(\bar{A}) = \frac{g(\bar{A})}{k} = \frac{365}{365} \cdot \frac{364}{365} \cdot \ldots \cdot \frac{(365-(n-1))}{365},$$

woraus sich nach obiger Formel die gesuchte Wahrscheinlichkeit berechnen läßt:

$$P(A) = 1 - P(\bar{A}) = 1 - \frac{365}{365} \cdot \frac{364}{365} \cdot \ldots \cdot \frac{(365-(n-1))}{365}$$

In Tabelle 4 haben wir die Wahrscheinlichkeit dafür, daß unter n Personen mindestens zwei den gleichen Geburtstag haben, für verschiedene n angegeben. (Für $n > 365$ ergibt sich stets $P(A) = 1$).

Tabelle 4

n	10	20	22	23	24	30	40	50
$P(A)$	0,12	0,41	0,48	0,51	0,54	0,71	0,89	0,97

Manchen Leser werden diese Ergebnisse — z. B. $P(A) = 0{,}71$ für $n = 30$, $P(A) = 0{,}97$ für $n = 50$ — etwas überraschen, zumal dann, wenn man sie entsprechend dem Gesetz der großen Zahlen interpretiert. Beispielsweise müßte es nach diesem Gesetz — angewendet auf unser Ergebnis im Falle $n = 30$ bzw. $n = 50$ — bei 100 unabhängigen Wiederholungen der zufälligen Auswahl von 30 bzw. 50 Personen ungefähr 71- bzw. 97mal vorkommen, daß mindestens zwei der jeweils ausgewählten Personen den gleichen Geburtstag haben. In entsprechenden Versuchsreihen kommt dies übrigens auch recht deutlich zum Ausdruck. Die theoretische Begründung für diese Interpretation geben wir später bei der genaueren Untersuchung des Gesetzes der großen Zahlen (↗ 192 ff.).

▷ (5) Die Wahrscheinlichkeit dafür, daß von zwei unvereinbaren Ereignissen $A\ (\in \mathfrak{E})$ und $B\ (\in \mathfrak{E})$ mindestens eines (d. h. $A \cup B$) eintritt, ist gleich der Summe der Wahrscheinlichkeiten von A und B. Es gilt also:

$$\left.\begin{array}{l} A \cap B = \emptyset \\ (A \in \mathfrak{E},\ B \in \mathfrak{E}) \end{array}\right\} \Rightarrow P(A \cup B) = P(A) + P(B)$$

Wir vermerken zuerst, daß wegen Eigenschaft (2) eines Ereignisfeldes $\mathfrak{E}$ (↗ 31) die Beziehung $A \cup B \in \mathfrak{E}$ gilt, d. h., daß das Ereignis $A \cup B$ zum Definitionsbereich der Funktion P gehört. Auf Grund der Voraussetzung der Unvereinbarkeit der Ereignisse A und B ist ein atomares Ereignis, das für $A \cup B$ günstig ist, genau für eines der Ereignisse A und B günstig. Also gilt $g(A \cup B) = g(A) + g(B)$, woraus sich nach Division durch die Gesamtanzahl der atomaren Ereignisse die Behauptung ergibt.

□ BEISPIEL 3/8:

In einer Urne befinden sich 90 Kugeln, und zwar 85 rote und fünf blaue Kugeln. Wir entnehmen dieser Urne zufällig auf einmal fünf Kugeln und berechnen die Wahrscheinlichkeit dafür, daß unter den entnommenen Kugeln entweder drei rote und zwei blaue Kugeln (Ereignis A) oder zwei rote und drei blaue Kugeln (Ereignis B) sind, d. h. die Wahrscheinlichkeit des Ereignisses $A \cup B$. Offenbar gilt $A \cap B = \emptyset$.

$$k = \binom{90}{5} = \frac{90 \cdot 89 \cdot 88 \cdot 87 \cdot 86}{1 \cdot 2 \cdot 3 \cdot 4 \cdot 5} = 43\,949\,268$$

$$g(A) = \binom{5}{2}\binom{85}{3} = \frac{5 \cdot 4}{1 \cdot 2} \cdot \frac{85 \cdot 84 \cdot 83}{1 \cdot 2 \cdot 3} = 987\,700$$

$$g(B) = \binom{5}{3}\binom{85}{2} = \frac{5 \cdot 4 \cdot 3}{1 \cdot 2 \cdot 3} \cdot \frac{85 \cdot 84}{1 \cdot 2} = 35\,700$$

Daraus erhalten wir

$$P(A) = \frac{g(A)}{k} = 0{,}0225\,,$$

$$P(B) = \frac{g(B)}{k} = 0{,}0008$$

und damit durch Anwendung obiger Formel die gesuchte Wahrscheinlichkeit

$$P(A \cup B) = P(A) + P(B) = 0{,}0225 + 0{,}0008 = 0{,}0233\,.$$

Bemerkung: $P(A \cup B)$ gibt die Wahrscheinlichkeit dafür an, im Zahlenlotto „5 aus 90" (ohne Zusatzzahl) mit einem Tip einen „Zweier" oder einen „Dreier" zu erzielen.

Die oben angegebene Formel zur Berechnung der Wahrscheinlichkeit der Summe zweier unvereinbarer Ereignisse läßt sich leicht auf den **Fall mehrerer paarweise unvereinbarer Summanden** ausdehnen.

▷ Sind die zufälligen Ereignisse $A_1, A_2, \ldots, A_n$ $(A_i \in \mathfrak{E})$ **paarweise unvereinbar** $(A_i \cap A_j = \emptyset$ für $i \neq j)$, so gilt:

$$P(A_1 \cup A_2 \cup \ldots \cup A_n) = P(A_1) + P(A_2) + \ldots + P(A_n)$$

kürzer: $$P\left(\bigcup_{i=1}^{n} A_i\right) = \sum_{i=1}^{n} P(A_i)$$

▷ Die Wahrscheinlichkeit dafür, daß von zwei beliebigen zufälligen Ereignissen A
(6) ($\in \mathfrak{E}$) und B ($\in \mathfrak{E}$) mindestens eines (d. h. $A \cup B$) eintritt, ist gleich der Differenz zwischen der Summe der Wahrscheinlichkeiten von A und B und der Wahrscheinlichkeit dafür, daß sowohl A als auch B eintritt. Es gilt also:

$$P(A \cup B) = P(A) + P(B) - P(A \cap B) \qquad (A \in \mathfrak{E}, B \in \mathfrak{E})$$

Wegen Eigenschaft (2) eines Ereignisfeldes $\mathfrak{E}$ (↗ 31) folgt aus $A \in \mathfrak{E}$, $B \in \mathfrak{E}$ auch $A \cup B \in \mathfrak{E}$, $A \cap B \in \mathfrak{E}$, d. h., die Ereignisse $A \cup B$ und $A \cap B$ gehören zum Definitionsbereich der Funktion P. Für den Beweis der oben behaupteten Gleichheit ist nur zu bemerken, daß ein für $A \cup B$ günstiges atomares Ereignis sowohl für A als auch für B (d. h. für $A \cap B$) günstig sein kann; jedes solche atomare Ereignis würde in der Summe $g(A) + g(B)$ doppelt gezählt, so daß sie erst noch um $g(A \cap B)$ zu vermindern ist, damit sie $g(A \cup B)$ ergibt: $g(A \cup B) = g(A) + g(B) - g(A \cap B)$. Nach Division durch die Gesamtanzahl der atomaren Ereignisse ergibt sich hieraus die Behauptung.

□ BEISPIEL 3/9:

Wir erinnern noch einmal an das Beispiel 3/5 (↗ 46, zufälliges Ziehen einer Karte aus 32 gut durchmischten Karten eines Skatblattes). Dort interessierten wir uns für die Wahrscheinlichkeit dafür, daß die zufällig gezogene Karte eine Herz-Karte oder ein As ist (Ereignis A). Offenbar gilt $A = B \cup C$, wobei das Ereignis B im Ziehen einer Herz-Karte und das Ereignis C im Ziehen eines As besteht. Das Ereignis $B \cap C$ besteht darin, daß die gezogene Karte sowohl eine Herz-Karte als auch ein As, also das Herz-As ist. Es gilt

$$P(B) = \frac{8}{32} = \frac{1}{4}, \qquad P(C) = \frac{4}{32} = \frac{1}{8}, \qquad P(B \cap C) = \frac{1}{32},$$

woraus nach obiger Formel folgt:

$$P(A) = P(B \cup C) = P(B) + P(C) - P(B \cap C) = \frac{1}{4} + \frac{1}{8} - \frac{1}{32} = \frac{11}{32}$$

▷ Zieht das Ereignis A ($\in \mathfrak{E}$) das Ereignis B ($\in \mathfrak{E}$) nach sich, so ist die Wahrschein-
(7) lichkeit von B mindestens so groß wie die von A. Es gilt also:

$$\left.\begin{array}{l} A \subset B \\ (A \in \mathfrak{E},\ B \in \mathfrak{E}) \end{array}\right\} \Rightarrow P(A) \leqq P(B)$$

Diese Aussage ergibt sich unmittelbar daraus, daß wegen $A \subset B$ jedes für A günstige atomare Ereignis auch günstig für B ist.

Im Zusammenhang mit der Eigenschaft (2) (↗ 48) bemerken wir noch, daß aus $P(A)=1$ stets darauf geschlossen werden kann, daß $A = \Omega$ gilt, d. h., daß A ein sicheres Ereignis ist. Aus $P(A) = 1$ folgt nämlich $g(A) = k$, d. h., die Anzahl der für A günstigen atomaren Ereignisse ist gleich der Gesamtanzahl der atomaren Ereignisse. Ebenso kann aus $P(A) = 0$ darauf geschlossen werden, daß $A = \emptyset$ gilt, d. h., daß A ein unmögliches Ereignis ist. (Man vergleiche in diesem Zusammenhang die entsprechenden Ausführungen über die relative Häufigkeit am Ende des Abschnittes 2.2., ↗ 37).
Schließlich weisen wir auf die — ansonsten aber vorhandene — formale Analogie zwischen den Eigenschaften und Rechenregeln der relativen Häufigkeit (↗ 36 f.) und der mit der klassischen Definition berechneten Wahrscheinlichkeit hin.

3.4. Die (klassische) bedingte Wahrscheinlichkeit

Wir denken an einen zufälligen Versuch, dessen Ereignisfeld $\mathfrak{E}$ wieder ein LAPLACEsches Ereignisfeld sein soll, und interessieren uns für die Wahrscheinlichkeit eines Ereignisses A ($\in \mathfrak{E}$), wenn wir zusätzlich wissen, daß ein zufälliges Ereignis B ($\in \mathfrak{E}, \neq \emptyset$) eingetreten ist. Die gesuchte Zahl nennen wir die Wahrscheinlichkeit von A unter der Bedingung (oder Hypothese) B oder kürzer die **bedingte Wahrscheinlichkeit von *A* bezüglich *B*** und bezeichnen sie mit $P(A/B)$.

Bevor wir Überlegungen anstellen, die uns zu einer Berechnungsformel für die gesuchte Wahrscheinlichkeit führen, betrachten wir das folgende Beispiel.

□ BEISPIEL 3/10:

Wurf mit einem Spielwürfel

A ... Die gewürfelte Augenzahl ist nicht größer als 4.
$A = \{1, 2, 3, 4\}$

B ... Die gewürfelte Augenzahl ist gleich 3, 5 oder 6.
$B = \{3, 5, 6\}$

Dann gilt nach der klassischen Definition der Wahrscheinlichkeit

$P(A) = \frac{4}{6} = \frac{2}{3}$, $\quad P(B) = \frac{3}{6} = \frac{1}{2}$, $\quad P(A \cap B) = \frac{1}{6}$.

Wenden wir uns nun der Berechnung von $P(A/B)$ zu. Ist B eingetreten, so ist also eine 3, eine 5 oder eine 6 gewürfelt worden. Das Ereignis A tritt also unter der Bedingung, daß B eingetreten ist, dann und nur dann ein, wenn eine 3 gewürfelt wurde, d. h., A tritt bei Vorliegen von B in einem von drei möglichen und hinsichtlich des Grades der Unbestimmtheit ihres Eintretens nicht unterscheidbaren Fällen ein. Also ergibt sich unter Zugrundelegung der klassischen Definition der Wahrscheinlichkeit

$P(A/B) = \frac{1}{3}$.

Wie bereits angekündigt, wollen wir nun eine Formel für die Berechnung der bedingten Wahrscheinlichkeit von A bezüglich B aufstellen. Dazu bezeichne k die Gesamtanzahl der atomaren Ereignisse des zugrunde liegenden LAPLACEschen Ereignisfeldes $\mathfrak{E}$ und $g(B)$ die Anzahl der für B günstigen atomaren Ereignisse in $\mathfrak{E}$. Ist nun B eingetreten, so gibt es nur noch $g(B)$ mögliche und hinsichtlich des Grades der Unbestimmtheit ihres Eintretens nicht unterscheidbare atomare Ereignisse. Ein beliebiges atomares Ereignis ist — falls B eingetreten ist — für A genau dann günstig, wenn es auch für B günstig ist. Also gibt es unter der Bedingung, daß B eingetreten ist, $g(A \cap B)$ für A günstige atomare Ereignisse.

Die *bedingte Wahrscheinlichkeit von A bezüglich B ergibt sich nun auf Grund der klassischen Definition der Wahrscheinlichkeit* in folgender Weise:

$$\triangleright \quad P(A/B) = \frac{g(A \cap B)}{g(B)} = \frac{\frac{g(A \cap B)}{k}}{\frac{g(B)}{k}} = \frac{P(A \cap B)}{P(B)}$$

Betrachten wir noch einmal Beispiel 3/10 (↗ 52). Die Anwendung dieser Formel liefert $P(A/B) = \frac{\frac{1}{6}}{\frac{1}{2}} = \frac{1}{3}$, also das gleiche Ergebnis wie unsere obige Rechnung. Dies wundert uns nicht, da in dieser Rechnung genau die Überlegungen an einem Beispiel durchgeführt wurden, die uns allgemein zur angegebenen Berechnungsformel für die bedingte Wahrscheinlichkeit geführt haben.

Die bedingte Wahrscheinlichkeit $P(A/B)$ von A bezüglich B ist im allgemeinen genau zu unterscheiden von der bedingten Wahrscheinlichkeit $P(B/A)$ von B bezüglich A und natürlich auch von der Wahrscheinlichkeit $P(A \cap B)$ des Ereignisses $A \cap B$. (In dem oben betrachteten Beispiel gilt $P(A/B) = \frac{1}{3}$, $P(B/A) = \frac{1}{4}$, $P(A \cap B) = \frac{1}{6}$.)

Wir wollen auch ausdrücklich darauf aufmerksam machen, daß die bedingte Wahrscheinlichkeit von A bezüglich B kleiner, größer oder gleich der (unbedingten) Wahrscheinlichkeit von A sein kann. Dies zeigt uns das folgende Beispiel, in dem wir auch die inhaltliche Begründung angeben werden.

☐ BEISPIEL 3/11:

Wurf mit einem Spielwürfel

B ... Die gewürfelte Augenzahl ist gerade.

$$B = \{2, 4, 6\}, \quad P(B) = \frac{1}{2}$$

a) A ... Die gewürfelte Augenzahl ist nicht größer als 3.

$$A = \{1, 2, 3\}, \quad P(A) = \frac{1}{2}$$

Dann gilt $A \cap B = \{2\}$, folglich $P(A \cap B) = \frac{1}{6}$ und also $P(A/B) = \frac{\frac{1}{6}}{\frac{1}{2}} = \frac{1}{3}$. Wir erhalten somit $P(A/B) < P(A)$.

(Die Anzahl der für A günstigen atomaren Ereignisse hat sich durch das Eintreten von B in stärkerem Maße — von 3 auf 1, d. h. um zwei Drittel — verringert als die Gesamtanzahl der atomaren Ereignisse, die sich von 6 auf 3, d. h. um die Hälfte verringert hat.)

b) A ... Die gewürfelte Augenzahl ist gleich 2, 3 oder 4.

$$A = \{2, 3, 4\}, \quad P(A) = \frac{1}{2}$$

Dann gilt $A \cap B = \{2, 4\}$, folglich $P(A \cap B) = \frac{1}{3}$ und also $P(A/B) = \frac{\frac{1}{3}}{\frac{1}{2}} = \frac{2}{3}$. Wir erhalten somit $P(A/B) > P(A)$.

(Die Anzahl der für A günstigen atomaren Ereignisse hat sich durch das Eintreten von B in geringerem Maße — von 3 auf 2, d. h. um ein Drittel — verringert als die Gesamtanzahl der atomaren Ereignisse, die sich von 6 auf 3, d. h. um die Hälfte verringert hat.)

c) A ... Die gewürfelte Augenzahl ist gleich 1 oder 2.

$$A = \{1, 2\}, \quad P(A) = \frac{1}{3}$$

Dann gilt $A \cap B = \{2\}$, folglich $P(A \cap B) = \frac{1}{6}$ und also $P(A/B) = \frac{\frac{1}{6}}{\frac{1}{2}} = \frac{1}{3}$. Wir erhalten $P(A/B) = P(A)$.

(Die Anzahl der für A günstigen atomaren Ereignisse hat sich durch das Eintreten von B in genau dem gleichen Maße — von 2 auf 1, d. h. um die Hälfte — verringert wie die Gesamtanzahl der atomaren Ereignisse, die sich von 6 auf 3, d. h. um die Hälfte verringert hat.)

Die bedingte Wahrscheinlichkeit bezüglich eines zufälligen Ereignisses B ($\in \mathfrak{E}$, fest) können wir als eine reellwertige Funktion auffassen, deren Definitionsbereich das LAPLACEsche Ereignisfeld $\mathfrak{E}$ ist: A ($\in \mathfrak{E}$) $\rightarrow P(A/B)$ ($B \in \mathfrak{E}$, fest). Die grundlegenden Eigenschaften dieser Funktion und wichtige Rechenregeln ergeben sich unmittelbar aus der klassischen Definition der Wahrscheinlichkeit und den daraus abgeleiteten Rechenregeln. Wir stellen diese Eigenschaften und Rechenregeln hier kurz formelmäßig zusammen.

▷ EIGENSCHAFTEN UND RECHENREGELN DER (KLASSISCHEN) BEDINGTEN WAHRSCHEINLICHKEIT:

(1) $0 \leqq P(A/B) \leqq 1$ für alle $A \in \mathfrak{E}$

(2) $P(\Omega/B) = 1$

(3) $P(\emptyset/B) = 0$

(4) $P(\bar{A}/B) = 1 - P(A/B)$

(5) $P(A_1 \cup A_2/B) = P(A_1/B) + P(A_2/B)$ für $A_1 \cap A_2 = \emptyset$

(6) $P(A_1 \cup A_2/B) = P(A_1/B) + P(A_2/B) - P(A_1 \cap A_2/B)$

(7) $A_1 \subset A_2 \Rightarrow P(A_1/B) \leqq P(A_2/B)$

Besonders hervorheben wollen wir noch zwei weitere — inhaltlich einleuchtende — Implikationen:

(8) Wenn das Ereignis B das Ereignis A nach sich zieht, so ist die bedingte Wahrscheinlichkeit von A bezüglich B gleich Eins. Es gilt also:
$B \subset A \Rightarrow P(A/B) = 1$
(Ist also das zufällige Ereignis B eingetreten und gilt $B \subset A$, dann ist A ein sicheres Ereignis.)

(9) Sind A und B unvereinbare zufällige Ereignisse, so sind die bedingten Wahrscheinlichkeiten $P(A/B)$ und $P(B/A)$ beide gleich Null. Es gilt also:
$A \cap B = \emptyset \Rightarrow P(A/B) = 0\,,\ P(B/A) = 0$
(Ist also beispielsweise B eingetreten und sind A und B unvereinbar, so ist A ein unmögliches Ereignis.)

▷ Außerdem bemerken wir, daß für alle $A \in \mathfrak{E}$ gilt:
$P(A/\Omega) = \frac{P(A \cap \Omega)}{P(\Omega)} = P(A)$

In Worten: Die bedingte Wahrscheinlichkeit eines zufälligen Ereignisses A ($\in \mathfrak{E}$) bezüglich des sicheren Ereignisses Ω ist gleich der (unbedingten) Wahrscheinlichkeit des Ereignisses A.

Schließlich weisen wir auf die formale Analogie zwischen den Eigenschaften und Rechenregeln der bedingten relativen Häufigkeit (↗ 41) und der (klassischen) bedingten Wahrscheinlichkeit hin.

Weitere — im Zusammenhang mit der bedingten Wahrscheinlichkeit stehende — Probleme (z. B. Multiplikationssatz, Unabhängigkeit von zufälligen Ereignissen, Formel der totalen Wahrscheinlichkeit, BAYESsche Formel) behandeln wir später, wenn uns der Begriff der bedingten Wahrscheinlichkeit in größerer Allgemeingültigkeit zur Verfügung steht.

3.5. Die geometrische Wahrscheinlichkeit

Die klassische Definition der Wahrscheinlichkeit ist nur dann anwendbar, wenn der zufällige Versuch endlich viele atomare Versuchsausgänge besitzt, die hinsichtlich des Grades der Unbestimmtheit ihres Eintretens nicht unterscheidbar sind. Häufig begegnet man aber in der Wahrscheinlichkeitsrechnung zufälligen Versuchen, bei denen unendlich viele Versuchsausgänge denkbar sind. Unter diesen Versuchen gibt es nun wieder Versuche, bei denen man in ebenso natürlicher Weise wie bei Versuchen, deren Ereignisfeld ein LAPLACEsches Ereignisfeld ist, zu einer Definition der Wahrscheinlichkeit gelangt. Wir zeigen dies an drei einfachen Beispielen.

□ BEISPIEL 3/12:

Eine Dame sagt, daß sie mit Sicherheit zwischen 8 und 9 Uhr an einen bestimmten Ort käme; genauere Angaben hinsichtlich ihrer Ankunftszeit könne sie aber nicht machen. Wir interessieren uns für die Wahrscheinlichkeit dafür, daß die Dame zwischen 8.03 und 8.23 Uhr am vereinbarten Ort ankommt (Ereignis A). Der Leser wird selbst auf die Lösung $P(A) = \frac{20}{60} = \frac{1}{3}$ kommen, die wir nun aber etwas genauer begründen wollen. Der zugrunde liegende zufällige Versuch — Ermittlung der Ankunftszeit der Dame — besitzt unendlich viele Ausgänge. Die unendlich vielen denkbaren Versuchsausgänge sind gekennzeichnet durch die Zeitpunkte t (z. B. gemessen in Minuten und Bruchteilen von Minuten nach 8 Uhr), in denen die Dame ankommen kann. Jedes im Zusammenhang mit diesem zufälligen Versuch interessierende Ereignis kann beschrieben werden durch diejenige Menge von Zahlen t, die für das betrachtete Ereignis günstig sind, d. h. durch die Menge aller der Zahlen t, die das Eintreten des Ereignisses bewirken. So wird z. B. das uns interessierende Ereignis A durch die Menge $\{t\colon\ 3 \leqq t \leqq 23\}$ beschrieben. Da die Dame vorher sagte, daß sie keine genauere Angabe hinsichtlich ihrer Ankunftszeit am vereinbarten Ort machen könne, ist es berechtigt anzunehmen, daß Ereignissen, denen Teilintervalle (des Intervalles von 0 bis 60) gleicher Länge entsprechen, auch die gleiche Wahrscheinlichkeit für die Ankunft der Dame zukommt. Wird ein Ereignis B durch ein Teilintervall der Länge $\mathrm{l}(B)$ beschrieben, so hat man demgemäß dessen Wahrscheinlichkeit $P(B)$ nach der Formel $P(B) = \frac{\mathrm{l}(B)}{60}$ zu berechnen. Hieraus ergibt sich die oben angegebene Lösung $P(A) = \frac{20}{60} = \frac{1}{3}$.

□ BEISPIEL 3/13:

Der zufällige Versuch bestehe im Drehen eines Glücksrades, an dem ein Zeiger befestigt ist. Die unendlich vielen denkbaren Versuchsausgänge sind die Stellungen, die der Zeiger

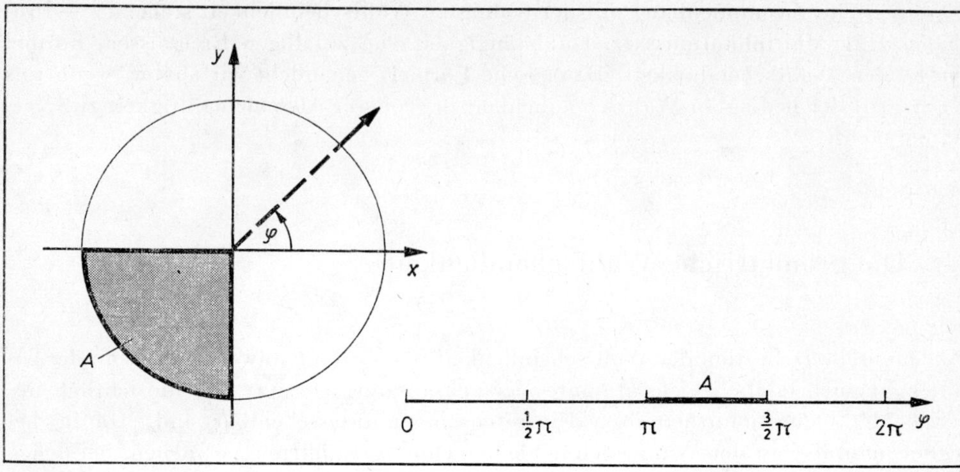

Bild 11

beim Stehenbleiben des Rades haben kann. Jede dieser Stellungen kann durch Angabe des Winkels φ gekennzeichnet werden, den die positive x-Achse mit dem Zeiger bildet (Bild 11). Dadurch kann jedes im Zusammenhang mit diesem zufälligen Versuch stehende Ereignis beschrieben werden durch diejenige Menge von Winkeln φ, die für das betrachtete Ereignis günstig sind, d. h. durch die Menge aller der Winkel φ, die das Eintreten des Ereignisses bewirken. Besteht z. B. das Ereignis A darin, daß der Zeiger im dritten Quadranten stehenbleibt, so ordnen wir diesem Ereignis auf der φ-Achse das Intervall von π bis $\frac{3}{2}\pi$, also die Menge $\{\varphi\colon\ \pi \leqq \varphi \leqq \frac{3}{2}\pi\}$ zu. Wenn der Zeiger beim Stehenbleiben keine besonderen Winkelbereiche bevorzugt — und dies sollte man bei einem Glücksrad annehmen können —, so ordnen wir Ereignissen, denen Teilintervalle (des Intervalles von 0 bis 2π) gleicher Länge entsprechen, die gleiche Wahrscheinlichkeit zu. Wird also ein Ereignis B durch ein Teilintervall der Länge $\mathrm{l}(B)$ beschrieben, so hat man demgemäß dessen Wahrscheinlichkeit $P(B)$ nach der Formel $P(B) = \frac{\mathrm{l}(B)}{2\pi}$ zu berechnen. Für das oben betrachtete zufällige Ereignis A ergibt sich somit

$$P(A) = \frac{\frac{\pi}{2}}{2\pi} = \frac{1}{4}.$$

□ BEISPIEL 3/14:

Zwei Personen vereinbaren, sich an einem bestimmten Ort zwischen 0 und 1 Uhr zu treffen. Jede der Personen wählt den Zeitpunkt ihrer Ankunft unabhängig von der anderen Person. Beide Personen versprechen aber, mit Sicherheit zwischen 0 und 1 Uhr am vereinbarten Ort einzutreffen; genauere Angaben hinsichtlich der Ankunftszeit können beide Personen nicht machen. Sie verabreden nun, daß jede der beiden Personen auf die andere nötigenfalls 15 Minuten wartet, danach aber geht. Wir fragen nach der Wahrscheinlichkeit dafür, daß sich die beiden Personen treffen. Wir lösen diese Aufgabe geometrisch. Die Ankunftszeiten der zwei Personen bezeichnen wir mit x bzw. y (z. B. beide gemessen in Minuten und Bruchteilen von Minuten nach 0 Uhr) und stellen sie als Punkte in der Ebene dar (Bild 12). Das Ereignis A, das darin besteht, daß die beiden Personen sich treffen, wird durch die Menge $\{(x, y)\colon\ |x - y| \leqq 15\}$ beschrieben.

Allgemein wird jedes im Zusammenhang mit dem zufälligen Versuch auftretende Er-

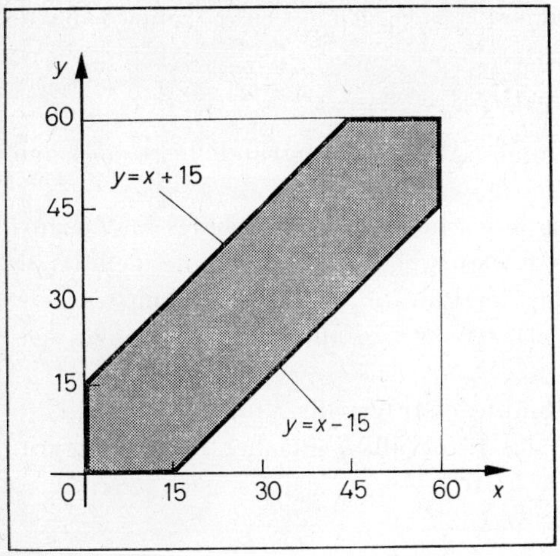

Bild 12

eignis durch diejenige Menge von Punkten (x, y) beschrieben, die für das Eintreten des Ereignisses günstig sind. Die in der Aufgabenstellung genannten Voraussetzungen berechtigen zu der Annahme, daß Ereignissen, denen — unabhängig von ihrer speziellen Gestalt — flächengleiche Teilbereiche des im Bild 12 eingezeichneten Quadrates entsprechen, die gleiche Wahrscheinlichkeit zukommt. Wird ein Ereignis B durch einen Teilbereich mit dem Flächeninhalt $F(B)$ beschrieben, so hat man demgemäß dessen Wahrscheinlichkeit nach der Formel $P(B) = \frac{F(B)}{60^2}$ zu berechnen.

Wir berechnen nun speziell den Flächeninhalt des dem Ereignis A zugeordneten Gebietes. Dieses Gebiet enthält alle die Punkte (x, y) des Quadrates $\{(x,y): 0 \leqq x \leqq 60, 0 \leqq y \leqq 60\}$, für die $|x - y| \leqq 15$, d. h., $-15 \leqq x - y \leqq 15$ gilt. Im Bild 12 haben wir dieses Gebiet gerastert; es wird begrenzt durch die Geraden $x = 0$, $x = 60$, $y = 0$, $y = 60$, $y = x + 15$, $y = x - 15$.

Dem Bild 12 entnehmen wir unmittelbar

$$F(A) = 60^2 - 2 \cdot \frac{45 \cdot 45}{2} = 60^2 - 45^2$$

und erhalten somit für die gesuchte Wahrscheinlichkeit

$$P(A) = \frac{F(A)}{60^2} = \frac{60^2 - 45^2}{60^2} = 1 - \left(\frac{3}{4}\right)^2 = \frac{7}{16}.$$

Wir wollen im Zusammenhang mit dieser Aufgabe noch eine weitere Frage beantworten. Wie groß ist die Wartezeit T mindestens zu vereinbaren, damit sich die beiden Personen mit einer Wahrscheinlichkeit, die nicht kleiner als $\frac{3}{4}$ ist, treffen?

Dazu bezeichnen wir mit A_T das Ereignis, das darin besteht, daß die beiden Personen sich bei T Minuten Wartezeit treffen. (Es gilt also speziell $A_{15} = A$.) Entsprechend dem obigen Vorgehen berechnen wir die — selbstverständlich von T abhängende — Wahrscheinlichkeit $P(A_T)$ des Ereignisses A_T und erhalten

$$P(A_T) = \frac{60^2 - 2 \cdot \frac{(60 - T) \cdot (60 - T)}{2}}{60^2} = 1 - \left(\frac{60 - T}{60}\right)^2.$$

Die in der Aufgabenstellung genannte Forderung $P(A_T) \geqq \frac{3}{4}$ führt somit auf $1 - \left(\frac{60 - T}{60}\right)^2 \geqq \frac{3}{4}$, woraus sich leicht $T \geqq 30$ ergibt. Die Wartezeit muß also mindestens 30 Minuten betragen, damit die beiden Personen sich mit einer Wahrscheinlichkeit $\geqq \frac{3}{4}$ treffen.

Die Aufgabenstellung, die den Beispielen 3/12 und 3/13 (↗ 55) zugrunde liegt, läßt sich allgemein folgendermaßen formulieren und lösen:
Auf ein Intervall I der Länge $\mathrm{l}(I)$ wird zufällig ein Punkt geworfen. Jedes im Zusammenhang mit diesem Versuch interessierende Ereignis A kann durch eine Teilmenge des Intervalls I, nämlich durch die Menge aller der Punkte $x \in I$ beschrieben werden, die das Eintreten des Ereignisses A bewirken. Das Wort „zufällig" ist dabei so zu verstehen, daß
1. der geworfene Punkt auf jeden beliebigen Punkt des Intervalls I fallen kann und
2. Ereignissen A und B, denen Teilintervalle des Intervalls I gleicher Länge entsprechen, auch die gleiche Wahrscheinlichkeit zukommt.

⋈ GEOMETRISCHE DEFINITION der Wahrscheinlichkeit auf der Zahlengeraden:
Bezeichnen wir mit $\mathrm{l}(A)$ die Länge des dem Ereignis A zugeordneten Intervalls, so berechnet man die Wahrscheinlichkeit des Ereignisses A nach der Formel
$$P(A) = \frac{\mathrm{l}(A)}{\mathrm{l}(I)}\,.$$

Die dem Beispiel 3/14 (↗ 56) zugrunde liegende Aufgabenstellung läßt sich allgemein folgendermaßen formulieren und lösen:
Auf ein Gebiet G in der Ebene mit dem endlichen Flächeninhalt $F(G)$ wird zufällig ein Punkt geworfen. Jedes im Zusammenhang mit diesem Versuch interessierende Ereignis A kann durch eine Teilmenge des Gebietes G, nämlich durch die Menge aller der Punkte $(x, y) \in G$ beschrieben werden, die das Eintreten des Ereignisses A bewirken. Das Wort „zufällig" ist dabei wiederum so zu verstehen, daß
1. der geworfene Punkt auf jeden beliebigen Punkt des Gebietes G fallen kann und
2. Ereignissen A und B, denen flächengleiche, aber nicht notwendig kongruente Teilmengen des Gebietes G entsprechen, die gleiche Wahrscheinlichkeit zukommt.

⋈ GEOMETRISCHE DEFINITION der Wahrscheinlichkeit in der Ebene:
Bezeichnen wir mit $F(A)$ den Flächeninhalt des dem Ereignis A zugeordneten Teilgebietes des Gebietes G, so berechnet man die Wahrscheinlichkeit $P(A)$ des Ereignisses A nach der Formel
$$P(A) = \frac{F(A)}{F(G)}\,.$$

In analoger Weise läßt sich natürlich auch eine entsprechende Fragestellung im dreidimensionalen Raum formulieren und lösen. Wir gehen darauf nicht weiter ein; wir wollen aber das
Gemeinsame der geometrischen Definition der Wahrscheinlichkeit auf der Zahlengeraden, in der Ebene und im Raum noch besonders hervorheben:

(1) Die Wahrscheinlichkeit eines Ereignisses ist unabhängig von der speziellen Gestalt und der Lage des das Ereignis darstellenden Teilbereichs des Grundbereichs.

(2) Die Wahrscheinlichkeit eines Ereignisses ist proportional dem Maß (d. h. proportional der Länge, dem Flächeninhalt, dem Volumen) des das Ereignis darstellenden Teilbereichs; genauer, die Wahrscheinlichkeit eines Ereignisses ist gleich dem Verhältnis der Maße des für das Ereignis günstigen Teilbereichs und des Grundbereichs.

(3) Die Wahrscheinlichkeit eines Ereignisses, dem ein Teilbereich entspricht, der eine kleinere Dimension als der Grundbereich besitzt (z. B. ein Punkt auf der Zahlengeraden, eine Gerade in der Ebene, eine Ebene im Raum), ist gleich Null.

Die in (2) zuletzt verwendete Formulierung der geometrischen Definition der Wahrscheinlichkeit zeigt deutlich die Verwandtschaft zur klassischen Definition der Wahrscheinlichkeit. Das der klassischen Definition der Wahrscheinlichkeit zugrunde liegende LAPLACEsche Prinzip der gleichmöglichen Fälle kommt in der geometrischen Wahrscheinlichkeitsdefinition dadurch zum Ausdruck, daß maßgleichen Teilbereichen die gleiche Wahrscheinlichkeit zukommt.

3.6. Aufgaben

1. Man berechne die Wahrscheinlichkeiten der in der Aufgabe 3 zum Kapitel 1 (↗ 33) beschriebenen Ereignisse.

2. Der zufällige Versuch bestehe im einmaligen Würfeln mit zwei Spielwürfeln. Man berechne die Wahrscheinlichkeiten folgender Ereignisse:
   A ... Die Summe der gewürfelten Augenzahlen ist gleich 4.
   B ... Die gewürfelten Augenzahlen sind beide gerade.
   C ... Unter den gewürfelten Augenzahlen kommt mindestens eine „6“ vor.

3. Es seien fünf Strecken mit den Längen 1, 3, 5, 7 und 9 (Einheiten) gegeben. Man bestimme die Wahrscheinlichkeit dafür, daß man mit drei aus diesen zufällig ausgewählten Strecken ein Dreieck bilden kann.

4. Unter zehn Losen befinden sich zwei Gewinnlose. Es werden auf einmal fünf Lose zufällig gezogen. Man berechne die Wahrscheinlichkeiten der folgenden Ereignisse:
   A ... Unter den gezogenen Losen befindet sich genau ein Gewinnlos.
   B ... Unter den gezogenen Losen befinden sich beide Gewinnlose.
   C ... Unter den gezogenen Losen befindet sich mindestens ein Gewinnlos.

5. In einer Schachtel liegen zehn Ventile, darunter drei defekte. Es werden nacheinander und ohne Zurücklegen zufällig zwei Ventile entnommen. Wie groß ist die Wahrscheinlichkeit dafür, daß diese Ventile brauchbar sind (Ereignis A)?

6. Ein Kind spielt mit den Buchstaben A, A, E, H, I, K, M, M, T, T. Wie groß ist die Wahrscheinlichkeit dafür, daß bei einer zufälligen Aneinanderreihung der Buchstaben das Wort „MATHEMATIK" entsteht (Ereignis A)?

7. Der zufällige Versuch bestehe im einmaligen Würfeln mit einem Spielwürfel. Wir führen die folgenden Ereignisse ein:
A ... Die gewürfelte Augenzahl ist von der Zahl 6 verschieden.
($A = \{1, 2, 3, 4, 5\}$)
B ... Die gewürfelte Augenzahl ist eine gerade Zahl.
($B = \{2, 4, 6\}$)
Man berechne die Zahlen $P(A)$, $P(B)$, $P(A \cap B)$, $P(A/B)$, $P(B/A)$ und vergleiche sie mit den im Beispiel 2/4 (↗ 40) erhaltenen relativen Häufigkeiten.

8. Eine Strecke der Länge L wird durch zwei zufällig gewählte Teilpunkte in drei Stücke zerlegt. Man berechne die Wahrscheinlichkeit dafür, daß aus diesen drei Teilen ein Dreieck gebildet werden kann.
Hinweis: Man bezeichne mit x bzw. y die Länge zweier Teilstücke, überlege sich, welche Bedingungen x und y erfüllen müssen, damit aus den drei Teilstücken ein Dreieck gebildet werden kann und berechne danach mittels der geometrischen Definition der Wahrscheinlichkeit in der Ebene die gesuchte Wahrscheinlichkeit.

4. Axiomatischer Aufbau der Wahrscheinlichkeitsrechnung

Wir haben im vorigen Kapitel den klassischen Wahrscheinlichkeitsbegriff kennengelernt und wissen, daß die dort gegebene Definition der Wahrscheinlichkeit — wir haben sie als klassische Definition der Wahrscheinlichkeit bezeichnet — nur auf Ereignisse aus LAPLACEschen Ereignisfeldern anwendbar ist. Die durch LAPLACEsche Ereignisfelder beschriebenen zufälligen Versuche sind dadurch gekennzeichnet, daß bei ihrer Durchführung genau eines von endlich vielen gleichmöglichen Ereignissen eintritt. Diese Bedingungen erweisen sich jedoch als sehr einschränkend. Einerseits sind bei vielen zufälligen Versuchen (z. B. bei der Bestimmung der Lebensdauer von Glühlampen und bei der Ermittlung der Druckfestigkeit von Betonwürfeln) unendlich viele Versuchsausgänge denkbar und andererseits folgt aus dem Vorliegen einer endlichen Anzahl von Versuchsausgängen offenbar nicht deren Gleichmöglichkeit. Die im Anschluß an die klassische Definition der Wahrscheinlichkeit behandelte geometrische Definition der Wahrscheinlichkeit ist ebenfalls nur in Spezialfällen anwendbar. Eine in jedem Falle anwendbare Formel zur Berechnung von Wahrscheinlichkeiten zufälliger Ereignisse gibt es nicht und kann es auch gar nicht geben, obwohl wir — insbesondere durch die Betrachtungen im Kapitel 2 über die relative Häufigkeit (↗ 35) — den Eindruck gewonnen haben, daß es in jedem Falle eine objektive Maßzahl für den Grad der Unbestimmtheit des Eintretens eines zufälligen Ereignisses gibt. Diese Maßzahl wollten wir allgemein Wahrscheinlichkeit des zufälligen Ereignisses nennen.
In diesem Kapitel charakterisieren wir nun diesen allgemeinen Wahrscheinlichkeitsbegriff durch einige Eigenschaften und Rechenregeln, die wir ohne Beweis als gültig anerkennen werden. Solche Eigenschaften und Rechenregeln nennt man bekanntlich in der Mathematik Axiome. Bei der Aufstellung der Axiome für die Wahrscheinlichkeitsrechnung legen wir zweckmäßig die aus der klassischen Definition der Wahrscheinlichkeit und die aus Betrachtungen über die relative Häufigkeit gewonnenen Eigenschaften — und damit unsere gesamte Erfahrung mit dem Begriff „Wahrscheinlichkeit" — zugrunde. Außerdem leiten wir aus diesen Axiomen weitere Rechengesetze für Wahrscheinlichkeiten her, die sich beim praktischen Rechnen mit Wahrscheinlichkeiten als nützlich erweisen. Überdies zeigen wir, wie sich der klassische Wahrscheinlichkeits-

begriff in diesen allgemeinen axiomatischen Aufbau der Wahrscheinlichkeitsrechnung einordnet.

Wie bereits oben vermerkt, hat man schon mit Wahrscheinlichkeiten gerechnet, bevor ein axiomatischer Aufbau der Wahrscheinlichkeitsrechnung vorlag. Die stürmische Entwicklung der Technik und der Naturwissenschaften seit Beginn unseres Jahrhunderts stellte jedoch an die Wahrscheinlichkeitsrechnung erhöhte Anforderungen. Hieraus resultierte die Notwendigkeit, die Wahrscheinlichkeitsrechnung als eine mathematisch streng begründete Disziplin aufzubauen. Es ist eines der großen Verdienste des berühmten sowjetischen Mathematikers A. N. KOLMOGOROW, den ersten und grundlegenden Schritt getan zu haben. Im Jahre 1933 veröffentlichte er einen axiomatischen Aufbau der Wahrscheinlichkeitsrechnung, der zur Grundlage aller derzeit vorhandenen modernen Lehrbücher über Wahrscheinlichkeitsrechnung geworden ist.

Wir wenden uns nun diesem axiomatischen Aufbau der Wahrscheinlichkeitsrechnung zu.

4.1. Axiomatische Definition der Wahrscheinlichkeit

Es bezeichne $\mathfrak{E}$ das einem zufälligen Versuch zugeordnete Ereignisfeld. Wir wiederholen noch einmal kurz die Eigenschaften, die ein Ereignisfeld definitionsgemäß besitzt:

(1) Es gilt $\Omega \in \mathfrak{E}$, $\emptyset \in \mathfrak{E}$.
(Ω ... sicheres Ereignis, $\emptyset$ ... unmögliches Ereignis)

(2) Aus $A \in \mathfrak{E}$, $B \in \mathfrak{E}$
folgt $A \cup B \in \mathfrak{E}$, $A \cap B \in \mathfrak{E}$.

(3) Aus $A \in \mathfrak{E}$ folgt $\bar{A} \in \mathfrak{E}$.

(4) Aus $A_i \in \mathfrak{E}$ $(i = 1, 2, \ldots)$ folgt $\bigcup_{i=1}^{\infty} A_i \in \mathfrak{E}$.

Aus diesen Eigenschaften erhalten wir unter Verwendung der im Abschnitt 1.3. (↗ 28 f.) angegebenen Beziehungen $A \setminus B = A \cap \bar{B}$ und $A \triangle B = (A \cap \bar{B}) \cup (B \cap \bar{A})$ die folgende Eigenschaft:

(5) Aus $A \in \mathfrak{E}$, $B \in \mathfrak{E}$
folgt $A \setminus B \in \mathfrak{E}$, $B \setminus A \in \mathfrak{E}$, $A \triangle B \in \mathfrak{E}$.

Überdies erinnern wir daran, daß man sich ein Ereignisfeld stets als ein System (genauer: als eine σ - Algebra) von Teilmengen einer Grundmenge vorstellen darf (↗ 31). Diese Grundmenge ist dabei die mengentheoretische Darstellung des sicheren Ereignisses Ω, das unmögliche Ereignis $\emptyset$ wird durch die leere Menge dargestellt, und die inhaltliche Bedeutung der Operationssymbole zwischen Ereignissen ist bei der mengentheoretischen Auffassung der Ereignisse durch die entsprechende bei Mengen zu ersetzen.

Wir kommen nun zur axiomatischen Charakterisierung des Wahrscheinlichkeitsbegriffes, d. h., wir geben jetzt Eigenschaften und Rechenregeln für Wahrscheinlichkeiten an, von deren Erfülltsein wir überzeugt sind.

▷ AXIOM 1:

Jedem zufälligen Ereignis A des betrachteten Ereignisfeldes $\mathfrak{E}$ entspricht in eindeutiger Weise eine Zahl, die sogenannte Wahrscheinlichkeit $P(A)$ des Ereignisses A, die folgender Ungleichung genügt:

$0 \leqq P(A) \leqq 1$

Das Axiom 1 besagt, daß eine Funktion P existiert, die jedem zufälligen Ereignis des zugrunde liegenden Ereignisfeldes eine zwischen Null und Eins gelegene Zahl zuordnet:

$$A\ (\in \mathfrak{E}) \xrightarrow{P} P(A) \in [0, 1]\ ^{1)}.$$

Der Definitionsbereich dieser Funktion P ist also jeweils ein Ereignisfeld, während der Wertebereich dieser Funktion stets im abgeschlossenen Intervall $[0, 1]$ liegt. In knapper Form läßt sich der Inhalt von Axiom 1 dahingehend interpretieren, daß also jedem zufälligen Ereignis eine wohlbestimmte zwischen Null und Eins gelegene Wahrscheinlichkeit zukommt.

▷ AXIOM 2:

Die Wahrscheinlichkeit des sicheren Ereignisses ist gleich Eins.

Es gilt also:

$P(\Omega) = 1$

Wie oben noch einmal vermerkt, ist das sichere Ereignis stets ein Element des betrachteten Ereignisfeldes, d. h., es ist Element des Definitionsbereiches der Funktion P. Das Axiom 2 besagt nun, daß der Wert dieser Funktion an der „Stelle" Ω gleich Eins ist. Dies ist eine sehr natürliche Festsetzung, wenn wir einerseits daran denken, daß diese Eigenschaft im Falle LAPLACEscher Ereignisfelder entsprechend der klassischen Definition der Wahrscheinlichkeit vorliegt (↗ 48, Abschnitt 3.3., Eigenschaft 2) und uns andererseits daran erinnern, daß die relative Häufigkeit des sicheren Ereignisses — unabhängig von der Anzahl der durchgeführten Wiederholungen ein und desselben Versuches — gleich Eins ist (↗ 36, Abschnitt 2.2., Eigenschaft 2).

▷ AXIOM 3:

Die Wahrscheinlichkeit dafür, daß von zwei unvereinbaren zufälligen Ereignissen des betrachteten Ereignisfeldes eines eintritt, ist gleich der Summe der Wahrscheinlichkeiten dieser Ereignisse.

Es gilt also:

$$\left.\begin{array}{l} A \in \mathfrak{E}, \quad B \in \mathfrak{E} \\ A \cap B = \emptyset \end{array}\right\} \Rightarrow P(A \cup B) = P(A) + P(B)\ ^{2)}$$

[1]) Mit $[a, b]$, $a < b$ bezeichnen wir die Menge aller reellen Zahlen x, die der Ungleichung $a \leqq x \leqq b$ genügen und nennen eine solche Menge ein „abgeschlossenes Intervall".

[2]) Diese Gleichung wird oft als „Additionssatz der Wahrscheinlichkeitsrechnung" bezeichnet. Wir weisen aber darauf hin, daß es sich nicht um einen Satz in dem in der Mathematik üblichen Sinn handelt, sondern eben um ein Axiom.

Wir stellen zuerst fest, daß gemäß Eigenschaft 2 eines Ereignisfeldes (↗ 62) mit A und B auch das Ereignis $A \cup B$ zum betrachteten Ereignisfeld und damit zum Definitionsbereich der Funktion P gehört; die Größen, die in der in Axiom 3 angegebenen Gleichung vorkommen, sind also sämtlich definiert. Daß man diese Gleichung als Rechenregel dem allgemeinen Wahrscheinlichkeitsbegriff unterstellt, ist dadurch nahegelegt, daß sich diese Gleichung im Falle LAPLACEscher Ereignisfelder aus der klassischen Definition der Wahrscheinlichkeit beweisen läßt (↗ 50, Abschnitt 3.3., Eigenschaft 5). Außerdem gilt — wie wir im Abschnitt 2.2. dargelegt haben — eine dieser Gleichung entsprechende Formel für die relative Häufigkeit des Ereignisses $A \cup B$ unter der Voraussetzung der Unvereinbarkeit der Ereignisse A und B:

$$h_n(A \cup B) = h_n(A) + h_n(B) \quad \text{für } A \cap B = \emptyset.$$

Unter Verwendung allein von Axiom 3 wollen wir nun beweisen, daß die Wahrscheinlichkeit des Ereignisses $A_1 \cup A_2 \cup \ldots \cup A_n$ im Falle paarweise unvereinbarer Ereignisse $A_1, A_2, \ldots, A_n$ gleich der Summe der Wahrscheinlichkeiten der Ereignisse $A_1, A_2, \ldots, A_n$ $(n \geqq 2)$ ist, d. h., wir wollen die folgende Aussage beweisen:

$$\triangleright \quad \left.\begin{array}{l} A_1, \ldots, A_n \in \mathfrak{E} \\ A_i \cap A_j = \emptyset \ (i \neq j) \end{array}\right\} \Rightarrow P(A_1 \cup \ldots \cup A_n) = P(A_1) + \ldots + P(A_n)$$

$$\text{kürzer: } P\left(\bigcup_{i=1}^{n} A_i\right) = \sum_{i=1}^{n} P(A_i) \,.$$

BEWEIS:

Wir führen den Beweis dieser Aussage nach dem Prinzip der vollständigen Induktion.

1. *Induktionsanfang:* Für $n = 2$ ergibt sich die Richtigkeit der Aussage unmittelbar aus dem Axiom 3 (↗ 63), d. h., es gilt
   $P(A_1 \cup A_2) = P(A_1) + P(A_2) \quad \text{für} \quad A_1 \cap A_2 = \emptyset$.

2. *Induktionsschritt:* Es wird nun gezeigt, daß aus der Richtigkeit der Aussage für $n = k$ die Richtigkeit für $n = k + 1$ folgt.
   Induktionsvoraussetzung: Die Aussage sei für $n = k$ richtig, d. h., es gelte für paarweise unvereinbare Ereignisse $A_1, \ldots, A_k$ des betrachteten Ereignisfeldes die Beziehung
   $P(A_1 \cup \ldots \cup A_k) = P(A_1) + \ldots + P(A_k)$.
   Induktionsbehauptung: Die Aussage ist auch für $n = k + 1$ richtig, d. h., es gilt für paarweise unvereinbare Ereignisse $A_1, \ldots, A_k, A_{k+1}$ des betrachteten Ereignisfeldes die Beziehung
   $P(A_1 \cup \ldots \cup A_k \cup A_{k+1}) = P(A_1) + \ldots + P(A_k) + P(A_{k+1})$.
   Beweis der Induktionsbehauptung aus der Induktionsvoraussetzung: Wir setzen $A = A_1 \cup \ldots \cup A_k$. Dann gilt $A \cap A_{k+1} = \emptyset$ und demzufolge nach Axiom 3 die Gleichung $P(A \cup A_{k+1}) = P(A) + P(A_{k+1})$. Wegen der Induktionsvoraussetzung gilt nun noch $P(A) = P(A_1) + \ldots + P(A_k)$ und damit insgesamt die Beziehung
   $$\begin{aligned} P(A_1 \cup \ldots \cup A_{k+1}) &= P(A \cup A_{k+1}) = P(A) + P(A_{k+1}) \\ &= P(A_1) + \ldots + P(A_k) + P(A_{k+1}), \text{ w. z. b. w.} \end{aligned}$$

Wir haben damit bewiesen, daß aus der Gültigkeit der im Axiom 3 formulierten Rechenregel für die Wahrscheinlichkeit der Summe zweier unvereinbarer Ereignisse die Gültigkeit einer entsprechenden Rechenregel für die Wahrscheinlichkeit der Summe von n ($< \infty$) paarweise unvereinbaren Ereignissen folgt. Eine entsprechende Rechenregel für die Wahrscheinlichkeit der Summe abzählbar-unendlich vieler paarweise unvereinbarer Ereignisse folgt hieraus jedoch nicht. Wir unterstellen aber dem allgemeinen Wahrscheinlichkeitsbegriff zweckmäßig auch das Erfülltsein einer solchen Rechenregel.

▷ AXIOM 4:

Die Wahrscheinlichkeit dafür, daß irgendeines von abzählbar-unendlich vielen paarweise unvereinbaren zufälligen Ereignissen des betrachteten Ereignisfeldes eintritt, ist gleich der Summe der Wahrscheinlichkeiten dieser Ereignisse.

Es gilt also:

$$\left.\begin{array}{l} A_1, A_2, \ldots \in \mathfrak{E} \\ A_i \cap A_j = \emptyset \ (i \neq j) \end{array}\right\} \Rightarrow P\left(\bigcup_{i=1}^{\infty} A_i\right) = \sum_{i=1}^{\infty} P(A_i)$$

Im Zusammenhang mit dem Axiom 4 bemerken wir, daß wegen $A_i \in \mathfrak{E}$ $(i = 1, 2, \ldots)$ auf Grund der Eigenschaft 4 eines Ereignisfeldes (↗ 31) auch $\bigcup_{i=1}^{\infty} A_i \in \mathfrak{E}$ gilt, d. h., $\bigcup_{i=1}^{\infty} A_i$ gehört zum Definitionsbereich der Funktion P. Konvergenzprobleme treten im Axiom 4 nicht auf, da die in der angegebenen Formel auf der rechten Seite stehende unendliche Reihe nichtnegativer Zahlen die Wahrscheinlichkeit eines zufälligen Ereignisses, also eine zwischen Null und Eins liegende Zahl liefert. Ansonsten weisen wir darauf hin, daß das Axiom 4 nur bei Ereignisfeldern eine Rolle spielt, in denen unendlich viele Elemente vorhanden sind.

Wir wollen diesen Abschnitt mit einer Bemerkung über die *Struktur des Definitionsbereichs der Funktion* P: $A \ (\in \mathfrak{E}) \rightarrow P(A) \in [0, 1]$ abschließen. Der Definitionsbereich der Funktion P ist also stets ein Ereignisfeld $\mathfrak{E}$. Der Begriff des Ereignisfeldes ist nun so festgelegt worden, daß alle in den Axiomen — und darüber hinaus in den folgenden Rechenregeln — vorkommenden zufälligen Ereignisse zum Ereignisfeld gehören, d. h. Elemente des Definitionsbereichs der Funktion P sind. Die Forderung, daß ein Ereignisfeld neben den interessierenden Ereignissen alle diejenigen enthält, die sich durch Anwendung der uns bekannten Operationen auf Ereignisse des betrachteten Ereignisfeldes ergeben, entspringt also dem Anliegen, bei der Berechnung interessierender Wahrscheinlichkeiten alle Axiome und Rechenregeln verwenden zu können. Wir werden bei der nun folgenden Behandlung weiterer Rechenregeln die entsprechend der Rechenregel nötigen Eigenschaften des Ereignisfeldes — wie bisher bei den Axiomen — benennen.

4.2. Rechenregeln für Wahrscheinlichkeiten

Wir stellen in diesem Abschnitt einige weitere Rechenregeln für Wahrscheinlichkeiten zusammen. Diese Rechenregeln werden wir als sehr natürliche Eigenschaften eines allgemeinen Wahrscheinlichkeitsbegriffs empfinden, zumal dann, wenn wir an die entsprechenden Rechenregeln für die relative Häufigkeit (↗ 36 f., Abschnitt 2.2.) und für den klassischen Wahrscheinlichkeitsbegriff (↗ 48 ff., Abschnitt 3.3.) denken. Jede der hier angegebenen Rechenregeln ergibt sich allein unter Verwendung der im vorigen Abschnitt dargelegten Axiome. Dies zeigt uns deutlich, in welch hohem Maße diese Axiome dazu geeignet sind, alle unsere Erfahrungen mit dem Wahrscheinlichkeitsbegriff in objektiver Form widerzuspiegeln und damit als Grundlage einer anwendungsfähigen und allgemeinen mathematischen Theorie zu dienen.

▷ RECHENREGELN FÜR WAHRSCHEINLICHKEITEN:

(1) Die Wahrscheinlichkeit des unmöglichen Ereignisses ist gleich Null. Es gilt also: $P(\emptyset) = 0$

BEWEIS:

Wegen Eigenschaft 1 eines Ereignisfeldes gilt $\emptyset \in \mathfrak{E}$, d. h., $\emptyset$ gehört zum Definitionsbereich der Funktion P. Um $P(\emptyset) = 0$ zu beweisen, verwenden wir Axiom 3. Wir setzen dort $A = \emptyset$ und $B = \emptyset$. Dann gilt offenbar $\emptyset \cap \emptyset = \emptyset$ und daher nach Axiom 3 die Gleichung $P(\emptyset \cup \emptyset) = P(\emptyset) + P(\emptyset) = 2\,P(\emptyset)$. Nun ist natürlich $\emptyset \cup \emptyset = \emptyset$, also gilt $P(\emptyset) = 2\,P(\emptyset)$. Subtrahieren wir auf beiden Seiten dieser Gleichung $P(\emptyset)$, so erhalten wir $P(\emptyset) = 0$, w. z. b. w.

(2) Die Wahrscheinlichkeit des zu einem Ereignis A ($\in \mathfrak{E}$) entgegengesetzten Ereignisses $\bar{A}$ ist gleich der Differenz zwischen der Zahl Eins und der Wahrscheinlichkeit des Ereignisses A. Es gilt also:

$P(\bar{A}) = 1 - P(A) \qquad$ für alle $A \in \mathfrak{E}$

BEWEIS:

Wegen Eigenschaft 3 eines Ereignisfeldes $\mathfrak{E}$ folgt aus $A \in \mathfrak{E}$ stets $\bar{A} \in \mathfrak{E}$, d. h., mit A gehört auch $\bar{A}$ zum Definitionsbereich der Funktion P. Zum Beweis der Aussage verwenden wir die Axiome 3 und 2. Es gilt $A \cap \bar{A} = \emptyset$ und folglich nach Axiom 3 die Beziehung $P(A \cup \bar{A}) = P(A) + P(\bar{A})$. Wegen $A \cup \bar{A} = \Omega$ folgt nach Axiom 2 die Beziehung $P(A \cup \bar{A}) = 1$. Also erhalten wir $P(A) + P(\bar{A}) = 1$ und damit die behauptete Gleichheit.

(3) Die Wahrscheinlichkeit dafür, daß von zwei beliebigen zufälligen Ereignissen A ($\in \mathfrak{E}$) und B ($\in \mathfrak{E}$) mindestens eines (d. h. $A \cup B$) eintritt, ist gleich der Differenz zwischen der Summe der Wahrscheinlichkeiten von A und B und der Wahrscheinlichkeit dafür, daß sowohl A als auch B (d. h. $A \cap B$) eintritt. Es gilt also für alle $A \in \mathfrak{E}$, $B \in \mathfrak{E}$:

$P(A \cup B) = P(A) + P(B) - P(A \cap B)$

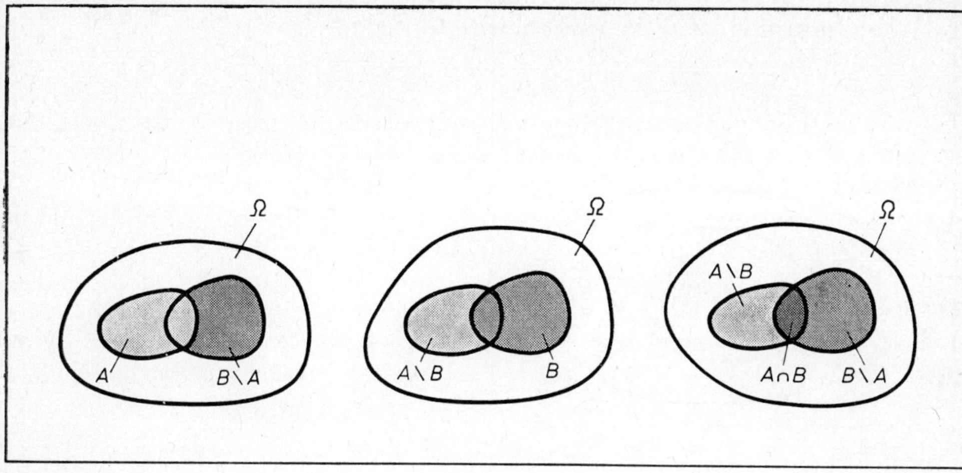

Bild 13

BEWEIS:

Auf Grund der Eigenschaften 2 und 5 eines Ereignisfeldes $\mathfrak{E}$ folgt aus $A \in \mathfrak{E}$, $B \in \mathfrak{E}$ auch $A \cup B \in \mathfrak{E}$, $A \cap B \in \mathfrak{E}$, $A \setminus B \in \mathfrak{E}$, $B \setminus A \in \mathfrak{E}$, d. h., mit A und B gehören auch $A \cup B$, $A \cap B$, $A \setminus B$, $B \setminus A$ zum Definitionsbereich der Funktion P. Nun gilt:

$A \cup B = A \cup (B \setminus A)$ mit $A \cap (B \setminus A) = \emptyset$

$A \cup B = B \cup (A \setminus B)$ mit $B \cap (A \setminus B) = \emptyset$

Unter Verwendung von Axiom 3 erhalten wir hieraus:

$P(A \cup B) = P(A) + P(B \setminus A)$

$P(A \cup B) = P(B) + P(A \setminus B)$

Außerdem gilt

$A \cup B = (A \setminus B) \cup (B \setminus A) \cup (A \cap B)$;

dabei sind die drei auf der rechten Seite vorkommenden Ereignisse paarweise unvereinbar. Unter Verwendung der im Anschluß an Axiom 3 angegebenen Aussage erhalten wir

$P(A \cup B) = P(A \setminus B) + P(B \setminus A) + P(A \cap B)$.

Damit haben wir drei Gleichungen gefunden, deren linke Seiten jeweils gleich der Wahrscheinlichkeit von $A \cup B$ sind. Wir bilden nun die Differenz zwischen der Summe der ersten beiden Gleichungen und der dritten Gleichung und erhalten

$P(A \cup B) = P(A) + P(B) - P(A \cap B)$, w. z. b. w.

Wir wollen diesen — vielleicht etwas kompliziert erscheinenden — Beweis noch ein wenig kommentieren. Im Falle $A \cap B = \emptyset$ lautet wegen $P(\emptyset) = 0$ die Behauptung: $P(A \cup B) = P(A) + P(B)$, d. h., im Falle der Unvereinbarkeit der Ereignisse A und B reduziert sich die Aussage auf Axiom 3. Also muß sich der Beweis der allgemeineren Aussage wesentlich auf dieses Axiom stützen. Um aber dieses Axiom zur Berechnung der Wahrscheinlichkeit des Ereignisses $A \cup B$ einsetzen zu können, ist es erforderlich, das Ereignis $A \cup B$ in paarweise unvereinbare Summanden zu zerlegen. Dies ist nun

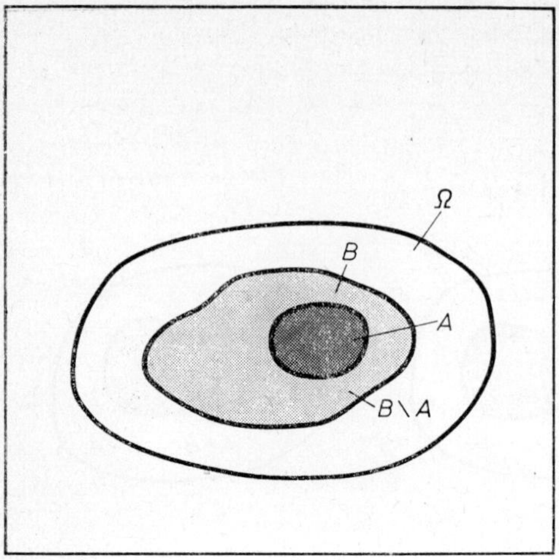

Bild 14

auf drei verschiedene Möglichkeiten durchführbar (Bild 13). Das weitere Vorgehen im Beweis ist dann ziemlich zwangsläufig.

(4) Zieht das Ereignis A ($\in \mathfrak{E}$) das Ereignis B ($\in \mathfrak{E}$) nach sich, so ist die Wahrscheinlichkeit von B mindestens so groß wie die von A. Es gilt also:

$$\left.\begin{matrix} A \subset B \\ (A \in \mathfrak{E},\ B \in \mathfrak{E}) \end{matrix}\right\} \Rightarrow P(A) \leqq P(B)$$

BEWEIS:

Wir stellen das Ereignis B als Summe zweier unvereinbarer Ereignisse dar:
$B = A \cup (B \setminus A)$ mit $A \cap (B \setminus A) = \emptyset$ (Bild 14)
Wegen Eigenschaft 5 eines Ereignisfeldes $\mathfrak{E}$ folgt aus $A \in \mathfrak{E}$, $B \in \mathfrak{E}$ auch $B \setminus A \in \mathfrak{E}$, d. h., mit A und B gehört auch $B \setminus A$ zum Definitionsbereich der Funktion P. Unter Verwendung des Axioms 3 erhalten wir nun
$P(B) = P(A) + P(B \setminus A)$.
Im Hinblick auf die behauptete Ungleichung ist nun nur noch zu vermerken, daß auf Grund von Axiom 1 $P(B \setminus A) \geqq 0$ gilt.
Bei der Behandlung der sogenannten diskreten Zufallsgrößen werden wir oft von der folgenden Aussage Gebrauch machen.

(5) Ist die Menge $\{A_1, A_2, \ldots, A_n\}$ ein vollständiges System von zufälligen Ereignissen (↗ 25, Abschnitt 1.3.), so gilt:

$$\sum_{i=1}^{n} P(A_i) = P(A_1) + P(A_2) + \ldots + P(A_n) = 1$$

(Der Beweis dieser Aussage erfolgt unter Verwendung von Axiom 2 und der im Anschluß an Axiom 3 bewiesenen Aussage; wir überlassen diesen Beweis dem Leser im Rahmen einer Aufgabe.)

Schließlich wollen wir eine Tatsache noch besonders hervorheben. Aus den vier angegebenen Axiomen kann nicht gefolgert werden, daß ein zufälliges Ereignis mit der Wahrscheinlichkeit Null ein unmögliches Ereignis ist. Es gilt also im allgemeinen nicht: $P(A) = 0 \quad \Rightarrow \quad A = \emptyset$. Ebenso kann nicht bewiesen werden, daß ein zufälliges Ereignis mit der Wahrscheinlichkeit Eins ein sicheres Ereignis ist. Es gilt also im allgemeinen nicht: $P(A) = 1 \quad \Rightarrow \quad A = \Omega$. Dies stellt keinen Mangel des Axiomensystems dar; vielmehr beschreibt dies eine natürliche Gegebenheit des Wahrscheinlichkeitsbegriffs. (Man vergleiche dazu die Ausführungen im Abschnitt 3.5. (↗ 55 ff.) über die geometrische Wahrscheinlichkeit und spätere Betrachtungen über sogenannte stetige Zufallsgrößen.)
Schließlich vereinbaren wir mit der folgenden Definition zwei übliche Sprechweisen.

⋈ DEFINITION:

Ein zufälliges Ereignis A ($\in \mathfrak{E}$) mit der Wahrscheinlichkeit $P(A) = 0$ heißt ein **fast unmögliches Ereignis.**
Ein zufälliges Ereignis A ($\in \mathfrak{E}$) mit der Wahrscheinlichkeit $P(A) = 1$ heißt ein **fast sicheres Ereignis.**

4.3. Der klassische Wahrscheinlichkeitsbegriff als Spezialfall des allgemeinen Wahrscheinlichkeitsbegriffs

Zum Abschluß dieses Kapitels wollen wir zeigen, daß und wie sich der klassische Wahrscheinlichkeitsbegriff aus dem allgemeinen — durch Axiome charakterisierten — Wahrscheinlichkeitsbegriff herleiten läßt.
Ausgangspunkt dieser Betrachtungen ist demgemäß ein LAPLACEsches Ereignisfeld $\mathfrak{E}$; mit $A_1, A_2, \ldots, A_k$ bezeichnen wir die — entsprechend der Definition eines LAPLACEschen Ereignisfeldes dann existierenden — endlich vielen atomaren Ereignisse, die ein vollständiges System von Ereignissen bilden (d. h. $A_1 \cup A_2 \cup \ldots \cup A_k = \Omega$, $A_i \cap A_j = \emptyset$ für $i \neq j$) und gleichmöglich sind in dem Sinne, daß sie sich hinsichtlich des Grades der Unbestimmtheit ihres Eintretens nicht unterscheiden. Im Abschnitt 4.1. haben wir die Zuordnung A ($\in \mathfrak{E}$) $\to P(A)$ als eine Funktion gekennzeichnet, die die in den Axiomen 1 bis 4 formulierten Eigenschaften besitzt. In Anbetracht der Gleichmöglichkeit des Eintretens der Ereignisse $A_1, A_2, \ldots, A_k$ ist es offenbar sinnvoll, zusätzlich

$$P(A_1) = P(A_2) = \ldots = P(A_k)$$

anzunehmen. Die Nichtunterscheidbarkeit der Ereignisse $A_1, A_2, \ldots, A_k$ hinsichtlich des Grades der Unbestimmtheit ihres Eintretens wird mathematisch dadurch widergespiegelt, daß die Funktion P, die jedem zufälligen Ereignis A ($\in \mathfrak{E}$) die Wahrscheinlichkeit $P(A)$ zuordnet, an den „Stellen" $A_1, A_2, \ldots, A_k$ ein und denselben Wert haben soll.
Wir berechnen nun unter Zugrundelegung der Axiome diesen Wert.

▷ BEHAUPTUNG:

Es gilt $P(A_i) = \frac{1}{k} \quad (i = 1, 2, \ldots, k)$.

BEWEIS:

Wir verwenden die im Anschluß an Axiom 3 (↗ 64) bewiesene Aussage, daß die Wahrscheinlichkeit einer Summe von endlich vielen paarweise unvereinbaren Ereignissen gleich der Summe der Wahrscheinlichkeiten dieser Ereignisse ist und erhalten

$P(A_1 \cup A_2 \cup \ldots \cup A_k) = P(A_1) + P(A_2) + \ldots + P(A_k)$.

Da für die Ereignisse $A_1, A_2, \ldots, A_k$ die Beziehung $A_1 \cup \ldots \cup A_k = \Omega$ gilt, folgt unter Verwendung von Axiom 2 (d. h. mit $P(\Omega) = 1$)

$P(A_1 \cup A_2 \cup \ldots \cup A_k) = 1$.

Aus den beiden hervorgehobenen Beziehungen erhalten wir nun

$P(A_1) + P(A_2) + \ldots + P(A_k) = 1$,

woraus wegen $P(A_1) = P(A_2) = \ldots = P(A_k)$ sofort folgt:

$P(A_1) = P(A_2) = \ldots = P(A_k) = \frac{1}{k}$, w. z. b. w.

Wir wollen nun hieraus eine Formel zur Berechnung der Wahrscheinlichkeit $P(A)$ eines beliebigen zufälligen Ereignisses A ($\in \mathfrak{E}$) gewinnen. Dazu wiederholen wir, daß sich jedes beliebige zufällige Ereignis A ($\in \mathfrak{E}, \neq \emptyset$) als Summe derjenigen atomaren Ereignisse darstellen läßt, die das Ereignis A nach sich ziehen und bezeichnen — wie früher — mit $g(A)$ deren Anzahl.

▷ BEHAUPTUNG:

Es gilt $P(A) = \frac{g(A)}{k}$.

BEWEIS:

Der Beweis dieser Behauptung ergibt sich unmittelbar aus der im Anschluß an Axiom 3 bewiesenen Aussage und der für jede Zahl $i \in \{1, 2, \ldots, k\}$ gültigen Beziehung $P(A_i) = \frac{1}{k}$; er wird aus der folgenden Gleichungskette ersichtlich:

$$P(A) = P\Big(\bigcup_{i: A_i \subset A} A_i\Big) = \sum_{i: A_i \subset A} P(A_i) = g(A) \cdot \frac{1}{k} = \frac{g(A)}{k}$$

(Die hier vorkommenden Summationen erstrecken sich jeweils über alle Zahlen $i \in \{1, 2, \ldots, k\}$, für die $A_i \subset A$ gilt.)

Damit haben wir gezeigt, daß man unter alleiniger Zugrundelegung der den allgemeinen Wahrscheinlichkeitsbegriff kennzeichnenden Axiome im Falle LAPLACEscher Ereignisfelder genau zur klassischen Definition der Wahrscheinlichkeit gelangt. Aus diesem Grunde werden wir die klassische Definition der Wahrscheinlichkeit auch nicht länger als eine Definition ansehen, sondern als eine Methode zur Berechnung der Wahrscheinlichkeit von zufälligen Ereignissen aus LAPLACEschen Ereignisfeldern.

4.4. Aufgaben

1. Man beweise die Aussage (5) im Abschnitt 4.2. (↗ 68).

2. Man beweise, daß für beliebige zufällige Ereignisse A und B die folgende Ungleichungskette gilt:
$P(A \cap B) \leqq P(A) \leqq P(A \cup B) \leqq P(A) + P(B)$

3. Es seien A, B und C zufällige Ereignisse. Das gleichzeitige Eintreten der Ereignisse A und B ziehe das Eintreten des Ereignisses C nach sich. Man zeige, daß gilt:
$P(C) \geqq P(A) + P(B) - 1$

4. Es seien A und B zufällige Ereignisse. Die Zahlen $p = P(B)$ und $q = P(A \cup B)$ seien bekannt. Man berechne daraus die Zahlen $P(A \cap \bar{B})$ und $P(\bar{A} \cap \bar{B})$.

5. Bei einem „gezinkten" Würfel seien die Wahrscheinlichkeiten der Augenzahlen gegeben durch die Zahlen $p_1 = \frac{1}{6}$, $p_2 = \frac{1}{6}$, $p_3 = \frac{1}{12}$, $p_4 = \frac{1}{12}$, $p_5 = \frac{1}{7}$, $p_6 = \frac{5}{14}$ (p_k ... Wahrscheinlichkeit dafür, daß die gewürfelte Augenzahl gleich k ist). Man berechne die Wahrscheinlichkeiten der folgenden Ereignisse:
A ... Die gewürfelte Augenzahl ist größer als 3.
B ... Die gewürfelte Augenzahl ist weder 2 noch 5.
C ... Die gewürfelte Augenzahl i genügt der Ungleichung $|i - 2| < 2$.

5. Bedingte Wahrscheinlichkeit und unabhängige Ereignisse

In diesem Kapitel wollen wir — ausgehend von der bedingten relativen Häufigkeit und der klassischen bedingten Wahrscheinlichkeit — allgemein die **bedingte Wahrscheinlichkeit** einführen und deren Eigenschaften untersuchen (↗ 73, Abschnitt 5.1.). Eine Umstellung der Definitionsgleichung für die bedingte Wahrscheinlichkeit liefert uns eine Formel zur Berechnung der Wahrscheinlichkeit des Produkts von zufälligen Ereignissen, die **Multiplikationsregel für Wahrscheinlichkeiten** (↗ 79, Abschnitt 5.2.). Im Abschnitt 5.3. (↗ 83) lernen wir mathematische Charakterisierungen des in der gesamten Wahrscheinlichkeitsrechnung außerordentlich wichtigen Begriffs der **Unabhängigkeit zufälliger Ereignisse** kennen. Die aus einem einfachen Beispiel entwickelte Betrachtung über die Zuverlässigkeit eines Systems parallelgeschalteter gleichartiger Elemente soll uns deutlich machen, daß und wie die hier eingeführten Begriffe und Formeln zur Lösung praktisch bedeutsamer Aufgabenstellungen eingesetzt werden können. Außerdem beweisen wir eine für das Verständnis des Wahrscheinlichkeitsbegriffs sehr wichtige Aussage: *Besitzt ein zufälliges Ereignis eine positive (also von Null verschiedene) Wahrscheinlichkeit, so tritt es mit einer beliebig nahe an Eins gelegenen Wahrscheinlichkeit in n unabhängig voneinander durchgeführten Wiederholungen des zugehörigen zufälligen Versuchs auch mindestens einmal auf, wenn nur die Anzahl n dieser Wiederholungen genügend groß ist.* Zum Abschluß dieses Kapitels behandeln wir zwei bei der Lösung zahlreicher Aufgaben brauchbare Formeln, nämlich die **Formel der totalen Wahrscheinlichkeit** (↗ 90, Abschnitt 5.4.) und die **BAYESsche Formel** (↗ 93, Abschnitt 5.5.). Vor der allgemeinen Herleitung dieser Formeln betrachten wir jeweils ein Beispiel, in dem eine für die Anwendbarkeit der jeweiligen Formel typische Situation vorliegt.

5.1. Die bedingte Wahrscheinlichkeit

Ausgangspunkt unserer Überlegungen im Abschnitt 2.4. (↗ 40) war eine Serie von n unabhängigen Wiederholungen ein und desselben Versuchs. Wir haben dort festgestellt, daß die relative Häufigkeit $h_n(A/B)$ eines Ereignisses A in solchen unabhängigen Wiederholungen des Versuchs, in denen das Ereignis B eingetreten ist, nach der Formel

$$h_n(A/B) = \frac{h_n(A \cap B)}{h_n(B)}$$

berechnet werden kann, wobei $h_n(A \cap B)$ bzw. $h_n(B)$ die relative Häufigkeit des Ereignisses $A \cap B$ bzw. B in den n unabhängigen Wiederholungen des Versuchs bezeichnet.

Im Abschnitt 3.4. (↗ 52) betrachteten wir einen zufälligen Versuch mit einem LAPLACEschen Ereignisfeld $\mathfrak{E}$ und haben dort festgestellt, daß die Wahrscheinlichkeit $P(A/B)$ eines Ereignisses A $(\in \mathfrak{E})$ unter der Bedingung B $(\in \mathfrak{E}, \neq \emptyset)$ nach der Formel

$$P(A/B) = \frac{P(A \cap B)}{P(B)}$$

berechnet werden kann, wobei $P(A \cap B)$ bzw. $P(B)$ die nach der klassischen Definition der Wahrscheinlichkeit zu ermittelnde Wahrscheinlichkeit des Ereignisses $A \cap B$ bzw. B ist.

Das Ziel dieses Abschnitts ist es, den Begriff der bedingten Wahrscheinlichkeit in sinnvoller Weise auch für Ereignisfelder zu definieren, die nicht notwendig LAPLACEsche Ereignisfelder sind. Wir gehen also aus von einem beliebigen Ereignisfeld $\mathfrak{E}$ und einer den Axiomen 1 bis 4 (↗ 63 f.) genügenden, auf $\mathfrak{E}$ definierten reellwertigen Funktion P: A $(\in \mathfrak{E}) \to P(A)$ $(\in [0, 1])$. Nimmt man nun als zusätzliche Bedingung an, daß ein Ereignis B $(\in \mathfrak{E})$ positiver Wahrscheinlichkeit $(P(B) \neq 0)$ eingetreten ist, so bewirkt dies im allgemeinen eine Änderung der Wahrscheinlichkeiten der zufälligen Ereignisse $A \in \mathfrak{E}$. Die Zahl, die die Wahrscheinlichkeit von A unter dieser zusätzlichen Bedingung angibt, wollen wir mit $P(A/B)$ bezeichnen und Wahrscheinlichkeit von A unter der Bedingung (oder auch unter der Hypothese) B oder noch kürzer die bedingte Wahrscheinlichkeit von A bezüglich B nennen.

Die folgende Plausibilitätsbetrachtung soll uns nun zu einer Formel für die Berechnung der bedingten Wahrscheinlichkeit $P(A/B)$ eines Ereignisses A $(\in \mathfrak{E})$ bezüglich eines Ereignisses B $(\in \mathfrak{E})$ positiver Wahrscheinlichkeit führen. Ist das Ereignis B eingetreten, so ist das Ereignis $\overline{B} = \Omega \setminus B$ unter dieser Bedingung ein unmögliches Ereignis und somit ist auch das Ereignis $A \cap \overline{B}$ $(\subset \overline{B})$ ein unmögliches Ereignis. Nun gilt $A = (A \cap B) \cup (A \cap \overline{B})$ mit $(A \cap B) \cap (A \cap \overline{B}) = \emptyset$. Maßgebend für die bedingte Wahrscheinlichkeit $P(A/B)$ von A bezüglich B ist also die Wahrscheinlichkeit desjenigen Teilereignisses von A, das mit B eintritt, d. h. des Ereignisses $A \cap B$. Demgemäß setzen wir $P(A/B) = c\,P(A \cap B)$; dabei sei c eine von dem speziell betrachteten Ereignis A unabhängige Konstante. Wählen wir insbesondere $A = \Omega$, so erhalten wir $P(\Omega/B) = c\,P(\Omega \cap B) = c\,P(B)$. Berücksichtigen wir, daß es offenbar zweckmäßig ist, $P(\Omega/B) = 1$ zu setzen, und daß nach Voraussetzung $P(B) > 0$ gilt, so erhalten wir $c = \frac{1}{P(B)}$. Dies ergibt insgesamt $P(A/B) = \frac{P(A \cap B)}{P(B)}$.

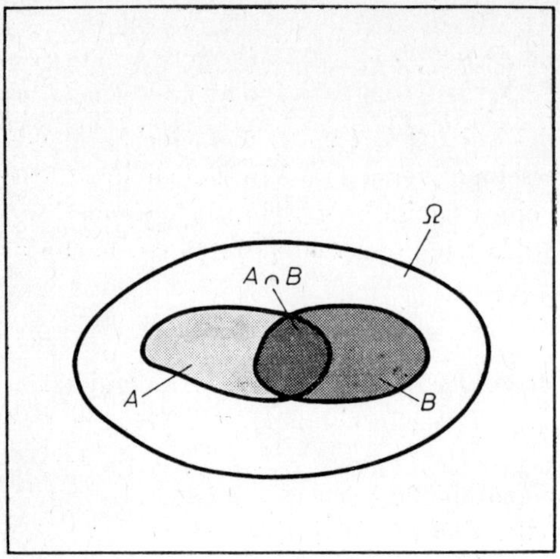

Bild 15

Es zeigt sich also, daß die für LAPLACEsche Ereignisfelder auf der Grundlage der klassischen Definition der Wahrscheinlichkeit hergeleitete Formel auch für beliebige Ereignisfelder unter Zugrundelegung des durch die Axiome 1 bis 4 (↗ 63 f.) beschriebenen allgemeinen Wahrscheinlichkeitsbegriffs sinnvoll ist.
Wir erheben nunmehr die hier mit Hilfe einer Plausibilitätsbetrachtung gefundene Berechnungsformel für die bedingte Wahrscheinlichkeit zur Definition.

DEFINITION der bedingten Wahrscheinlichkeit:

Es seien $\mathfrak{E}$ ein Ereignisfeld, P eine auf $\mathfrak{E}$ definierte, den Axiomen 1 bis 4 genügende Funktion und B ($\in \mathfrak{E}$) ein zufälliges Ereignis positiver Wahrscheinlichkeit $(P(B) > 0)$. Dann heißt

$$P(A/B) = \frac{P(A \cap B)}{P(B)}$$

die (bedingte) Wahrscheinlichkeit des Ereignisses A ($\in \mathfrak{E}$) unter der Bedingung (oder auch unter der Hypothese) B oder kurz die bedingte Wahrscheinlichkeit von A bezüglich B (Bild 15).

Für einfache Beispiele zur Berechnung der bedingten Wahrscheinlichkeit eines Ereignisses können wir auf die im Abschnitt 3.4. (↗ 52 f.) enthaltenen Beispiele verweisen. Bei diesen Beispielen war es stets möglich, die bedingte Wahrscheinlichkeit des jeweils betrachteten Ereignisses auf zwei Wegen zu berechnen. Sie ergab sich nämlich einerseits aus Überlegungen, die auf der inhaltlichen Bedeutung des Begriffs der bedingten Wahrscheinlichkeit beruhten, und andererseits durch formale Anwendung der Berechnungsformel für die bedingte Wahrscheinlichkeit. Hier wollen wir eine — schon etwas kompliziertere, aber praktisch bedeutsame — Fragestellung behandeln, zu deren Beantwortung wir die Berechnungsformel für die bedingte Wahrscheinlichkeit eines Ereignisses und außerdem Rechenregeln für Wahrscheinlichkeiten einsetzen werden.

□ BEISPIEL 5/1:

Ein Brief, der sich mit der Wahrscheinlichkeit p $(0 \leqq p \leqq 1)$ in einem Schreibtisch befindet, wird gesucht. Falls sich der Brief überhaupt im Schreibtisch befindet, so liegt er in einem von insgesamt acht Fächern, die wir uns von 1 bis 8 numeriert denken. Wir berechnen die Wahrscheinlichkeit dafür, daß sich der Brief im Schreibtisch befindet, wenn man in den Fächern 1 bis 7 bereits vergeblich gesucht hat.
Um die Aufgabenstellung mathematisch formulieren zu können, führen wir einige zufällige Ereignisse ein:
A ... Der Brief befindet sich im Schreibtisch.
B ... Der Brief befindet sich nicht in den Fächern 1 bis 7.
Gesucht: $P(A/B)$
Nach der Berechnungsformel für diese bedingte Wahrscheinlichkeit gilt
$P(A/B) = \frac{P(A \cap B)}{P(B)}$.
Das Ereignis $A \cap B$ besteht darin, daß sich der Brief im Schreibtisch und nicht in den Fächern 1 bis 7 befindet, d. h. darin, daß sich der Brief im Fach 8 des Schreibtisches befindet. Zur übersichtlichen Berechnung der Wahrscheinlichkeiten $P(A \cap B)$ und $P(B)$ führen wir noch die folgenden zufälligen Ereignisse ein:
A_i ... Der Brief befindet sich im Fach i des Schreibtisches $(i = 1, 2, \ldots, 8)$.
Dann gilt $A = A_1 \cup A_2 \cup \ldots \cup A_8$ und $A_i \cap A_j = \emptyset$ für $i \neq j$. Auf Grund der im Anschluß an Axiom 3 bewiesenen Folgerung (↗ 63, Abschnitt 4.1.) gilt also
$P(A) = P(A_1) + P(A_2) + \ldots + P(A_8)$.
Der Aufgabenstellung entnehmen wir $P(A) = p$ und setzen, da nichts Gegenteiliges angegeben ist, $P(A_1) = P(A_2) = \ldots = P(A_8)$.
Hieraus ergibt sich $P(A_i) = \frac{p}{8}$ $(i = 1, 2, \ldots, 8)$. Damit erhalten wir
$P(A \cap B) = P(A_8) = \frac{p}{8}$.
Aus der Darstellung $B = \overline{A} \cup A_8$ erhalten wir wegen $\overline{A} \cap A_8 = \emptyset$ auf Grund von Axiom 3 die Beziehung $P(B) = P(\overline{A}) + P(A_8)$, woraus mit
$P(\overline{A}) = 1 - P(A) = 1 - p$ und $P(A_8) = \frac{p}{8}$ schließlich
$P(B) = 1 - p + \frac{p}{8} = 1 - \frac{7}{8} \cdot p$ folgt.
(Man erhält dieses Ergebnis auch aus der Darstellung
$B = \overline{A_1} \cap \overline{A_2} \cap \ldots \cap \overline{A_7} = \overline{A_1 \cup A_2 \cup \ldots \cup A_7}$ (↗ 28, Abschnitt 1.3.);
die folgende Gleichungskette zeigt diesen Weg:

$$\begin{aligned} P(B) &= P(\overline{A_1} \cap \overline{A_2} \cap \ldots \cap \overline{A_7}) = P(\overline{A_1 \cup A_2 \cup \ldots \cup A_7}) \\ &= 1 - P(\overline{B}) = 1 - P(A_1 \cup A_2 \cup \ldots \cup A_7) \\ &= 1 - \big(P(A_1) + P(A_2) + \ldots + P(A_7)\big) = 1 - \tfrac{7}{8} \cdot p \Big) \end{aligned}$$

Damit ergibt sich insgesamt

$$P(A/B) = \frac{P(A \cap B)}{P(B)} = \frac{\frac{p}{8}}{1 - \frac{7}{8} \cdot p} = \frac{p}{8 - 7p}.$$

Wir wollen einige *Spezialfälle* diskutieren:
a) $p = 0 \Rightarrow P(A/B) = 0$
Befindet sich der Brief mit der Wahrscheinlichkeit Null im Schreibtisch, so befindet er sich mit der Wahrscheinlichkeit Null im Fach 8; daran ändert sich auch nichts, wenn man in den anderen Fächern bereits vergeblich gesucht hat.

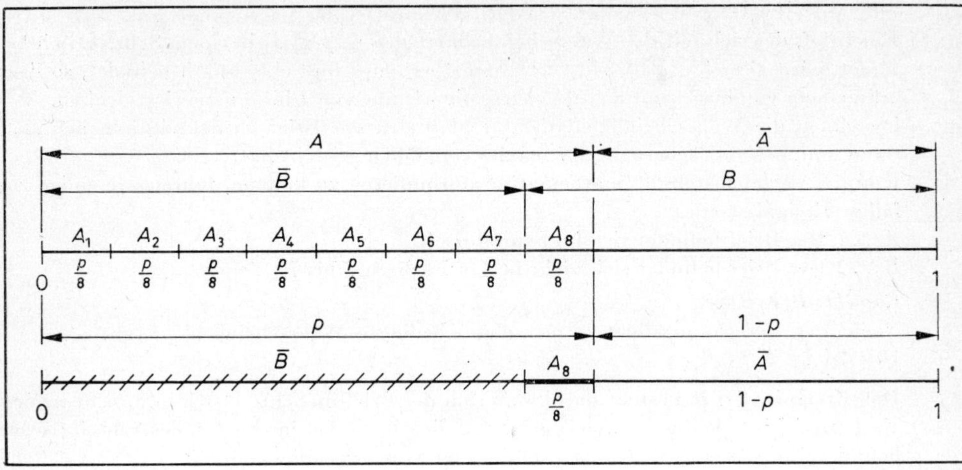

Bild 16

b) $p = 1 \quad \Rightarrow \quad P(A/B) = 1$
Befindet sich der Brief mit der Wahrscheinlichkeit Eins im Schreibtisch, so befindet er sich mit der Wahrscheinlichkeit Eins im Fach 8, wenn man in den anderen Fächern bereits vergeblich gesucht hat.

c) $p = \frac{8}{9} \quad \Leftrightarrow \quad P(A/B) = \frac{1}{2}$
Wir überlassen es dem Leser, diese Aussage zu bestätigen und zu interpretieren. Man beachte dabei auch die nachfolgende geometrische Interpretation und Bild 16.

Wir wollen das erhaltene Resultat noch auf geometrische Weise veranschaulichen und interpretieren. Die oben vorkommenden Ereignisse $A_1, A_2, \ldots, A_8, A, \bar{A}$ und B werden – wie im Bild 16 angedeutet – als Teilintervalle des Intervalls $[0, 1]$ aufgefaßt, deren Länge jeweils gleich der Wahrscheinlichkeit des Ereignisses ist. Das Modell unseres zufälligen Versuches besteht dann im zufälligen Werfen eines Punktes auf das Intervall $[0, 1]$; vgl. dazu auch Abschnitt 3.5. über die geometrische Wahrscheinlichkeit (↗ 55 ff.). Die als Resultat angegebene Formel

$$P(A/B) = \frac{P(A_8)}{P(\bar{A} \cup A_8)} = \frac{\frac{p}{8}}{1 - p + \frac{p}{8}}$$

läßt sich nun gemäß der geometrischen Definition der Wahrscheinlichkeit auffassen als Verhältnis der Länge des für A nach dem Eintreten von B günstigen Teilintervalls zur Länge des nach Eintritt von B noch möglichen Intervalls.

Abschließend wollen wir begründen, daß diese Aufgabenstellung auch für die Praxis von Bedeutung ist.
Ein Maschinensystem bestehe aus zwei in Reihe geschalteten Teilsystemen. Wenn das System ausfällt, befindet sich der Fehler mit der (bekannten) Wahrscheinlichkeit p am Teilsystem 1 und mit der Wahrscheinlichkeit $1 - p$ am Teilsystem 2. Das Teilsystem 1 bestehe aus acht hintereinandergeschalteten gleichartigen Einzelteilen. Es sei vergeblich an sieben dieser acht Einzelteile nach dem Fehler gesucht worden. Ent-

sprechend unserer obigen Lösung werden wir die Frage nach einer nun optimalen Suchstrategie für den Fehler in Abhängigkeit von p folgendermaßen beantworten (Entscheidungsregel): Ist $\frac{p}{8-7p} \geqq \frac{1}{2}$, d. h., ist $p \geqq \frac{8}{9}$, so suche man den Fehler zunächst am 8. Einzelteil des Teilsystems 1. Ist hingegen $\frac{p}{8-7p} < \frac{1}{2}$, d. h., ist $p < \frac{8}{9}$, so suche man den Fehler zuerst am Teilsystem 2.
Diese Aufgabenstellung — das ist also das Auffinden einer optimalen Suchstrategie — läßt sich offenbar entsprechend praktischen Erfordernissen und Gegebenheiten erweitern.
Die bedingte Wahrscheinlichkeit bezüglich eines zufälligen Ereignisses B ($\in \mathfrak{E}$) können wir als eine auf dem Ereignisfeld $\mathfrak{E}$ definierte reellwertige Funktion auffassen:

$$A\ (\in \mathfrak{E}) \rightarrow P(A/B) = \frac{P(A \cap B)}{P(B)} \qquad (B \in \mathfrak{E} \text{ fest; } P(B) > 0)$$

Die wesentlichen Eigenschaften dieser Funktion und wichtige Rechenregeln ergeben sich unmittelbar aus den Axiomen 1 bis 4, denen die Funktion P genügt (↗ 62 f., Abschnitt 4.1.) und den daraus abgeleiteten Rechenregeln (↗ 66 ff., Abschnitt 4.2.).

▷ EIGENSCHAFTEN UND RECHENREGELN FÜR BEDINGTE WAHRSCHEINLICHKEITEN:

(1) Es gilt:
$0 \leqq P(A/B) \leqq 1$ für alle $A \in \mathfrak{E}$

BEWEIS:
Es gilt $P(A \cap B) \geqq 0$ (Axiom 1) und $P(B) > 0$ (Voraussetzung). Also besteht die Ungleichung $\frac{P(A \cap B)}{P(B)} = P(A/B) \geqq 0$. Wegen $(A \cap B) \subset B$ gilt $P(A \cap B) \leqq P(B)$ (Eigenschaft (4)) und demzufolge
$\frac{P(A \cap B)}{P(B)} = P(A/B) \leqq 1$.

(2) Es gilt:
$P(\Omega/B) = 1$

BEWEIS:
Es gilt $\Omega \cap B = B$ und demzufolge $P(\Omega/B) = \frac{P(\Omega \cap B)}{P(B)} = \frac{P(B)}{P(B)} = 1$.

(3) Sind A_1 und A_2 *unvereinbare* zufällige Ereignisse ($A_1, A_2 \in \mathfrak{E}$, $A_1 \cap A_2 = \emptyset$), so gilt:
$P(A_1 \cup A_2/B) = P(A_1/B) + P(A_2/B)$

BEWEIS:
Aus $A_1 \cap A_2 = \emptyset$ folgt offenbar $(A_1 \cap B) \cap (A_2 \cap B) = \emptyset$. Daraus erhalten wir $P\big((A_1 \cap B) \cup (A_2 \cap B)\big) = P(A_1 \cap B) + P(A_2 \cap B)$ (Axiom 3). Also gilt:

$$\begin{aligned} P(A_1 \cup A_2/B) &= \frac{P((A_1 \cup A_2) \cap B)}{P(B)} = \frac{P((A_1 \cap B) \cup (A_2 \cap B))}{P(B)} \\ &= \frac{P(A_1 \cap B) + P(A_2 \cap B)}{P(B)} \\ &= P(A_1/B) + P(A_2/B) \end{aligned}$$

(4) Sind $A_1, A_2, \ldots$ *paarweise unvereinbare* zufällige Ereignisse ($A_1, A_2, \ldots \in \mathfrak{E}$, $A_i \cap A_j = \emptyset$ für $i \neq j$), so gilt:

$$P\left(\left(\bigcup_{i=1}^{\infty} A_i\right)/B\right) = \sum_{i=1}^{\infty} P(A_i/B)$$

BEWEIS:

Aus $A_i \cap A_j = \emptyset$ folgt offenbar $(A_i \cap B) \cap (A_j \cap B) = \emptyset$. Daraus erhalten wir $P\left(\bigcup_{i=1}^{\infty}(A_i \cap B)\right) = \sum_{i=1}^{\infty} P(A_i \cap B)$ (Axiom 4). Also gilt:

$$P\left(\left(\bigcup_{i=1}^{\infty} A_i\right)/B\right) = \frac{P\left(\left(\bigcup_{i=1}^{\infty} A_i\right) \cap B\right)}{P(B)} = \frac{P\left(\bigcup_{i=1}^{\infty} (A_i \cap B)\right)}{P(B)} = \frac{\sum_{i=1}^{\infty} P(A_i \cap B)}{P(B)}$$

$$= \sum_{i=1}^{\infty} \frac{P(A_i \cap B)}{P(B)} = \sum_{i=1}^{\infty} P(A_i/B)$$

Wir haben damit bewiesen, daß die bedingte Wahrscheinlichkeit bezüglich eines zufälligen Ereignisses B ($\in \mathfrak{E}$, fest) positiver Wahrscheinlichkeit $P(B)$ — aufgefaßt als eine auf $\mathfrak{E}$ definierte reellwertige Funktion — den Axiomen 1 bis 4 (↗ 62f., Abschnitt 4.1.) genügt. Also besitzt diese Funktion auch alle diejenigen Eigenschaften und erfüllt alle Rechenregeln, die im Abschnitt 4.2. (↗66 ff.) aus diesen Axiomen hergeleitet worden sind. Wir stellen diese Eigenschaften und Rechenregeln der bedingten Wahrscheinlichkeit bezüglich eines festgewählten zufälligen Ereignisses B positiver Wahrscheinlichkeit hier kurz formelmäßig zusammen.

▷ Stets gilt:

(5) $P(\emptyset/B) = 0$

(6) $P(\bar{A}/B) = 1 - P(A/B)$

(7) $P(A_1 \cup A_2/B) = P(A_1/B) + P(A_2/B) - P(A_1 \cap A_2/B)$

(8) $A_1 \subset A_2 \quad \Rightarrow \quad P(A_1/B) \leqq P(A_2/B)$

Wir wollen zwei weitere Eigenschaften besonders hervorheben, die uns erneut zeigen, daß die *bedingte Wahrscheinlichkeit* zweckmäßig definiert ist.

(9) Wenn das *Ereignis B das Ereignis A* ($\in \mathfrak{E}$) *nach sich zieht*, so ist die *bedingte* Wahrscheinlichkeit von A bezüglich B gleich Eins. Es gilt also:
$B \subset A \quad \Rightarrow \quad P(A/B) = 1$

(10) Sind A und B *unvereinbare* zufällige Ereignisse, so ist die *bedingte* Wahrscheinlichkeit von A bezüglich B gleich Null. Es gilt also:
$A \cap B = \emptyset \quad \Rightarrow \quad P(A/B) = 0$

Die Beweise zu (9) und (10) überlassen wir dem Leser.

Wir weisen hier noch einmal ausdrücklich darauf hin, daß die bedingte Wahrscheinlichkeit $P(A/B)$ eines zufälligen Ereignisses A bezüglich eines zufälligen Ereignisses B genau zu unterscheiden ist von der bedingten Wahrscheinlichkeit $P(B/A)$ des Ereignisses B bezüglich des Ereignisses A und natürlich auch von der Wahrscheinlichkeit $P(A \cap B)$ des Ereignisses $A \cap B$; ein Beispiel dafür, daß diese Zahlen paarweise verschieden sein können, enthält Abschnitt 3.4. (↗ 53). Dort haben wir außerdem darauf aufmerksam gemacht und an Hand eines einfachen Beispiels demonstriert, daß die bedingte Wahrscheinlichkeit von A bezüglich B kleiner, größer oder auch gleich der (unbedingten) Wahrscheinlichkeit von A sein kann. (Mit dem letzten Fall werden wir uns ausführlich im Abschnitt 5.3. (↗ 83) beschäftigen.) Schließlich wiederholen wir die allgemeingültige Feststellung, daß sich die (unbedingte) Wahrscheinlichkeit interpretieren läßt als bedingte Wahrscheinlichkeit bezüglich des sicheren Ereignisses. Stets gilt also:

$$\triangleright \quad P(A/\Omega) = \frac{P(A \cap \Omega)}{P(\Omega)} = \frac{P(A)}{1} = P(A) \qquad (A \in \mathfrak{E})$$

5.2. Die Multiplikationsregel für Wahrscheinlichkeiten

Im Axiom 3 (↗ 63, Abschnitt 4.1.) haben wir festgelegt, wie die Wahrscheinlichkeit der Summe zweier unvereinbarer Ereignisse aus den Wahrscheinlichkeiten der Summanden zu berechnen ist:

$$P(A \cup B) = P(A) + P(B) \text{ für } A \cap B = \emptyset .$$

Im Abschnitt 4.2. (↗ 66) haben wir unter (3) bewiesen, daß sich die Wahrscheinlichkeit der Summe zweier beliebiger Ereignisse A und B aus den Wahrscheinlichkeiten der Ereignisse A, B und $A \cap B$ in folgender Weise ergibt:

$$P(A \cup B) = P(A) + P(B) - P(A \cap B) .$$

Zur Berechnung der Wahrscheinlichkeit $P(A \cup B)$ nach dieser Formel ist es also insbesondere erforderlich, die Wahrscheinlichkeit $P(A \cap B)$ zu kennen. Wir wollen uns in diesem Abschnitt mit der Berechnung dieser Wahrscheinlichkeit beschäftigen.
Die Zahl $P(A \cap B)$ trat im vorigen Abschnitt bei der Definition der bedingten Wahrscheinlichkeit auf (↗ 74). Wir haben dort unter Hinweis auf die Beispiele des Abschnittes 3.4. (↗ 52 f.) über die klassische bedingte Wahrscheinlichkeit vermerkt, daß es oft möglich ist, die bedingte Wahrscheinlichkeit eines Ereignisses bezüglich eines anderen Ereignisses durch Überlegungen zu gewinnen, die auf der inhaltlichen Bedeutung des Begriffs der bedingten Wahrscheinlichkeit beruhen. Die in der Definition der bedingten Wahrscheinlichkeit angegebene Formel läßt sich in diesen Fällen offensichtlich zur Berechnung der Wahrscheinlichkeit $P(A \cap B)$ verwenden. Wir lösen dazu die Gleichung $P(A/B) = \frac{P(A \cap B)}{P(B)}$ nach $P(A \cap B)$ auf und erhalten:

▷ $P(A \cap B) = P(A/B)\, P(B)$

In Worten: Die Wahrscheinlichkeit des Ereignisses $A \cap B$ ist gleich dem Produkt der bedingten Wahrscheinlichkeit $P(A/B)$ von A bezüglich B und der Wahrscheinlichkeit $P(B)$ des Ereignisses B, d. h., sie ist gleich dem Produkt der (bedingten) Wahrscheinlichkeit des Ereignisses A, berechnet unter der Bedingung, daß B eingetreten ist, und der (unbedingten) Wahrscheinlichkeit von B.

Durch Vertauschung von A und B erhält man wegen $A \cap B = B \cap A$ folgende Beziehung:

▷ $P(A \cap B) = P(B/A)\, P(A)$

Das heißt, die Wahrscheinlichkeit des Ereignisses $A \cap B$ ist auch gleich dem Produkt der bedingten Wahrscheinlichkeit $P(B/A)$ von B bezüglich A und der Wahrscheinlichkeit $P(A)$ des Ereignisses A, d. h., sie ist auch gleich dem Produkt der (bedingten) Wahrscheinlichkeit des Ereignisses B, berechnet unter der Bedingung, daß A eingetreten ist, und der (unbedingten) Wahrscheinlichkeit von A.

Die zuerst aufgeführte Formel zur Berechnung von $P(A \cap B)$ ergab sich durch Auflösung der Definitionsgleichung für die bedingte Wahrscheinlichkeit $P(A/B)$ nach $P(A \cap B)$. Diese Formel gilt also auch nur unter der Voraussetzung, unter der die Definition der bedingten Wahrscheinlichkeit $P(A/B)$ vorgenommen wurde, d. h., sie gilt nur für den Fall $P(B) > 0$. Ist nun $P(B) = 0$, so folgt wegen $A \cap B \subset B$ und der daraus resultierenden Ungleichung $P(A \cap B) \leqq P(B)$ die Gleichung $P(A \cap B) = 0$, so daß also für diesen Fall gar keine Berechnungsformel für $P(A \cap B)$ erforderlich ist. Ein entsprechender Sachverhalt liegt vor, wenn das Ereignis A die Wahrscheinlichkeit Null hat.

Zusammenfassend gilt also:

▷ Es seien A und B beliebige zufällige Ereignisse positiver Wahrscheinlichkeit. Dann gilt:

$P(A \cap B) = P(A/B)\, P(B) = P(B/A)\, P(A)$

In Worten: Die Wahrscheinlichkeit des Produkts der Ereignisse A und B ist gleich dem Produkt der (bedingten) Wahrscheinlichkeit des ersten Ereignisses, berechnet unter der Bedingung, daß das zweite Ereignis eingetreten ist, und der (unbedingten) Wahrscheinlichkeit des zweiten Ereignisses; dabei ist es gleichgültig, welches der Ereignisse A und B als das erste bzw. zweite Ereignis bezeichnet wird.

Die Berechnungsformel für die Wahrscheinlichkeit des Produkts zweier Ereignisse wird in der Wahrscheinlichkeitsrechnung häufig als Multiplikationssatz für Wahrscheinlichkeiten bezeichnet. Wir wollen hierzu bemerken, daß es sich eigentlich nicht um einen

Satz in dem in der Mathematik üblichen Sinne handelt, sondern daß diese Formel eine äquivalente Formulierung der Definitionsgleichung der bedingten Wahrscheinlichkeit darstellt; wir vereinbaren, diese Formel **Multiplikationsregel für Wahrscheinlichkeiten** zu nennen. Außerdem weisen wir darauf hin, daß die Multiplikationsregel zwei Möglichkeiten zur Berechnung der Wahrscheinlichkeit des Produkts zweier Ereignisse gibt. Welche dieser Möglichkeiten bei einer konkreten Aufgabenstellung zweckmäßigerweise zu verwenden ist, ergibt sich meist unmittelbar aus dem Problem selbst.

□ BEISPIEL 5/2:

In einer Urne befinden sich fünf weiße und sechs rote Kugeln. Der Urne werden auf einmal zwei Kugeln zufällig entnommen. Wir berechnen die Wahrscheinlichkeit dafür, daß die beiden entnommenen Kugeln weiße Kugeln sind. Zur Lösung dieser Aufgabenstellung können wir offenbar auch davon ausgehen, daß die Kugelentnahmen nacheinander durchgeführt werden, wobei natürlich die zuerst entnommene Kugel vor der zweiten Kugelentnahme nicht zurückgelegt wird. Wir führen zwei Ereignisse ein:

A_i ... Die bei der i-ten Entnahme gezogene Kugel ist weiß ($i = 1, 2$).

Dann ist also die Wahrscheinlichkeit des Produkts der Ereignisse A_1 und A_2, d. h. die Zahl $P(A_1 \cap A_2)$ zu bestimmen. Wir verwenden die Formel

$P(A_1 \cap A_2) = P(A_2/A_1)\, P(A_1)$.

Mit der klassischen Definition der Wahrscheinlichkeit erhalten wir

$P(A_1) = \frac{5}{5+6} = \frac{5}{11}$ und

$P(A_2/A_1) = \frac{4}{4+6} = \frac{4}{10} = \frac{2}{5}$ und daraus

$P(A_1 \cap A_2) = P(A_2/A_1)\, P(A_1) = \frac{5}{11} \cdot \frac{2}{5} = \frac{2}{11} = 0{,}18$.

Bemerkung: Dieses Ergebnis können wir hier auch direkt über die klassische Definition der Wahrscheinlichkeit erhalten. Es gibt nämlich $\binom{11}{2}$ Möglichkeiten, aus elf Kugeln zwei Kugeln auszuwählen und $\binom{5}{2} \cdot \binom{6}{0}$ für das betrachtete Ereignis günstige Möglichkeiten. Dies liefert:

$$P(A_1 \cap A_2) = \frac{\binom{5}{2} \cdot \binom{6}{0}}{\binom{11}{2}} = \frac{5 \cdot 4 \cdot 1 \cdot 2}{1 \cdot 2 \cdot 11 \cdot 10} = \frac{2}{11} = 0{,}18$$

Schließlich wollen wir uns noch kurz mit der Frage beschäftigen, wie die Wahrscheinlichkeit des *Produkts von mehr als zwei zufälligen Ereignissen* zu berechnen ist. Wir betrachten anfangs den Fall *dreier* Ereignisse A, B und C. Wenden wir die oben dargestellte Multiplikationsregel (↗ 80) auf die Ereignisse C und $B \cap A$ an, so erhalten wir

$$P(A \cap B \cap C) = P(C/B \cap A)\, P(B \cap A)$$

und hieraus durch Anwendung der Multiplikationsregel auf die Ereignisse B und A

▷ $$P(A \cap B \cap C) = P(C/B \cap A)\, P(B/A)\, P(A)\,.$$

Dabei ist natürlich immer vorausgesetzt, daß die vorkommenden bedingten Wahrscheinlichkeiten auch definiert sind, d. h., daß die als Bedingung vorkommenden Ereignisse positive Wahrscheinlichkeit besitzen.

□ BEISPIEL 5/3:

In einer Urne befinden sich fünf weiße und sechs rote Kugeln. Wir entnehmen dieser Urne hintereinander ohne Zurücklegen zufällig drei Kugeln und interessieren uns für die Wahrscheinlichkeit dafür, daß alle drei Kugeln weiß sind. Dieses Ereignis besteht also darin, daß die zuerst entnommene Kugel weiß ist (Ereignis A_1), die danach entnommene Kugel ebenfalls weiß ist (Ereignis A_2) und die zuletzt entnommene Kugel auch weiß ist (Ereignis A_3). Wir haben also die Wahrscheinlichkeit des Produkts der Ereignisse A_1, A_2, A_3, d. h. die Zahl $P(A_1 \cap A_2 \cap A_3)$ zu berechnen. Dazu verwenden wir die Formel

$$P(A_1 \cap A_2 \cap A_3) = P(A_3/A_2 \cap A_1)\, P(A_2/A_1)\, P(A_1)\,.$$

Die auf der rechten Seite vorkommenden Faktoren ergeben sich mittels der klassischen Definition der Wahrscheinlichkeit zu

$$P(A_1) = \frac{5}{11}\,,\; P(A_2/A_1) = \frac{4}{10} = \frac{2}{5}\,,\; P(A_3/A_2 \cap A_1) = \frac{3}{9} = \frac{1}{3}\,.$$

Hieraus erhalten wir

$$P\,(A_1 \cap A_2 \cap A_3) = \frac{1}{3} \cdot \frac{2}{5} \cdot \frac{5}{11} = \frac{2}{33} = 0{,}06\,.$$

Bemerkung: Auch hier können wir das Ergebnis direkt über die klassische Definition der Wahrscheinlichkeit erhalten. Es gibt nämlich $\binom{11}{3}$ Möglichkeiten, aus elf Kugeln drei Kugeln auszuwählen und unter diesen $\binom{5}{3} \cdot \binom{6}{0}$ für das betrachtete Ereignis günstige Möglichkeiten. Dies liefert:

$$P(A_1 \cap A_2 \cap A_3) = \frac{\binom{5}{3} \cdot \binom{6}{0}}{\binom{11}{3}} = \frac{5 \cdot 4 \cdot 3 \cdot 1 \cdot 2 \cdot 3}{1 \cdot 2 \cdot 3 \cdot 11 \cdot 10 \cdot 9} = \frac{2}{33} = 0{,}06$$

Wir beenden die Ausführungen zur Multiplikationsregel mit der folgenden Formel.

▷ FORMEL für die Berechnung der Wahrscheinlichkeit eines Produkts von n zufälligen Ereignissen $A_1, A_2, \ldots, A_n$:

Es gilt:

$$P(A_1 \cap \ldots \cap A_n) = P(A_n/A_1 \cap \ldots \cap A_{n-1}) \cdot \ldots \cdot P(A_2/A_1)\, P(A_1)$$

Dabei ist natürlich immer vorausgesetzt, daß die vorkommenden bedingten Wahrscheinlichkeiten auch definiert sind, d. h., daß die als Bedingung vorkommenden Ereignisse positive Wahrscheinlichkeit besitzen. (Dies ist äquivalent zu $P(A_1 \cap \ldots \cap A_{n-1}) > 0$.) Die angegebene Formel ergibt sich — entsprechend dem für $n = 3$ geschilderten Vorgehen — durch wiederholte Anwendung der Multiplikationsregel. (Der Beweis ist nach dem Prinzip der vollständigen Induktion zu führen.)

5.3. Unabhängigkeit zufälliger Ereignisse

Bei der Behandlung der bedingten Wahrscheinlichkeit haben wir darauf hingewiesen, daß die bedingte Wahrscheinlichkeit $P(A/B)$ eines Ereignisses A bezüglich eines Ereignisses B größer, kleiner und auch gleich der (unbedingten) Wahrscheinlichkeit $P(A)$ des Ereignisses A sein kann (↗ 53). Wir wollen den letzten Fall hier genauer untersuchen. Dabei setzen wir vorerst voraus, daß die Ereignisse A und B jeweils positive Wahrscheinlichkeit besitzen.
Die Gleichung $P(A/B) = P(A)$ sagt aus, daß sich die Wahrscheinlichkeit des Ereignisses A dann nicht ändert, wenn man zu den den zufälligen Versuch kennzeichnenden Bedingungen noch die Bedingung „B ist eingetreten" hinzunimmt, d. h., die Gleichung $P(A/B) = P(A)$ spiegelt eine Unabhängigkeit des Ereignisses A vom Ereignis B wider. Unter dem Gesichtspunkt der Wahrscheinlichkeitsrechnung wird die Unabhängigkeit eines zufälligen Ereignisses von einem anderen durch Wahrscheinlichkeiten gekennzeichnet.

⋈ DEFINITION:

Das zufällige Ereignis A heißt **unabhängig** vom zufälligen Ereignis B, wenn gilt:
$P(A/B) = P(A)$

□ BEISPIEL 5/4:

Wurf mit einem Spielwürfel (↗ 53, Beispiel 3/11c)
A ... Die gewürfelte Augenzahl ist gleich 1 oder 2.
$A = \{1, 2\}, \qquad P(A) = \frac{1}{3}$
B ... Die gewürfelte Augenzahl ist gerade.
$B = \{2, 4, 6\}, \qquad P(B) = \frac{1}{2}$
Dann gilt $P(A/B) = P(A)$. Die bedingte Wahrscheinlichkeit von A bezüglich B ist also gleich der (unbedingten) Wahrscheinlichkeit von A; d. h., das Ereignis A ist unabhängig von B. Dies läßt sich hier inhaltlich dadurch begründen, daß die Anzahl der für A günstigen atomaren Ereignisse durch das Eintreten von B in genau dem gleichen Maße verringert worden ist wie die Gesamtanzahl der atomaren Ereignisse. Außerdem gilt in unserem Beispiel $P(B/A) = \frac{1}{2} = P(B)$, d. h., auch das Ereignis B ist unabhängig von dem Ereignis A. Die nachfolgenden Ausführungen werden zeigen, daß hier ein allgemeingültiger Sachverhalt zugrunde liegt.

▷ BEHAUPTUNG:

Ist das Ereignis A unabhängig von dem Ereignis B, so ist auch B unabhängig von A.

BEWEIS:

Wir haben zu zeigen, daß aus $P(A/B) = P(A)$ auch $P(B/A) = P(B)$ folgt. Dazu verwenden wir die Multiplikationsregel (↗ 80, Abschnitt 5.2.):
$P(A \cap B) = P(A/B)\, P(B) = P(B/A)\, P(A)$.

Ist nun A unabhängig von B, so gilt $P(A/B) = P(A)$ und daher nach der Multiplikationsregel $P(A \cap B) = P(A) P(B)$.
Andererseits gilt aber auch $P(A \cap B) = P(B/A) P(A)$.
Hieraus folgt $P(B/A) = P(B)$,
d. h., das Ereignis B ist unabhängig vom Ereignis A, w. z. b. w.

Die eben bewiesene Aussage zeigt uns, daß die Unabhängigkeit zwischen zufälligen Ereignissen eine symmetrische Eigenschaft ist. Dies spiegelt sich sehr klar in der Multiplikationsregel für unabhängige Ereignisse wider.

▷ MULTIPLIKATIONSREGEL FÜR UNABHÄNGIGE EREIGNISSE:
Sind A und B unabhängige zufällige Ereignisse, so gilt:
$P(A \cap B) = P(A) P(B)$
In Worten: Die Wahrscheinlichkeit des Produkts zweier unabhängiger zufälliger Ereignisse ist gleich dem Produkt der Wahrscheinlichkeiten dieser Ereignisse.

Bemerkung: Umgekehrt folgt aus der Gültigkeit der Beziehung $P(A \cap B) = P(A) P(B)$ auf Grund der Multiplikationsregel $P(A/B) = P(A)$ — und ebenso $P(B/A) = P(B)$ —, d. h., die Ereignisse A und B sind unabhängig. Man kann also die Beziehung $P(A \cap B) = P(A) P(B)$ auch als Definition der Unabhängigkeit der Ereignisse A und B ansehen.

Vor der Anwendung der Multiplikationsregel für unabhängige Ereignisse hat man sich natürlich davon zu überzeugen, daß die Voraussetzung dafür erfüllt ist. Dazu greift man häufig nicht auf die Beziehung $P(A/B) = P(A)$
oder auf die Beziehung $P(B/A) = P(B)$
zurück, sondern begründet deren Erfülltsein durch Überlegungen, die auf der *inhaltlichen* Bedeutung der Unabhängigkeit zufälliger Ereignisse beruhen.

□ BEISPIEL 5/5:
Wir würfeln einmal mit zwei Würfeln und interessieren uns für die Wahrscheinlichkeit dafür, als Augensumme die Zahl 12 zu erhalten. Zur Lösung dieser Aufgabe führen wir die folgenden Ereignisse ein, wobei wir uns die beiden Würfel numeriert denken.
A ... Die Summe der gewürfelten Augenzahlen ist gleich 12.
A_i ... Die mit dem Würfel i gewürfelte Augenzahl ist gleich 6.
$(i = 1, 2)$
Dann gilt $A = A_1 \cap A_2$, $P(A_1) = \frac{1}{6}$, $P(A_2) = \frac{1}{6}$; gesucht ist $P(A_1 \cap A_2)$.
Da die Ereignisse A_1 und A_2 offenbar unabhängig voneinander sind, ergibt sich nach der Multiplikationsregel für unabhängige Ereignisse
$P(A) = P(A_1 \cap A_2) = P(A_1) P(A_2) = \frac{1}{6} \cdot \frac{1}{6} = \frac{1}{36}$. (Dieses Ergebnis kann man auch direkt über die klassische Definition der Wahrscheinlichkeit bestätigen.)

Für die Lösung vieler praktischer Probleme ist die in der folgenden Behauptung formulierte Aussage von großer Wichtigkeit.

▷ BEHAUPTUNG:

Sind die Ereignisse A und B unabhängig voneinander, so sind es auch die Ereignisse $\bar{A}$ und B, A und $\bar{B}$ und auch die Ereignisse $\bar{A}$ und $\bar{B}$.

BEWEIS:

Es genügt zu zeigen, daß aus der Unabhängigkeit der Ereignisse A und B die Unabhängigkeit der Ereignisse $\bar{A}$ und B folgt; alles Weitere ergibt sich daraus unmittelbar.

Es seien also A und B voneinander unabhängige Ereignisse. Dann gilt $P(A/B) = P(A)$.

Hieraus erhalten wir unter Verwendung von in den Abschnitten 4.2. (↗ 66) und 5.1. (↗ 78) auf der Grundlage der Axiome der Wahrscheinlichkeitsrechnung bewiesenen Formeln

$P(\bar{A}/B) = 1 - P(A/B) = 1 - P(A) = P(\bar{A})$,

d. h., auch die Ereignisse $\bar{A}$ und B sind voneinander unabhängig.

Zu Beginn dieses Abschnitts haben wir vereinbart, vorläufig nur Ereignisse A und B positiver Wahrscheinlichkeit zu betrachten. Es zeigte sich, daß zwei solche Ereignisse genau dann unabhängig voneinander sind, wenn $P(A \cap B) = P(A)\,P(B)$ gilt. Hat nun mindestens eines der Ereignisse A und B die Wahrscheinlichkeit Null, so gilt wegen $(A \cap B) \subset A$, $(A \cap B) \subset B$ und der hieraus folgenden Ungleichungen
$P(A \cap B) \leqq P(A)$, $P(A \cap B) \leqq P(B)$ ebenfalls die Beziehung
$P(A \cap B) = P(A)\,P(B)$.

Aus diesem Grunde werden wir zwei Ereignisse A und B, von denen mindestens eines die Wahrscheinlichkeit Null hat, ebenfalls als unabhängig voneinander bezeichnen.

Bemerkung: Demjenigen, der sich zum ersten Male mit der Wahrscheinlichkeitsrechnung befaßt, macht es erfahrungsgemäß Schwierigkeiten, die Begriffe „unvereinbar“ und „unabhängig“ bei zufälligen Ereignissen zu unterscheiden. Wir erinnern noch einmal an die Definitionen

A und B unvereinbar $\Leftrightarrow$ $A \cap B = \varnothing$ $\quad \big(\Rightarrow P(A \cup B) = P(A) + P(B)\big)$ und

A und B unabhängig $\Leftrightarrow$ $P(A \cap B) = P(A)\,P(B)$

und bringen hier eine Aussage, die einen Zusammenhang zwischen diesen Begriffen herstellt und dabei aber auch deren Unterschiedlichkeit klar erkennen läßt.

▷ Sind zwei zufällige Ereignisse A und B positiver Wahrscheinlichkeit *unvereinbar*, so sind diese Ereignisse *nicht voneinander unabhängig.*

BEWEIS:

$$A \cap B = \varnothing \Rightarrow P(A \cap B) = 0 \Rightarrow P(A \cap B) \neq P(A)\,P(B) > 0$$

Man versteht diese Aussage auch inhaltlich recht gut durch folgende Überlegung: Ist z. B. das Ereignis B eingetreten, so kann wegen der Unvereinbarkeit der Ereignisse A und B das Ereignis A nicht mehr eintreten $\big(P(A/B) = 0\big)$. Dies zeigt, daß eine Abhängigkeit zwischen den Ereignissen A und B vorliegt, d. h., es zeigt, daß A und B nicht voneinander unabhängig sein können.

Wir wollen nun in Erweiterung der Definition der Unabhängigkeit zweier Ereignisse (↗ 83) die Unabhängigkeit dreier und — im Anschluß daran — die Unabhängigkeit beliebig vieler Ereignisse mathematisch beschreiben.
Sind drei Ereignisse A, B und C unabhängig, so bedeutet dies inhaltlich, daß die bedingten Wahrscheinlichkeiten jedes dieser Ereignisse bezüglich eines anderen und bezüglich des Produkts der beiden anderen gleich der (unbedingten) Wahrscheinlichkeit des Ereignisses sind. (Vorausgesetzt ist bei dieser Formulierung natürlich wieder, daß alle vorkommenden bedingten Wahrscheinlichkeiten definiert sind, d. h., daß die als Bedingung vorkommenden Ereignisse eine positive Wahrscheinlichkeit besitzen.) Nach der Multiplikationsregel folgt hieraus das Bestehen der Gleichungen

$$\begin{aligned} \triangleright \quad P(A \cap B \cap C) &= P(A)\,P(B)\,P(C) \\ P(A \cap B) &= P(A)\,P(B) \\ P(A \cap C) &= P(A)\,P(C) \\ P(B \cap C) &= P(B)\,P(C)\,. \end{aligned}$$

Das Erfülltsein dieser vier Gleichungen wollen wir zur mathematischen Definition der Unabhängigkeit dreier Ereignisse A, B und C erheben, d. h., wir wollen drei Ereignisse A, B und C **unabhängig** (auch **vollständig unabhängig**) nennen, wenn die vier oben aufgeführten Gleichungen bestehen.
Hierbei ist insbesondere darauf hinzuweisen, daß aus der paarweisen Unabhängigkeit der Ereignisse A, B und C (d. h. aus der Unabhängigkeit der Ereignisse A und B, A und C und der Ereignisse B und C, d. h. aus dem Bestehen der Gleichungen $P(A \cap B) = P(A)\,P(B)$, $P(A \cap C) = P(A)\,P(C)$, $P(B \cap C) = P(B)\,P(C)$) nicht deren vollständige Unabhängigkeit (d. h. das Bestehen auch der Gleichung $P(A \cap B \cap C) = P(A)\,P(B)\,P(C)$) gefolgert werden kann.

□ BEISPIEL 5/6:

Wir würfeln einmal mit zwei Würfeln — die Würfel denken wir uns numeriert — und betrachten die folgenden Ereignisse:
A ... Die mit dem Würfel 1 gewürfelte Augenzahl ist ungerade.
B ... Die mit dem Würfel 2 gewürfelte Augenzahl ist gerade.
C ... Die gewürfelten Augenzahlen sind beide gerade oder beide ungerade.
Die möglichen Ergebnisse eines einmaligen Wurfes mit zwei Würfeln sind in Tabelle 5 zusammengestellt; jedes Ergebnis nehmen wir als gleichwahrscheinlich an.
Mit Hilfe dieser Tabelle bestätigen wir unter Verwendung der klassischen Definition der Wahrscheinlichkeit, daß

$$P(A) = P(B) = P(C) = \frac{18}{36} = \frac{1}{2} \quad \text{und}$$

$$P(A \cap B) = P(A \cap C) = P(B \cap C) = \frac{9}{36} = \frac{1}{4}$$

gelten. Insbesondere folgt also hieraus, daß die Ereignisse A, B und C paarweise unabhängig sind. Es gilt aber
$P(A \cap B \cap C) = 0$ und damit
$P(A \cap B \cap C) \neq P(A)\,P(B)\,P(C)$.

1	1	2	1	3	1	4	1	5	1	6	1
1	2	2	2	3	2	4	2	5	2	6	2
1	3	2	3	3	3	4	3	5	3	6	3
1	4	2	4	3	4	4	4	5	4	6	4
1	5	2	5	3	5	4	5	5	5	6	5
1	6	2	6	3	6	4	6	5	6	6	6

Tabelle 5

In Analogie zur Definition der Unabhängigkeit von drei zufälligen Ereignissen (↗ 86) definieren wir jetzt die Unabhängigkeit von n zufälligen Ereignissen.

⋈ DEFINITION
der Unabhängigkeit von n zufälligen Ereignissen:
Die n zufälligen Ereignisse $A_1, A_2, \ldots, A_n$ heißen **unabhängig** (auch **vollständig unabhängig**), wenn für jede Zahl $k \in \{2, 3, \ldots, n\}$ und beliebige Zahlen $i_1, i_2, \ldots, i_k$ mit $1 \leqq i_1 < i_2 < \cdots < i_k \leqq n$ die Beziehung gilt:
$P(A_{i_1} \cap A_{i_2} \cap \ldots \cap A_{i_k}) = P(A_{i_1})\, P(A_{i_2}) \ldots P(A_{i_k})$

Aus der (vollständigen) Unabhängigkeit der Ereignisse $A_1, A_2, \ldots, A_n$ folgt offensichtlich deren paarweise Unabhängigkeit, d. h., es folgt $P(A_i \cap A_j) = P(A_i)\, P(A_j)$ für $i \neq j$. Aus dem Beispiel 5/6 haben wir aber ersehen, daß aus der paarweisen Unabhängigkeit der Ereignisse $A_1, A_2, \ldots, A_n$ im allgemeinen nicht deren (vollständige) Unabhängigkeit folgt.
Bevor wir ein weiteres Beispiel durchrechnen und — bezugnehmend auf dieses Beispiel — eine sowohl theoretisch als auch praktisch sehr bedeutsame, auf der Unabhängigkeit von Ereignissen beruhende Formel ableiten wollen, geben wir zur Abrundung noch die Definition der Unabhängigkeit abzählbar-unendlich vieler zufälliger Ereignisse an.

⋈ DEFINITION
der Unabhängigkeit abzählbar-unendlich vieler zufälliger Ereignisse:
Die abzählbar-unendlich vielen zufälligen Ereignisse $A_1, A_2, \ldots$ heißen **unabhängig** (auch **vollständig unabhängig**), wenn für jede natürliche Zahl n die Ereignisse $A_1, A_2, \ldots, A_n$ (vollständig) unabhängig sind.

□ BEISPIEL 5/7:

Sechs Jäger sehen einen Fuchs aus gleicher Entfernung und schießen gleichzeitig auf ihn. Wir nehmen an, jeder von diesen Jägern treffe auf diese Entfernung gewöhnlich einen Fuchs mit einem von drei Schüssen. Wir berechnen die Wahrscheinlichkeit dafür, daß der Fuchs getroffen wird. Dazu führen wir die folgenden Ereignisse ein, wobei wir uns die Jäger numeriert denken.

A ... Der Fuchs wird getroffen.

A_i ... Der Jäger mit der Nummer i trifft den Fuchs.

Der Aufgabenstellung entnehmen wir $P(A_i) = \frac{1}{3}$ $(i = 1, 2, \ldots, 6)$; gesucht ist $P(A)$. Wegen $A = A_1 \cup A_2 \cup \ldots \cup A_6$ gilt $P(A) = P(A_1 \cup A_2 \cup \ldots \cup A_6)$. Die im Anschluß an Axiom 3 (↗ 64, Abschnitt 4.1.) bewiesene Formel ist hier nicht anwendbar, da die Ereignisse $A_1, A_2, \ldots, A_6$ nicht paarweise unvereinbar sind. (Alle sechs Jäger schießen gleichzeitig auf den Fuchs; der Fuchs kann von mehreren Jägern getroffen werden.) Eine Zerlegung des Ereignisses A in paarweise unvereinbare Ereignisse ist möglich, aber doch recht aufwendig. Daher beschreiten wir einen anderen Weg; wir berechnen zuerst die Wahrscheinlichkeit $P(\bar{A})$ des zu A entgegengesetzten Ereignisses $\bar{A}$. Das Ereignis $\bar{A}$ besteht darin, daß der Fuchs nicht getroffen wird, d. h., es tritt genau dann ein, wenn keiner der sechs Jäger den Fuchs trifft. Also gilt $\bar{A} = \bar{A}_1 \cap \bar{A}_2 \cap \ldots \cap \bar{A}_6$. (Man erhält diese Beziehung auch aus der obigen Darstellung für A unter Verwendung einer Formel, die wir im Abschnitt 1.3. (↗ 28) kennengelernt haben.) Wir erhalten somit $P(\bar{A}) = P(\bar{A}_1 \cap \bar{A}_2 \cap \ldots \cap \bar{A}_6)$. Da die Ereignisse $\bar{A}_1, \bar{A}_2, \ldots, \bar{A}_6$ offensichtlich vollständig unabhängig sind — z. B. ist das Ereignis, daß der Jäger 3 den Fuchs nicht trifft, unabhängig davon, ob die anderen Jäger den Fuchs treffen —, gilt

$P(\bar{A}) = P(\bar{A}_1)\, P(\bar{A}_2) \ldots P(\bar{A}_6)$. Wegen $P(A_i) = \frac{1}{3}$ erhalten wir

$P(\bar{A}_i) = 1 - \frac{1}{3} = \frac{2}{3}$ $(i = 1, 2, \ldots, 6)$, daraus

$P(\bar{A}) = \left(1 - \frac{1}{3}\right)^6 = \left(\frac{2}{3}\right)^6$ und schließlich

$P(A) = 1 - P(\bar{A}) = 1 - \left(1 - \frac{1}{3}\right)^6 = 1 - \left(\frac{2}{3}\right)^6 = \frac{665}{729} = 0{,}91\,.$

Wir wollen nun zeigen, daß mit der hier angegebenen Lösung auch die folgende praktisch wichtige Fragestellung der *Zuverlässigkeitstheorie* beantwortet werden kann.

Ein System bestehe aus n parallel geschalteten gleichartigen Elementen, die unabhängig voneinander sind (Bild 17).

Das System fällt genau dann aus, wenn alle Elemente ausfallen. Die Wahrscheinlichkeit dafür, daß das Element mit der Nummer i innerhalb eines bestimmten Zeitraumes (z. B. innerhalb eines Jahres) nicht ausfällt (Ereignis A_i), sei unabhängig von i, und zwar gleich p $(0 < p < 1)$. Wir berechnen die Wahrscheinlichkeit dafür, daß das System innerhalb des fixierten Zeitraumes nicht ausfällt (Ereignis A):

$$\begin{aligned} P(A) = 1 - P(\bar{A}) &= 1 - P(\bar{A}_1 \cap \bar{A}_2 \cap \ldots \cap \bar{A}_n) \\ &= 1 - P(\bar{A}_1)\, P(\bar{A}_2) \ldots P(\bar{A}_n) \\ &= 1 - (1 - p)^n \end{aligned}$$

(Die einzelnen Gleichungen sind genau so zu begründen wie in Beispiel 5/7.)

Hieraus erkennen wir, daß und wie sich die Zuverlässigkeit (d. i. die Wahrscheinlichkeit des Nichtausfallens im fixierten Zeitraum) des Systems in Abhängigkeit von der Zuverlässigkeit der Elemente und deren Anzahl ändert. Die Gleichung zeigt insbe-

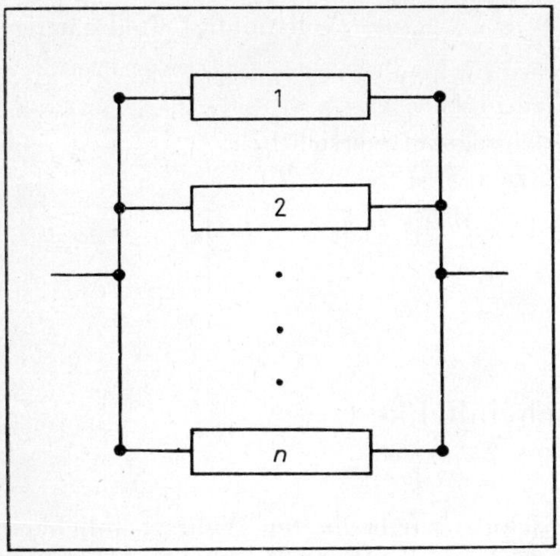

Bild 17

sondere, daß die Zuverlässigkeit eines Systems bei Vergrößerung der Anzahl n der Elemente wächst, und zwar konvergiert sie mit $n \to \infty$ (monoton) gegen Eins $\left(\lim\limits_{n\to\infty} P(A) = \lim\limits_{n\to\infty} [1 - (1-p)^n] = 1\right.$, denn wegen $0 < p < 1$ ist die Zahlenfolge $\{(1-p)^n\}$ eine Nullfolge$\left.\right)$, d. h., daß die Wahrscheinlichkeit des Nichtausfallens von mindestens einem Element dieses Systems mit $n \to \infty$ gegen Eins konvergiert, wenn die Wahrscheinlichkeit des Nichtausfallens eines Elements positiv ist.

Zum Abschluß dieser Betrachtungen wollen wir eine für das Verständnis des Wahrscheinlichkeitsbegriffs außerordentlich wichtige Aussage beweisen, die im Prinzip bereits in der eben durchgeführten Zuverlässigkeitsuntersuchung angedeutet ist.

Es sei A ein zufälliges Ereignis, das als Ergebnis eines bestimmten zufälligen Versuchs mit der positiven Wahrscheinlichkeit $P(A) = p$ $(p > 0)$ eintritt. Wir wiederholen diesen Versuch n-mal unabhängig voneinander und bezeichnen mit $p_n(A)$ die Wahrscheinlichkeit dafür, daß das Ereignis A in diesen n Versuchen mindestens einmal eintritt.

▷ BEHAUPTUNG:

Es gilt: $p_n(A) = 1 - (1-p)^n$

Diese Aussage beinhaltet wegen $\lim\limits_{n\to\infty} p_n(A) = 1$ insbesondere, daß die Wahrscheinlichkeit des mindestens einmaligen Eintretens von A in n unabhängigen Wiederholungen des zugehörigen Versuchs beliebig nahe an der Zahl Eins — der Wahrscheinlichkeit des sicheren Ereignisses — liegt, wenn man nur n genügend groß wählt und A positive Wahrscheinlichkeit besitzt.

BEWEIS:

Es bezeichne A_i das Ereignis, das im Eintreten von A in der i-ten Wiederholung des Versuchs besteht. Da die Wiederholungen voraussetzungsgemäß voneinander unabhängig durchgeführt werden, sind die Ereignisse $A_1, A_2, \ldots, A_n$ —

und damit auch die Ereignisse $\overline{A_1}, \overline{A_2}, \ldots, \overline{A_n}$ — (vollständig) unabhängig; außerdem gilt

$P(A_i) = P(A) = p$ und daher $P(\overline{A_i}) = P(\overline{A}) = 1 - p$ $(i = 1, 2, \ldots, n)$.

Alles Weitere ist aus der folgenden Gleichungskette ersichtlich:

$$\begin{aligned} p_n(A) &= P(A_1 \cup A_2 \cup \ldots \cup A_n) = 1 - P(\overline{A_1 \cup A_2 \cup \ldots \cup A_n}) \\ &= 1 - P(\overline{A_1} \cap \overline{A_2} \cap \ldots \cap \overline{A_n}) = 1 - P(\overline{A_1})\, P(\overline{A_2}) \ldots P(\overline{A_n}) \\ &= 1 - (1 - p)^n, \text{ w. z. b. w.} \end{aligned}$$

5.4. Die Formel der totalen Wahrscheinlichkeit

Wir kehren in diesem und dem folgenden Abschnitt zur bedingten Wahrscheinlichkeit und der daraus abgeleiteten Multiplikationsregel für die Wahrscheinlichkeit des Produkts von zufälligen Ereignissen zurück. Das Ziel dieser beiden Abschnitte besteht darin, zwei in den Anwendungen besonders häufig auftretende Probleme mit den genannten Hilfsmitteln zu formulieren und zu lösen.

Kennt man die Wahrscheinlichkeiten $P(A_i)$ der Ereignisse A_i eines vollständigen Systems von Ereignissen (↗ 25, Abschnitt 1.3.) und die bedingten Wahrscheinlichkeiten $P(B/A_i)$ eines Ereignisses B bezüglich der Ereignisse A_i $(i = 1, 2, \ldots, n)$, so kann man daraus die (unbedingte oder auch totale) Wahrscheinlichkeit $P(B)$ des Ereignisses B berechnen. Die Berechnungsformel dafür heißt die **Formel der totalen Wahrscheinlichkeit.** Bevor wir nun diese Formel herleiten, wollen wir ein Beispiel betrachten, in dem eine für die Anwendbarkeit dieser Formel typische Situation vorliegt. Außerdem wird uns dieses Beispiel auch den Weg zur Formel der totalen Wahrscheinlichkeit zeigen.

□ BEISPIEL 5/8:

In einer Stanzerei wird eine bestimmte Art von Stanzteilen auf drei Maschinen hergestellt. Die Maschine 1 produziert 20% der Gesamtproduktion, die Maschine 2 produziert 50% und die Maschine 3 demgemäß 30% der Gesamtproduktion. Es ist bekannt, daß die Maschine 1 1% Ausschuß, die Maschine 2 4% Ausschuß und die Maschine 3 5% Ausschuß produziert. Die insgesamt produzierten Teile werden in einem Lager gesammelt. Wir berechnen die Wahrscheinlichkeit dafür, daß ein im Lager zufällig ausgewähltes Teil ein Ausschußteil ist. Dazu führen wir die folgenden Ereignisse ein:

B ... Ein im Lager entnommenes Teil ist ein Ausschußteil.

A_i ... Ein im Lager entnommenes Teil wurde mit der Maschine i produziert $(i = 1, 2, 3)$.

(Wir bemerken, daß $A_1 \cup A_2 \cup A_3 = \Omega$ und $A_i \cap A_j = \varnothing$ für $i \neq j$ gilt.)

Es ist also die Zahl $P(B)$ zu ermitteln. Den obigen Angaben entnehmen wir die folgenden Wahrscheinlichkeiten:

$P(A_1) = 0{,}20$ $\quad P(A_2) = 0{,}50$ $\quad P(A_3) = 0{,}30$

$P(B/A_1) = 0{,}01$ $\quad P(B/A_2) = 0{,}04$ $\quad P(B/A_3) = 0{,}05$

Da jedes im Lager vorhandene Teil auf genau einer der drei Maschinen hergestellt wurde, tritt das Ereignis B mit genau einem der drei Ereignisse A_1, A_2 und A_3 ein. Das heißt, daß das Ereignis B als Summe dreier paarweise unvereinbarer Ereignisse darstellbar ist:

$B = (B \cap A_1) \cup (B \cap A_2) \cup (B \cap A_3)$

Demzufolge gilt (↗ 64, Abschnitt 4.1., Folgerung aus Axiom 3)

$P(B) = P(B \cap A_1) + P(B \cap A_2) + P(B \cap A_3)$.

Durch Anwendung der Multiplikationsregel erhalten wir hieraus

$$\begin{aligned} P(B) &= P(B/A_1)\,P(A_1) + P(B/A_2)\,P(A_2) + P(B/A_3)\,P(A_3) \\ &= 0{,}01 \cdot 0{,}20 \quad + 0{,}04 \cdot 0{,}50 \quad + 0{,}05 \cdot 0{,}30 \\ &= 0{,}037\,. \end{aligned}$$

Die Wahrscheinlichkeit dafür, daß ein im Lager zufällig ausgewähltes Stanzteil ein Ausschußteil ist, ist also gleich 0,037, d. h., 3,7% der im Lager befindlichen Stanzteile sind Ausschußteile.

Die in dem eben behandelten Beispiel zur Berechnung der Wahrscheinlichkeit $P(B)$ verwendete Formel ist ein Spezialfall der Formel der totalen Wahrscheinlichkeit. Wir beschreiben nun die allgemeine Situation, die die Anwendung dieser Formel ermöglicht.

▷ FORMEL der totalen Wahrscheinlichkeit:

Es bezeichne $\mathfrak{E}$ das einem zufälligen Versuch zugeordnete Ereignisfeld. Weiter seien $A_1, A_2, \ldots, A_n$ ($\in \mathfrak{E}$) paarweise unvereinbare Ereignisse (mit den positiven Wahrscheinlichkeiten $P(A_1), P(A_2), \ldots, P(A_n)$), deren Summe das sichere Ereignis ist. (Diese Eigenschaften beinhalten insbesondere, daß die Menge $\{A_1, \ldots, A_n\}$ ein vollständiges System von Ereignissen ist, d. h., daß bei Durchführung des Versuchs genau eines der Ereignisse $A_1, A_2, \ldots, A_n$ eintritt.)

Ist nun B ($\in \mathfrak{E}$) ein zufälliges Ereignis, so ergibt sich dessen (unbedingte oder totale) Wahrscheinlichkeit $P(B)$ aus den bedingten Wahrscheinlichkeiten $P(B/A_1)$, $P(B/A_2), \ldots, P(B/A_n)$ des Ereignisses B bezüglich der Ereignisse $A_1, A_2, \ldots, A_n$ nach der Formel

$$P(B) = P(B/A_1)\,P(A_1) + P(B/A_2)\,P(A_2) + \ldots + P(B/A_n)\,P(A_n)$$

oder kürzer:

$$P(B) = \sum_{i=1}^{n} P(B/A_i)\,P(A_i) \quad \textbf{(Formel der totalen Wahrscheinlichkeit)}$$

BEWEIS:

Das Ereignis B tritt — entsprechend den Voraussetzungen über die Ereignisse $A_1, A_2, \ldots, A_n$ — mit genau einem dieser Ereignisse ein. Dies bedeutet, daß das Ereignis B als Summe von n paarweise unvereinbaren Ereignissen darstellbar ist (Bild 18):

$B = (B \cap A_1) \cup (B \cap A_2) \cup \ldots \cup (B \cap A_n)$

Demzufolge gilt (↗ 64, Abschnitt 4.1., Folgerung aus Axiom 3)

$P(B) = P(B \cap A_1) + P(B \cap A_2) + \ldots + P(B \cap A_n)$.

Durch Anwendung der Multiplikationsregel erhalten wir schließlich

$P(B) = P(B/A_1)\,P(A_1) + P(B/A_2)\,P(A_2) + \ldots + P(B/A_n)\,P(A_n)$, **w. z. b. w.**

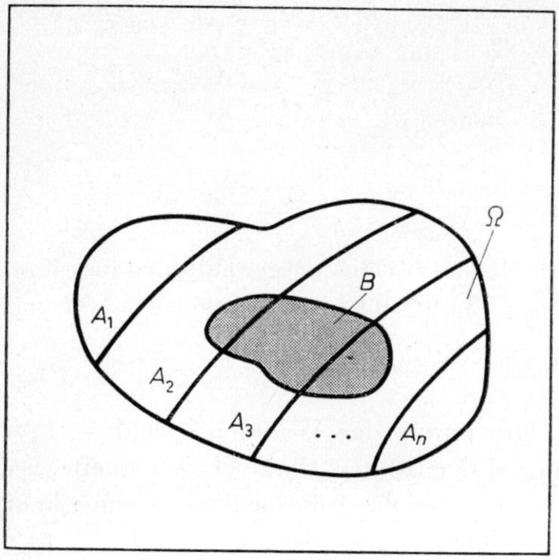

Bild 18

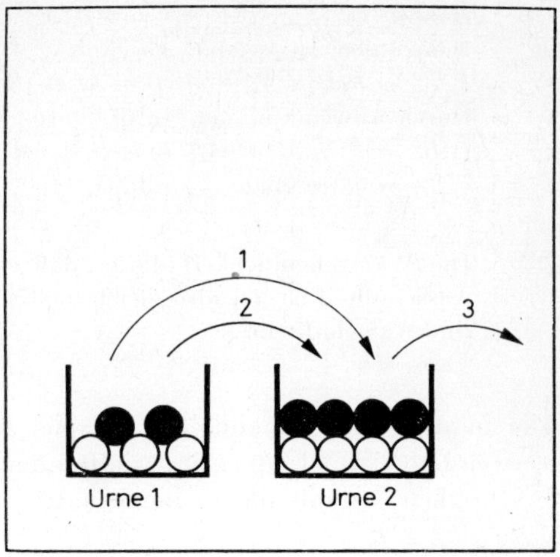

Bild 19

Abschließend betrachten wir noch ein weiteres Beispiel.

□ BEISPIEL 5/9:

Aus einer Urne, die drei weiße und zwei schwarze Kugeln enthält, werden zufällig zwei Kugeln herausgegriffen und in eine zweite Urne gelegt, in der sich bereits vier weiße und vier schwarze Kugeln befinden. Wir berechnen die Wahrscheinlichkeit dafür, daß eine danach aus der zweiten Urne zufällig entnommene Kugel weiß ist (Ereignis W).
Die Kugelentnahmen aus Urne 1 können wir uns auch als zeitlich nacheinander durchgeführt denken, wobei natürlich die zuerst entnommene Kugel nicht zurückgelegt wird. Wir führen die folgenden Ereignisse ein:

W_1 ... Die bei der ersten Kugelentnahme aus Urne 1 entnommene Kugel ist weiß.
W_2 ... Die bei der zweiten Kugelentnahme aus Urne 1 entnommene Kugel ist weiß.
S_1 ... Die bei der ersten Kugelentnahme aus Urne 1 entnommene Kugel ist schwarz. (Es gilt $S_1 = \overline{W_1}$)
S_2 ... Die bei der zweiten Kugelentnahme aus Urne 1 entnommene Kugel ist schwarz. (Es gilt $S_2 = \overline{W_2}$)

Das Ereignis W findet mit genau einem der Ereignisse A_1, A_2, A_3, A_4 statt, wobei
$A_1 = W_1 \cap W_2$,
$A_2 = W_1 \cap S_2$,
$A_3 = S_1 \cap W_2$,
$A_4 = S_1 \cap S_2$
und offenbar
$A_1 \cup A_2 \cup A_3 \cup A_4 = \Omega$, $\qquad A_i \cap A_j = \emptyset \qquad$ für $\quad i \neq j$
gilt.
Nach der Formel der totalen Wahrscheinlichkeit ergibt sich also
$P(W) = P(W/A_1)\,P(A_1) + P(W/A_2)\,P(A_2) + P(W/A_3)\,P(A_3) + P(W/A_4)\,P(A_4)$.
Die auf der rechten Seite vorkommenden Wahrscheinlichkeiten berechnen wir nach der klassischen Definition der Wahrscheinlichkeit (Bild 19) und unter Verwendung der Multiplikationsregel. Es ergibt sich:

$P(W/A_1) = \frac{6}{10}, \quad P(A_1) = P(W_1 \cap W_2) = P(W_2/W_1)\, P(W_1) = \frac{2}{4} \cdot \frac{3}{5} = \frac{3}{10}$

$P(W/A_2) = \frac{5}{10}, \quad P(A_2) = P(W_1 \cap S_2) = P(S_2/W_1)\, P(W_1) = \frac{2}{4} \cdot \frac{3}{5} = \frac{3}{10}$

$P(W/A_3) = \frac{5}{10}, \quad P(A_3) = P(S_1 \cap W_2) = P(W_2/S_1)\, P(S_1) = \frac{3}{4} \cdot \frac{2}{5} = \frac{3}{10}$

$P(W/A_4) = \frac{4}{10}, \quad P(A_4) = P(S_1 \cap S_2) = P(S_2/S_1)\, P(S_1) = \frac{1}{4} \cdot \frac{2}{5} = \frac{1}{10}$

Daraus folgt schließlich:

$$P(W) = \frac{6}{10} \cdot \frac{3}{10} + \frac{5}{10} \cdot \frac{3}{10} + \frac{5}{10} \cdot \frac{3}{10} + \frac{4}{10} \cdot \frac{1}{10} = \frac{52}{100} = 0{,}52$$

Wir wollen noch einen etwas anderen Lösungsweg skizzieren, der vielleicht sogar naheliegender erscheint. Dazu führen wir die folgenden Ereignisse ein:

A_1' ... Die zwei aus Urne 1 entnommenen Kugeln sind weiß.

A_2' ... Von den zwei aus Urne 1 entnommenen Kugeln ist die eine weiß und die andere schwarz.

A_3' ... Die zwei aus Urne 1 entnommenen Kugeln sind schwarz.

Zwischen diesen Ereignissen und den zuerst eingeführten Ereignissen A_i ($i = 1, 2, 3, 4$) bestehen die Beziehungen

$$A_1' = A_1, \qquad A_2' = A_2 \cup A_3 \quad (\text{mit } A_2 \cap A_3 = \emptyset), \qquad A_3' = A_4 .$$

Man rechnet nun unter Verwendung oben angegebener Wahrscheinlichkeiten leicht nach, daß gilt:

$P(W/A_1') = \frac{6}{10}, \quad P(A_1') = P(A_1) = \frac{3}{10}$

$P(W/A_2') = \frac{5}{10}, \quad P(A_2') = P(A_2 \cup A_3) = P(A_2) + P(A_3) = \frac{6}{10}$

$P(W/A_3') = \frac{4}{10}, \quad P(A_3') = P(A_4) = \frac{1}{10}$

Wegen $A_1' \cup A_2' \cup A_3' = \Omega$ und $A_i' \cap A_j' = \emptyset$ für $i \neq j$ ist auch hier die Formel der totalen Wahrscheinlichkeit anwendbar und wir erhalten

$$P(W) = P(W/A_1')\, P(A_1') + P(W/A_2')\, P(A_2') + P(W/A_3')\, P(A_3'),$$

woraus wiederum $P(W) = 0{,}52$ folgt.

5.5. Die BAYESsche Formel

Sind A und B zufällige Ereignisse mit den positiven Wahrscheinlichkeiten $P(A)$ und $P(B)$, so kann man neben diesen Wahrscheinlichkeiten die bedingten Wahrscheinlichkeiten $P(A/B)$ und $P(B/A)$ betrachten. Nach der im Abschnitt 5.2. (↗ 80) aus der Definition der bedingten Wahrscheinlichkeit hergeleiteten Multiplikationsregel besteht der Zusammenhang

$$\frac{P(A/B)}{P(A)} = \frac{P(B/A)}{P(B)},$$

den wir im Hinblick auf die Aufgabenstellung dieses Abschnitts in der Form

$$P(A/B) = \frac{P(B/A)\, P(A)}{P(B)}$$

ausdrücken wollen. Kennt man also die Wahrscheinlichkeiten $P(A)$, $P(B)$ und die bedingte Wahrscheinlichkeit $P(B/A)$ von B bezüglich A, so kann man daraus die bedingte Wahrscheinlichkeit $P(A/B)$ von B bezüglich A berechnen. Diese einfache Beziehung ist die wesentliche Grundlage der **BAYESschen Formel**, die in den Anwendungen eine außerordentlich große Rolle spielt. Diese Formel gibt nämlich die Möglichkeit, aus den Wahrscheinlichkeiten $P(A_i)$ eines vollständigen Systems von Ereignissen A_i und den bedingten Wahrscheinlichkeiten $P(B/A_i)$ eines Ereignisses B bezüglich der Ereignisse A_i ($i = 1, \ldots, n$) die bedingten Wahrscheinlichkeiten $P(A_k/B)$ der Ereignisse A_k bezüglich B ($k = 1, \ldots, n$) zu berechnen. Bevor wir diese Formel herleiten, wollen wir wieder ein Beispiel betrachten, in dem eine für die Anwendbarkeit dieser Formel typische Situation vorliegt.

□ BEISPIEL 5/10:

Ausgehend von der im Beispiel 5/8 (↗ 90) geschilderten Situation berechnen wir die Wahrscheinlichkeit dafür, daß ein im Lager zufällig ausgewähltes Ausschußteil von der Maschine k produziert wurde ($k = 1, 2, 3$). Behalten wir die oben eingeführten Ereignisse und deren Bezeichnung bei, so sind also aus den Wahrscheinlichkeiten $P(A_i)$ und den bedingten Wahrscheinlichkeiten $P(B/A_i)$ des Ereignisses B bezüglich der Ereignisse A_i ($i = 1, 2, 3$) die bedingten Wahrscheinlichkeiten $P(A_k/B)$ von A_k bezüglich B zu berechnen ($k = 1, 2, 3$). Nach der oben angegebenen Beziehung (↗ 93) erhalten wir

$$P(A_k/B) = \frac{P(B/A_k)\,P(A_k)}{P(B)}$$

und mittels der Formel der totalen Wahrscheinlichkeit (↗ 91) schließlich

$$P(A_k/B) = \frac{P(B/A_k)\,P(A_k)}{\sum\limits_{i=1}^{3} P(B/A_i)\,P(A_i)} \qquad (k = 1, 2, 3)\,.$$

Setzen wir die gegebenen Zahlen ein, so ergibt sich unter Verwendung der im Beispiel 5/8 (↗ 91) berechneten Wahrscheinlichkeit $P(B) = 0{,}037$:

$$P(A_1/B) = \frac{0{,}01 \cdot 0{,}20}{0{,}037} = \frac{2}{37} = 0{,}05$$

$$P(A_2/B) = \frac{0{,}04 \cdot 0{,}50}{0{,}037} = \frac{20}{37} = 0{,}54$$

$$P(A_3/B) = \frac{0{,}05 \cdot 0{,}30}{0{,}037} = \frac{15}{37} = 0{,}41$$

Wir sehen, daß ein im Lager zufällig ausgewähltes Ausschußteil mit der größten Wahrscheinlichkeit von der Maschine 2 produziert wurde (und nicht von der Maschine 3, bei der die Wahrscheinlichkeit, ein Ausschußteil zu produzieren, am größten ist). Dies liegt auch am relativ hohen Anteil der Maschine 2 an der Gesamtproduktion.

Die in dem eben durchgerechneten Beispiel zur Ermittlung der bedingten Wahrscheinlichkeiten $P(A_k/B)$ ($k = 1, 2, 3$) verwendete Formel ist ein Spezialfall der BAYESschen Formel, die wir nun allgemein behandeln wollen.

▷ BAYESsche Formel:

Es bezeichne $\mathfrak{E}$ das einem zufälligen Versuch zugeordnete Ereignisfeld. Weiter seien $A_1, A_2, \ldots, A_n$ ($\in \mathfrak{E}$) paarweise unvereinbare Ereignisse mit den positiven Wahrscheinlichkeiten $P(A_1), P(A_2), \ldots, P(A_n)$, deren Summe das sichere Ereignis ist. (Dies bedeutet insbesondere — wie schon mehrfach erörtert —, daß bei Durchführung des Versuchs genau eines der Ereignisse A_i eintritt.) Ist nun B ($\in \mathfrak{E}$) ein Ereignis positiver Wahrscheinlichkeit, so ergeben sich die bedingten Wahrscheinlichkeiten $P(A_k/B)$ der Ereignisse A_k bezüglich dieses Ereignisses B ($k = 1, 2, \ldots, n$) aus den (unbedingten) Wahrscheinlichkeiten $P(A_i)$ und den bedingten Wahrscheinlichkeiten $P(B/A_i)$ des Ereignisses B bezüglich der Ereignisse A_i ($i = 1, 2, \ldots, n$) nach der Formel

$$P(A_k/B) = \frac{P(B/A_k)\, P(A_k)}{\sum\limits_{i=1}^{n} P(B/A_i)\, P(A_i)} \quad (k = 1, 2, \ldots, n) \quad \textbf{(BAYESsche Formel)}$$

BEWEIS:

Es gilt:

$$P(A_k/B) = \frac{P(B/A_k)\, P(A_k)}{P(B)} \quad (k = 1, 2, \ldots, n)$$

Da die Voraussetzungen zur Anwendung der Formel der totalen Wahrscheinlichkeit erfüllt sind, können wir die Wahrscheinlichkeit $P(B)$ des Ereignisses B nach der Formel $P(B) = \sum\limits_{i=1}^{n} P(B/A_i)\, P(A_i)$ berechnen und erhalten somit insgesamt

$$P(A_k/B) = \frac{P(B/A_k)\, P(A_k)}{\sum\limits_{i=1}^{n} P(B/A_i)\, P(A_i)} \quad (k = 1, 2, \ldots, n)\,, \text{ w. z. b. w.}$$

Wir wollen die besondere Bedeutung des eben bewiesenen Sachverhalts noch etwas begründen. Bei Durchführung der hier betrachteten zufälligen Versuche tritt genau eines der Ereignisse $A_1, A_2, \ldots, A_n$ ein. Dabei stellen wir uns vor, daß eine direkte Beobachtung des Versuchs hinsichtlich der Ereignisse $A_1, A_2, \ldots, A_n$ nicht möglich ist, während die Wahrscheinlichkeiten dieser Ereignisse bekannt — d. h. berechenbar — sein sollen. In diesem Zusammenhang bezeichnet man die Wahrscheinlichkeiten $P(A_1), \ldots, P(A_n)$ auch als **a-priori-Wahrscheinlichkeiten.** Beobachtet man nun bei Durchführung des Versuchs das Ereignis B, so ist man bestrebt, diese Information bei der Entscheidungsfindung darüber, welches der Ereignisse $A_1, \ldots, A_n$ eingetreten ist, zu verwenden. Dazu wird man die bedingten Wahrscheinlichkeiten $P(A_k/B)$ der Ereignisse A_k bezüglich dieses Ereignisses B nach der BAYESschen Formel berechnen — in diesem Zusammenhang pflegt man die Wahrscheinlichkeiten $P(A_1/B), \ldots, P(A_n/B)$ als **a-posteriori-Wahrscheinlichkeiten** zu bezeichnen — und z. B. folgendermaßen entscheiden: Ist B eingetreten, so ist dasjenige Ereignis unter den Ereignissen $A_1, \ldots, A_n$ eingetreten, das unter dieser Bedingung die größte Wahrscheinlichkeit hat. (Selbstverständlich ist diese Entscheidung mit einem Fehler behaftet; man kann aber zeigen, daß jede andere Entscheidungsregel einen größeren Fehler besitzt.)
Abschließend betrachten wir auch hier noch ein weiteres Beispiel.

□ BEISPIEL 5/11:

Ausgehend von der im Beispiel 5/9 (↗ 92) geschilderten Situation wollen wir — unter der Voraussetzung, daß die aus Urne 2 zufällig entnommene Kugel eine weiße Kugel ist — einschätzen, ob aus Urne 1 zwei weiße, eine weiße und eine schwarze oder zwei schwarze Kugeln vorher in die Urne 2 gebracht worden sind. Behalten wir die eingeführten Ereignisse und deren Bezeichnung bei, so werden wir dazu die bedingten Wahrscheinlichkeiten $P(A'_k/W)$ der Ereignisse A'_k bezüglich W berechnen ($k = 1, 2, 3$):

$$P(A'_1/W) = \frac{P(W/A'_1)\,P(A'_1)}{P(W)} = \frac{6 \cdot 3}{52} = \frac{18}{52}$$

$$P(A'_2/W) = \frac{P(W/A'_2)\,P(A'_2)}{P(W)} = \frac{5 \cdot 6}{52} = \frac{30}{52}$$

$$P(A'_3/W) = \frac{P(W/A'_3)\,P(A'_3)}{P(W)} = \frac{4 \cdot 1}{52} = \frac{4}{52}$$

Entsprechend der im Anschluß an die BAYESsche Formel angedeuteten Entscheidungsregel (↗ 95) würden wir annehmen, daß eine weiße und eine schwarze Kugel (und nicht etwa zwei weiße Kugeln) aus Urne 1 in Urne 2 gebracht worden sind, da dieses Ereignis unter der gegebenen Bedingung — Ziehen einer weißen Kugel aus Urne 2 — die größte Wahrscheinlichkeit hat. Die anschließend behandelte Erweiterung der Fragestellung wird uns dieses Ergebnis noch etwas erklären.

Wir erweitern die Fragestellung dahingehend, daß die *Reihenfolge* der Kugelentnahmen aus Urne 1 mit zu berücksichtigen ist, d. h., es ist — wiederum unter der Voraussetzung, daß die aus Urne 2 zufällig entnommene Kugel eine weiße Kugel ist — einzuschätzen, ob aus Urne 1 zwei weiße, erst eine weiße und dann eine schwarze, erst eine schwarze und dann eine weiße oder zwei schwarze Kugeln in die Urne 2 gebracht worden sind. Dazu berechnen wir die bedingten Wahrscheinlichkeiten der Ereignisse A_k bezüglich W ($k = 1, 2, 3, 4$):

$$P(A_1/W) = \frac{P(W/A_1)\,P(A_1)}{P(W)} = \frac{6 \cdot 3}{52} = \frac{18}{52}$$

$$P(A_2/W) = \frac{P(W/A_2)\,P(A_2)}{P(W)} = \frac{5 \cdot 3}{52} = \frac{15}{52}$$

$$P(A_3/W) = \frac{P(W/A_3)\,P(A_3)}{P(W)} = \frac{5 \cdot 3}{52} = \frac{15}{52}$$

$$P(A_4/W) = \frac{P(W/A_4)\,P(A_4)}{P(W)} = \frac{4 \cdot 1}{52} = \frac{4}{52}$$

Entsprechend der oben verwendeten Entscheidungsregel würden wir jetzt annehmen, daß zwei weiße Kugeln aus Urne 1 in Urne 2 gebracht worden sind, da dieses Ereignis unter der gegebenen Bedingung — Ziehen einer weißen Kugel aus Urne 2 — die größte Wahrscheinlichkeit hat.

5.6. Aufgaben

1. Wie groß ist die Wahrscheinlichkeit dafür, daß bei zweimaligem zufälligen Ziehen einer Karte aus einem Skatblatt (32 Karten, 4 Asse)
   a) mit Zurücklegen der ersten Karte,
   b) ohne Zurücklegen der ersten Karte
   zwei Asse erhalten werden?

2. Die Wahrscheinlichkeit dafür, daß ein Sportler sein schon erzieltes Resultat mit einem weiteren Versuch noch verbessern kann, sei gleich p. Man berechne die Wahrscheinlichkeit dafür, daß dieser Sportler bei einem Wettkampf seine Leistung verbessert, wenn man zwei weitere Versuche gestattet.

3. In der Zuverlässigkeitstheorie heißt ein System von Bauelementen eine Reihen- bzw. Parallelschaltung, wenn das System genau dann ausfällt, wenn wenigstens ein Bauelement ausfällt bzw. alle Bauelemente ausfallen.
   Gegeben seien drei Bauelemente B_1, B_2, B_3, die unabhängig voneinander ausfallen können. Ihre Ausfallwahrscheinlichkeiten (in einem festen Zeitraum) betragen $p_1 = 0{,}02$, $p_2 = 0{,}05$, $p_3 = 0{,}10$. Wie groß ist die Ausfallwahrscheinlichkeit des aus B_1, B_2, B_3 gebildeten Systems, wenn diese
   a) eine Reihenschaltung, b) eine Parallelschaltung bilden?

4. Wie groß ist die Wahrscheinlichkeit p dafür, daß mit zehn Schüssen aus einem eingespannten Gewehr ein gegebenes Ziel mindestens einmal getroffen wird, wenn die Wahrscheinlichkeit eines Treffers bei jedem Schuß $\frac{1}{10}$ beträgt?

5. Eines von drei Gewehren wird zufällig ausgewählt und abgefeuert. Die Wahrscheinlichkeit, ein bestimmtes Ziel mit dem ersten, zweiten bzw. dritten Gewehr zu treffen, beträgt $\frac{3}{4}$, $\frac{17}{20}$ bzw. $\frac{1}{20}$.
   a) Mit welcher Wahrscheinlichkeit wird das Ziel getroffen?
   b) Unter der Annahme, daß das Ziel getroffen wurde, bestimme man die Wahrscheinlichkeit dafür, daß das erste, zweite bzw. dritte Gewehr verwendet wurde.

6. Für vier Fernsehgeräte seien die Wahrscheinlichkeiten dafür, daß sie die Garantiezeit ohne Reparatur überstehen, gegeben durch 0,80, 0,85, 0,90 und 0,95. Wie groß ist die Wahrscheinlichkeit dafür, daß ein aus diesen zufällig ausgewähltes Fernsehgerät in der Garantiezeit nicht repariert werden muß?

7. Die Zuverlässigkeit einer Tuberkulose-Röntgen-Untersuchung sei durch folgende Angaben gekennzeichnet:
   90% der Tbc-kranken Personen werden durch Röntgen entdeckt,
   99% der Tbc-freien Personen werden als solche erkannt.
   Aus einer großen Bevölkerung, von der nur 0,1% Tbc-krank sind, wird nun eine zufällig herausgegriffene Person geröntgt und als Tbc-verdächtig eingestuft. Wie groß ist die Wahrscheinlichkeit dafür, daß diese Person wirklich Tbc-krank ist?

[illegible]

[illegible]

[illegible]

[illegible]

[illegible]

[illegible]

[illegible]

[illegible]

[illegible]

[illegible]

[illegible]

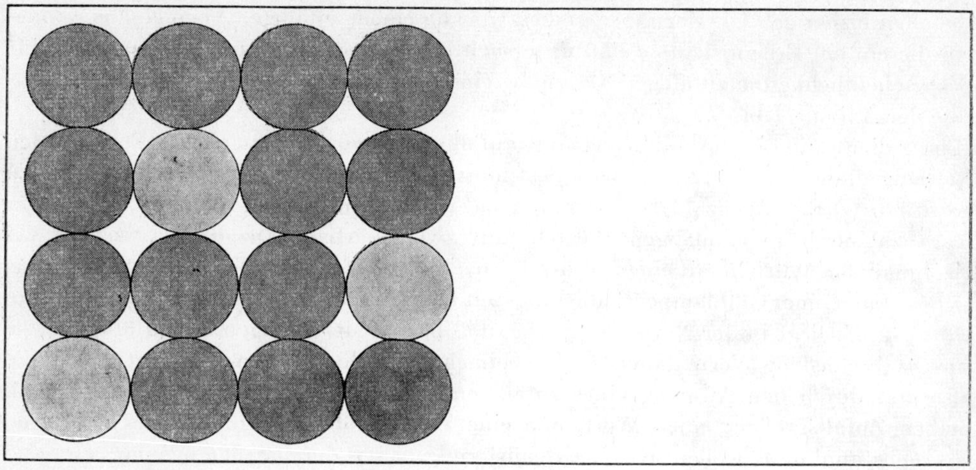

Teil II

Zufallsgrößen
und deren Wahrscheinlichkeitsverteilung

Bei allen bisherigen Überlegungen gingen wir von einem zufälligen Versuch aus, ordneten diesem ein Ereignisfeld zu und untersuchten Eigenschaften und Rechenregeln für Wahrscheinlichkeiten zufälliger Ereignisse eines solchen Ereignisfeldes auf der Grundlage der Axiome 1 bis 4.

Häufig dient nun die Durchführung eines zufälligen Versuchs dazu, einen erst durch den Ausgang dieses zufälligen Versuchs bestimmten zahlenmäßigen Wert einer Größe zu ermitteln (z. B. Augenzahl beim einmaligen Würfeln mit einem Würfel, Summe der Augenzahlen beim einmaligen Würfeln mit zwei Würfeln, Anzahl der Sechsen bei zwölfmaligem Würfeln mit einem Würfel, Anzahl der Ausschußteile in einer Stichprobe, Lebensdauer einer Glühlampe, Bedienungszeit beim Frisör, Druckfestigkeit eines Betonwürfels). Es liegt in der Natur der Sache, daß bei Wiederholungen des zufälligen Versuchs verschiedene Werte dieser Größe beobachtet werden können. Solche Größen, die also erst durch den Ausgang eines zufälligen Versuchs zahlenmäßig festgelegt sind, heißen **Zufallsgrößen**; einen Wert, den eine Zufallsgröße im Ablauf eines zufälligen Versuchs annimmt, wollen wir eine **Realisierung dieser Zufallsgröße** nennen.

Wir vereinbaren, Zufallsgrößen stets mit großen lateinischen Buchstaben — vorzugsweise mit den Buchstaben X, Y, Z — zu bezeichnen, die wir gegebenenfalls indizieren; hingegen wollen wir Realisierungen von Zufallsgrößen mit den entsprechenden kleinen lateinischen Buchstaben bezeichnen.

Die wahrscheinlichkeitstheoretische Beschreibung und Untersuchung von Zufallsgrößen und — im Zusammenhang damit — die mathematische Formulierung und Erkenntnis weiterer Gesetzmäßigkeiten zufälliger Erscheinungen sind die Hauptanliegen des zweiten Teils dieses Buches.

Bevor wir uns aber diesen Punkten zuwenden, wollen wir noch einige allgemeine Betrachtungen über Zufallsgrößen durchführen.

Ein äußeres Kennzeichen einer jeden Zufallsgröße ist die Menge der Werte, die sie annehmen kann; welchen ihrer Werte sie bei Durchführung eines entsprechenden zufälligen Versuchs annehmen wird, kann nicht mit Bestimmtheit vorausgesagt werden. Nun besitzt auf Grund von Axiom 1 jedes zufällige Ereignis A eine gewisse wohlbestimmte Wahrscheinlichkeit $P(A)$. Betrachten wir speziell das Ereignis, das darin besteht, daß eine Zufallsgröße X einen Wert aus dem abgeschlossenen Intervall $[a, b]$ von a bis b (a, b reelle Zahlen mit $a \leqq b$) annimmt, so besitzt somit auch dieses zufällige Ereignis — wir schreiben es in der Form $(a \leqq X \leqq b)$ — eine wohlbestimmte Wahrscheinlichkeit, die wir mit $P(a \leqq X \leqq b)$ bezeichnen wollen. Zur vollständigen wahrscheinlichkeitstheoretischen Charakterisierung einer Zufallsgröße X gehört somit neben der Kenntnis der Werte, die die Zufallsgröße X annehmen kann, die Kenntnis aller Wahrscheinlichkeiten $P(a \leqq X \leqq b)$ (a, b reell, $a \leqq b$), d. h., die Kenntnis der sogenannten **Wahrscheinlichkeitsverteilung** (kurz: **Verteilung**) der Zufallsgröße X. Die Wahrscheinlichkeitsverteilung einer Zufallsgröße gibt uns also — grob gesprochen — an, wie die Gesamtwahrscheinlichkeitsmasse Eins auf der Zahlengeraden — dem Wertevorrat der Zufallsgröße — verteilt ist; genauer gesagt, sie gibt uns an, wie groß die Wahrscheinlichkeit des Hineinfallens der Zufallsgröße in das abgeschlossene Intervall $[a, b]$ für beliebige reelle Zahlen a und b mit $a \leqq b$ ist. In diesem Zusammenhang bringen wir noch folgende Definition.

⋈ DEFINITION:

Sind die Wahrscheinlichkeitsverteilungen zweier Zufallsgrößen X und Y gleich in dem Sinne, daß für beliebige Zahlen a und b mit $a \leqq b$ die Gleichung

$P(a \leqq X \leqq b) = P(a \leqq Y \leqq b)$

gilt, so heißen die Zufallsgrößen X und Y **identisch verteilt.**

(Wir weisen ausdrücklich darauf hin, daß hieraus im allgemeinen nicht $X = Y$ folgt; ↗ 109, Abschnitt 6.1.)

Eine entsprechende Definition gilt für den Fall von mehr als zwei Zufallsgrößen.

Zwei auch für die Anwendungen besonders wichtige Formen der mathematischen Kennzeichnung einer Wahrscheinlichkeitsverteilung besprechen wir ausführlich in den Kapiteln 6 (↗ 103) und 8 (↗ 133), die Kapitel 7 (↗ 159) und 9 (↗ 174) enthalten hierzu Beispiele. Dabei behandeln wir auch die für beliebige Zufallsgrößen anwendbare Methode der Kennzeichnung der Wahrscheinlichkeitsverteilung einer Zufallsgröße durch die sogenannte **Verteilungsfunktion** und besprechen insbesondere zwei wichtige Kenngrößen — **Erwartungswert** und **Streuung** — einer Zufallsgröße.

Bei der Formulierung wichtiger Gesetzmäßigkeiten zufälliger Erscheinungen spielt ein weiterer Begriff eine große Rolle, nämlich der Begriff der **Unabhängigkeit von Zufallsgrößen.** Inhaltlich liegt eine Unabhängigkeit zweier Zufallsgrößen dann vor, wenn das Hineinfallen der einen Zufallsgröße in ein bestimmtes Intervall auf die Wahrscheinlichkeitsverteilung der anderen Zufallsgröße keinerlei Einfluß hat. (*Beispiel für unabhängige Zufallsgrößen*: Wurf mit zwei Spielwürfeln, X ... zufällige Augenzahl auf dem einen Würfel, Y ... zufällige Augenzahl auf dem anderen Würfel; *Beispiel für nicht unabhängige Zufallsgrößen*: X ... Körpergröße eines Menschen, Y ... Körpergewicht eines Menschen.) Die mathematische Definition der Unabhängigkeit von Zufallsgrößen, die wir nun angeben wollen, erfolgt durch Zurückführung auf den ausführlich im Abschnitt 5.3. behandelten Begriff der Unabhängigkeit von zufälligen Ereignissen (↗ 83).

⋈ DEFINITION der Unabhängigkeit von Zufallsgrößen:

Zwei Zufallsgrößen X und Y heißen **unabhängig**, wenn für beliebige reelle Zahlen a, b, c, d mit $a \leqq b$ und $c \leqq d$ die zufälligen Ereignisse

$(a \leqq X \leqq b)$ und

$(c \leqq Y \leqq d)$ unabhängig sind, d. h., wenn gilt:

$P\big((a \leqq X \leqq b) \cap (c \leqq Y \leqq d)\big) = P(a \leqq X \leqq b)\, P(c \leqq Y \leqq d)$

Bemerkung: Im Abschnitt 6.1. (↗ 108) werden wir uns mit diesem Begriff für den Fall sogenannter *diskreter* Zufallsgrößen noch ausführlicher beschäftigen.

In Erweiterung dieser Definition wollen wir die Zufallsgrößen $X_1, X_2, \ldots, X_n$ unabhängig (auch **vollständig unabhängig**) nennen, wenn für beliebige reelle Zahlen $a_1, b_1, a_2, b_2, \ldots, a_n, b_n$ mit $a_i \leqq b_i$ $(i = 1, 2, \ldots, n)$ die Beziehung

$$P\big((a_1 \leqq X_1 \leqq b_1) \cap \ldots \cap (a_n \leqq X_n \leqq b_n)\big) = P(a_1 \leqq X_1 \leqq b_1) \ldots P(a_n \leqq X_n \leqq b_n)$$

gilt. Aus der (vollständigen) Unabhängigkeit von Zufallsgrößen folgt deren paarweise Unabhängigkeit; hingegen folgt aus der paarweisen Unabhängigkeit von Zufallsgrößen im allgemeinen nicht deren (vollständige) Unabhängigkeit (vgl. dazu den entsprechenden

Sachverhalt bei zufälligen Ereignissen im Abschnitt 5.3., ↗ 86). Daher verwendet man die Bezeichnung „vollständig unabhängig" immer dann, wenn besonders darauf hingewiesen werden soll, daß nicht nur eine paarweise Unabhängigkeit vorliegt.

Bei der Formulierung von sogenannten Grenzwertsätzen benötigen wir schließlich noch den Begriff der **Unabhängigkeit einer Folge von Zufallsgrößen**. Wir nennen eine Folge $X_1, X_2, \ldots$ von Zufallsgrößen eine Folge unabhängiger Zufallsgrößen, wenn für jede natürliche Zahl $n \geqq 2$ die Zufallsgrößen $X_1, X_2, \ldots, X_n$ (vollständig) unabhängig sind.

Wir wollen nun noch auf eine besondere Interpretation einer Zufallsgröße eingehen, die zwar für das Verständnis des Weiteren prinzipiell nicht erforderlich ist, aber dieses Verständnis möglicherweise doch sehr erleichtern kann, zumal dann, wenn der Leser mit den Grundlagen der Mengenlehre einigermaßen vertraut ist.

Ausgangspunkt dieser Überlegungen ist ein zufälliger Versuch und eine mit diesem Versuch im Zusammenhang stehende Zufallsgröße X. Wir fassen das dem zufälligen Versuch zugeordnete Ereignisfeld $\mathfrak{E}$ als ein System (genauer: als eine σ-Algebra) von Teilmengen einer Grundmenge auf; diese Grundmenge ist dabei die mengentheoretische Darstellung des sicheren Ereignisses Ω, und wir wollen sie auch wieder mit Ω bezeichnen. Die Zufallsgröße X läßt sich nun als eine auf der Menge Ω definierte reellwertige Funktion auffassen:

$$X: \quad \omega\,(\in \Omega) \quad \to \quad X(\omega) \qquad (\in (-\infty, \infty))$$

Eine Durchführung des zufälligen Versuchs bedeutet nämlich in der mengentheoretischen Auffassung der Ereignisse Auswahl eines Elementes ω der Menge Ω gemäß der auf $\mathfrak{E}$ gegebenen Funktion P, die jedem zufälligen Ereignis A $(\subset \Omega, \in \mathfrak{E})$ die Wahrscheinlichkeit $P(A)$ zuordnet. Mit der Auswahl von ω aus Ω ist der Wert $X(\omega)$ der Zufallsgröße X eindeutig festgelegt. Um Mißverständnissen vorzubeugen, die sich aus der Bezeichnung „Zufallsgröße" ergeben könnten, betonen wir, daß bei einer Zufallsgröße — wie bei jeder Funktion — durch Angabe der unabhängigen Variablen der Wert der Zufallsgröße eindeutig bestimmt ist; die Zufälligkeit liegt also allein in der Auswahl der unabhängigen Variablen ω aus Ω. Wie bereits oben ausführlich erörtert, gilt das besondere Interesse der Wahrscheinlichkeitsverteilung einer Zufallsgröße X, d. h. den Wahrscheinlichkeiten $P(a \leqq X \leqq b)$ $(a, b$ reell, $a \leqq b)$. Unter Benutzung der mengentheoretischen Darstellung der Ereignisse und der eben dargelegten Auffassung der Zufallsgröße X als einer auf Ω definierten Funktion können wir diese Wahrscheinlichkeiten auch in der Form $P(\{\omega \in \Omega: a \leqq X(\omega) \leqq b\})$ schreiben. An dieser Stelle wollen wir darauf hinweisen, daß im Zusammenhang mit der Definition einer Zufallsgröße — streng genommen — immer noch die Existenz der Wahrscheinlichkeitsverteilung dieser Zufallsgröße zu fordern ist. Dies bedeutet, daß jede der Mengen $\{\omega \in \Omega: a \leqq X(\omega) \leqq b\}$ ein zufälliges Ereignis des zugrunde liegenden Ereignisfeldes $\mathfrak{E}$ darstellen muß. Bei vorliegendem Ereignisfeld $\mathfrak{E}$ schränkt diese Forderung die Menge der auf Ω definierten reellwertigen und als Zufallsgrößen anzusprechenden Funktionen ein. Wir wollen auf diese Problematik nicht näher eingehen, da sie im Rahmen dieses Buches keine Rolle spielen wird.

In den folgenden fünf Kapiteln werden wir uns nun der Untersuchung von Zufallsgrößen und deren Wahrscheinlichkeitsverteilung zuwenden. Dabei kommen wir auf die hier allgemein erörterten Begriffe ausführlich zurück.

6. Diskrete Zufallsgrößen und deren Wahrscheinlichkeitsverteilung

Diskrete Zufallsgrößen sind dadurch gekennzeichnet, daß sie nur endlich oder abzählbar-unendlich viele Werte annehmen können. Die Wahrscheinlichkeitsverteilung einer solchen Zufallsgröße ist durch die Angabe der **Einzelwahrscheinlichkeiten** — d. s. die Wahrscheinlichkeiten, mit denen die Zufallsgröße ihre Werte annimmt — bestimmt. Ausführlicher werden wir uns mit der allgemeinen Beschreibung diskreter Zufallsgrößen im Abschnitt 6.1. (↗ 104) beschäftigen. Dabei geben wir u. a. auch eine einfache mathematische Charakterisierung des sehr wichtigen Begriffes der Unabhängigkeit von Zufallsgrößen für den Fall diskreter Zufallsgrößen. In den darauffolgenden beiden Abschnitten lernen wir zwei wichtige Kenngrößen einer Zufallsgröße für den Spezialfall der diskreten Zufallsgrößen kennen, nämlich den **Erwartungswert** und die **Streuung**; dabei kennzeichnet der Erwartungswert — grob gesprochen — einen durchschnittlichen Wert der Zufallsgröße, während die Streuung ein Maß für die Abweichung der Werte von diesem durchschnittlichen Wert darstellt. Mit besonderer Ausführlichkeit stellen wir dabei Rechenregeln für Erwartungswerte und Streuungen zusammen, da uns diese bei späteren Untersuchungen von größtem Nutzen sein werden. Schließlich führen wir im Abschnitt 6.4. (↗ 125 ff.) für beliebige Zufallsgrößen den Begriff der **Verteilungsfunktion** ein und untersuchen deren Eigenschaften, insbesondere für den Fall diskreter Zufallsgrößen. Wir haben dies an das Ende des Kapitels 6 gestellt, da man bei der Untersuchung diskreter Zufallsgrößen nur selten die Verteilungsfunktion heranzieht; vielmehr verwendet man direkt die Werte und die Einzelwahrscheinlichkeiten der Zufallsgröße. Daß wir im Rahmen der Untersuchung diskreter Zufallsgrößen überhaupt die Verteilungsfunktion behandeln, ist vor allem dadurch begründet, daß der Begriff der Verteilungsfunktion die Möglichkeit gibt, die Wahrscheinlichkeitsverteilung diskreter und stetiger Zufallsgrößen — letztere behandeln wir im Kapitel 8 (↗ 159 ff.) — in einheitlicher Weise zu beschreiben.

6.1. Allgemeine Beschreibung diskreter Zufallsgrößen

Bevor wir eine allgemeine Beschreibung diskreter Zufallsgrößen und deren Wahrscheinlichkeitsverteilung vornehmen, betrachten wir einige Beispiele. Die in den Beispielen 1 bis 4 formulierte Aussage, daß die Wahrscheinlichkeitsverteilung jeweils durch Angabe der sogenannten Einzelwahrscheinlichkeiten bestimmt ist, beweisen wir am Ende dieses Abschnitts allgemein (↗ 107 f.).

☐ BEISPIELE 6/1...5:

1. Der zufällige Versuch bestehe im einmaligen Würfeln mit einem Spielwürfel; die Zufallsgröße X gebe die gewürfelte Augenzahl an. Mögliche Werte dieser Zufallsgröße sind die Zahlen 1, 2, 3, 4, 5 und 6. Die Wahrscheinlichkeitsverteilung von X ist dadurch bestimmt, daß jedem Wert von X die gleiche Wahrscheinlichkeit — nämlich $\frac{1}{6}$ — zugeordnet wird. Wir schreiben dies formelmäßig in der Form $p_k = P(X = k) = \frac{1}{6}$ $(k = 1, 2, \ldots, 6)$ und sagen, daß X auf den Werten 1, 2, ..., 6 gleichmäßig verteilt ist (vgl. auch Abschnitt 7.1., ↗ 134). Schematisch können wir die Zufallsgröße X in der folgenden Form beschreiben:

X:	1	2	3	4	5	6
	$\frac{1}{6}$	$\frac{1}{6}$	$\frac{1}{6}$	$\frac{1}{6}$	$\frac{1}{6}$	$\frac{1}{6}$

Dabei stehen in der ersten Zeile dieses Schemas die Werte und in der zweiten Zeile die sogenannten *Einzelwahrscheinlichkeiten*, mit denen die Zufallsgröße X diese Werte annimmt. Ein solches Schema nennt man **Verteilungstabelle**.

2. Die Wahrscheinlichkeit dafür, daß ein bestimmter Schütze ein Ziel trifft, betrage bei jedem Schuß 0,8. Es wird nun vereinbart, daß nur im Falle des Nichttreffens bei dem ersten Schuß ein zweites Mal geschossen wird. Wird auch dann nicht getroffen, so wird ein drittes Mal geschossen. Unabhängig davon, ob der dritte Schuß ein Treffer ist oder nicht, wird danach kein weiteres Mal geschossen. Die Zufallsgröße X gebe die Anzahl der Schüsse an, die von dem Schützen abgegeben werden. Mögliche Werte dieser Zufallsgröße sind die Zahlen 1, 2 und 3. Wir berechnen nun die Einzelwahrscheinlichkeiten $p_k = P(X = k)$ für $k = 1, 2, 3$, die die Wahrscheinlichkeitsverteilung von X festlegen. Dazu führen wir die folgenden Ereignisse ein:
A_i ... Der i-te Schuß $(i = 1, 2, 3)$ ist ein Treffer.
Es gilt $P(A_i) = 0{,}8$ $(i = 1, 2, 3)$. Außerdem sind die Ereignisse A_1, A_2, A_3 unabhängig. (Z. B. ist das Ereignis „Treffer mit dem dritten Schuß" nicht davon abhängig, wie die beiden vorhergegangenen Schüsse ausgefallen sind; bei dieser Überlegung spielt keine Rolle, daß im Fall beispielsweise eines Treffers mit dem ersten Schuß gar keine weiteren Schüsse abgegeben werden.) Wir drücken nun die Ereignisse $(X = 1)$, $(X = 2)$, $(X = 3)$ durch die Ereignisse A_1, A_2, A_3 aus.

$(X = 1) = A_1$ — Die Anzahl der abgefeuerten Schüsse ist genau dann gleich 1, wenn der erste Schuß ein Treffer ist.

$(X = 2) = \overline{A}_1 \cap A_2$ — Die Anzahl der abgefeuerten Schüsse ist genau dann gleich 2, wenn der erste Schuß kein Treffer und der zweite Schuß ein Treffer ist.

$(X = 3) = \overline{A}_1 \cap \overline{A}_2$ Die Anzahl der abgefeuerten Schüsse ist genau dann gleich 3, wenn die ersten beiden Schüsse keine Treffer sind.

Zur Formulierung der Ereignisse $(X = k)$, $k = 1, 2, 3$ ist also das Ereignis A_3 nicht erforderlich. Dies liegt daran, daß — sofern überhaupt ein drittes Mal geschossen wird — das Schießen nach dem dritten Schuß abgebrochen wird, unabhängig davon, ob mit dem dritten Schuß ein Treffer erzielt wurde oder nicht.

Unter Beachtung der mathematischen Formulierung der Unabhängigkeit der Ereignisse $\overline{A}_1$ und $\overline{A}_2$ sowie $\overline{A}_1$ und A_2 (↗ 84 , Abschnitt 5.3.) erhalten wir nun die Einzelwahrscheinlichkeiten:

$p_1 = P(X = 1) = P(A_1) = 0{,}8$

$p_2 = P(X = 2) = P(\overline{A}_1 \cap A_2) = P(\overline{A}_1)\,P(A_2) = \big(1 - P(A_1)\big)\,P(A_2) = 0{,}2 \cdot 0{,}8 = 0{,}16$

$p_3 = P(X = 3) = P(\overline{A}_1 \cap \overline{A}_2) = P(\overline{A}_1)\,P(\overline{A}_2) = \big(1 - P(A_1)\big)\big(1 - P(A_2)\big)$
$\quad = 0{,}2 \cdot 0{,}2 = 0{,}04$

Wie im Beispiel 6/1 wollen wir auch hier die Zufallsgröße X schematisch durch eine Verteilungstabelle beschreiben:

X :

1	2	3
0,8	0,16	0,04

In den folgenden Beispielen werden wir uns kürzer fassen, da diese Zufallsgrößen noch sehr ausführlich in späteren Abschnitten untersucht werden.

3. Der zufällige Versuch bestehe im n-maligen Würfeln mit einem Spielwürfel; die Zufallsgröße X gebe die Anzahl der dabei gewürfelten Sechsen an. Mögliche Werte dieser Zufallsgröße sind die Zahlen $0, 1, 2, \ldots, n$. Die Wahrscheinlichkeitsverteilung von X — eine sogenannte *Binomialverteilung* — ist wiederum durch die Zahlen $p_k = P(X = k)$, $k = 0, 1, 2, \ldots, n$ bestimmt. (Diese Zahlen p_k berechnen wir im Abschnitt 7.2., ↗ 136 ff.) Im Zusammenhang mit der Zufallsgröße X wollen wir noch eine weitere Zufallsgröße Y betrachten. Die Zufallsgröße Y gebe die relative Häufigkeit der Augenzahl „6" in dieser Serie von n Würfen mit einem Spielwürfel an (↗ 35 f., Abschnitt 2.1.). Mögliche Werte dieser Zufallsgröße sind die Zahlen $0, \frac{1}{n}, \frac{2}{n}, \ldots, \frac{n-1}{n}, 1$. Die Zufallsgröße Y nimmt genau dann den Wert $\frac{k}{n}$ an, wenn die Zufallsgröße X den Wert k annimmt, d. h., die Ereignisse $\left(Y = \frac{k}{n}\right)$ und $(X = k)$ sind gleich (↗ 21, Abschnitt 1.2.). Aus diesem Zusammenhang, den wir auch in der Form $Y = \frac{X}{n}$ ausdrücken können, ergibt sich $P\left(Y = \frac{k}{n}\right) = P(X = k)$. Ist also die Wahrscheinlichkeitsverteilung von X bestimmt, so ist damit auch die Wahrscheinlichkeitsverteilung von Y bekannt.

4. In einer Urne befinden sich 100 Kugeln, und zwar 80 weiße und 20 rote Kugeln. Der zufällige Versuch bestehe darin, daß dieser Urne nacheinander und ohne Zurücklegen zufällig fünf Kugeln entnommen werden. Die Zufallsgröße X gebe die Anzahl der roten Kugeln in dieser sogenannten *Stichprobe ohne Zurücklegen* vom Umfang fünf an. Mögliche Werte dieser Zufallsgröße sind die Zahlen 0, 1, 2, 3, 4, 5. Die Wahrscheinlichkeitsverteilung von X — eine sogenannte *hypergeometrische Verteilung* (↗ 148 ff.) — ist durch die Zahlen $p_k = P(X = k)$, $k = 0, 1, 2, 3, 4, 5$ bestimmt.
Wir untersuchen diese Verteilung — die in der statistischen Qualitätskontrolle eine außerordentlich große Rolle spielt — im Abschnitt 7.3. (↗ 148 ff.) genauer.

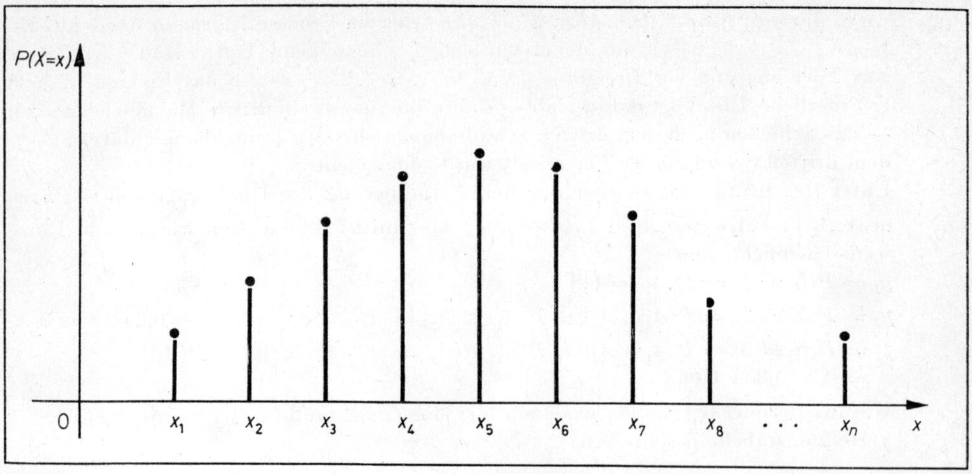

Bild 20

5. Die Zufallsgröße X gebe die (zufällige) Anzahl der Kunden an, die an einem Werktag zwischen 15 und 17 Uhr einen bestimmten Frisier-Salon betreten. Mögliche Werte dieser Zufallsgröße sind die Zahlen 0, 1, 2, ...
Mit einer Wahrscheinlichkeitsverteilung — der sogenannten POISSON-*Verteilung* —, die modellmäßig die tatsächlich vorliegende unbekannte Wahrscheinlichkeitsverteilung von X gut wiedergibt, beschäftigen wir uns im Abschnitt 7.4. (↗ 151 ff.).

Allen Beispielen entnehmen wir, daß ein äußeres Kennzeichen einer jeden diskreten Zufallsgröße die (endliche oder abzählbar-unendliche) Menge der Werte ist, die sie annehmen kann. Zur wahrscheinlichkeitstheoretischen Charakterisierung reicht dies aber keinesfalls aus. Die einzelnen Wahrscheinlichkeiten, mit denen eine diskrete Zufallsgröße ihre Werte annimmt, sind im allgemeinen voneinander verschieden. Somit ist auch klar, daß zwei Zufallsgrößen, die die gleichen Werte haben, sich noch sehr wesentlich in den Wahrscheinlichkeiten, mit denen sie diese Werte annehmen, unterscheiden können. Deshalb sehen wir eine diskrete Zufallsgröße erst dann als gegeben an, wenn wir nicht nur ihre Werte kennen, sondern auch die sogenannten *Einzelwahrscheinlichkeiten*, d. h. die Wahrscheinlichkeiten, mit denen die Zufallsgröße diese Werte annimmt. Schematisch können wir eine diskrete Zufallsgröße X, die die Werte $x_1, x_2, \ldots$ mit den Wahrscheinlichkeiten $p_1, p_2, \ldots$ $\left(p_k = P(X = x_k),\ k = 1, 2, \ldots\right)$ annimmt, in Form einer Verteilungstabelle beschreiben:

X :

x_1	x_2	...
p_1	p_2	...

In dem Falle, daß die Zufallsgröße X nur endlich viele Werte $x_1, x_2, \ldots, x_n$ (mit den Wahrscheinlichkeiten $p_1, p_2, \ldots, p_n$) annehmen kann, veranschaulicht man die Verteilungstabelle wie in Bild 20 dargestellt (in Bild 20 haben wir angenommen, daß $x_1 < x_2 < \cdots < x_n$ gilt).

Wir wollen uns überlegen, daß — in Übereinstimmung mit den durchgerechneten Beispielen — die Summe aller Einzelwahrscheinlichkeiten einer diskreten Zufallsgröße gleich Eins ist, d. h., daß gilt:

$$\sum_k p_k = p_1 + p_2 + \ldots = 1$$

In dem Falle, daß die Zufallsgröße X nur endlich viele Werte $x_1, x_2, \ldots, x_n$ annehmen kann, ergibt sich diese Aussage unmittelbar aus der Rechenregel (5) des Abschnitts 4.2. (↗ 68). Bezeichnen wir nämlich mit A_k das Ereignis, das darin besteht, daß die Zufallsgröße X den Wert x_k annimmt (in Formeln: $A_k = (X = x_k)$), so bildet die Menge $\{A_1, A_2, \ldots, A_n\}$ ein vollständiges System von Ereignissen, da bei Realisierung der Zufallsgröße X diese genau einen ihrer Werte annimmt, und folglich gilt:

$$P(A_1) + P(A_2) + \ldots + P(A_n) = P(X = x_1) + P(X = x_2) + \ldots + P(X = x_n)$$
$$= p_1 + p_2 + \ldots + p_n = 1$$

In dem Falle, daß die Zufallsgröße abzählbar-unendlich viele Werte $x_1, x_2, x_3, \ldots$ mit den Wahrscheinlichkeiten $p_1, p_2, p_3, \ldots$ annehmen kann, erhält man die Beziehung $\sum_{k=1}^{\infty} p_k = 1$ durch ganz ähnliche Überlegungen aus dem im Abschnitt 4.1. formulierten Axiom 4 (↗ 65).

In unseren bisherigen Betrachtungen haben wir den Fall, daß die Zufallsgröße X nur einen einzigen Wert x_1 annehmen kann, nicht ausgeschlossen und werden dies auch künftig nicht tun. Dieser Wert wird dann mit der Wahrscheinlichkeit Eins angenommen, d. h., es gilt $P(X = x_1) = 1$. Die zu dieser Zufallsgröße X gehörige Verteilungstabelle hat die besonders einfache Form

X :

x_1
1

Man sagt auch, daß X eine **Einpunktverteilung** besitzt oder **einpunktverteilt** ist.

Unabhängig vom Versuchsausgang besitzt also eine einpunktverteilte Zufallsgröße immer ein und denselben Wert. Wir können diesen Fall als Grenzfall des Zufälligen ansehen.

Nun wollen wir zeigen, daß die Wahrscheinlichkeitsverteilung einer diskreten Zufallsgröße tatsächlich durch deren Einzelwahrscheinlichkeiten bestimmt ist. Es sei also X durch die Verteilungstabelle

x_1	x_2	...
p_1	p_2	...

$(p_k = P(X = x_k), \quad k = 1, 2, \ldots)$

gegeben. Weiter seien a und b irgendwelche reelle Zahlen mit $a \leqq b$. Es ist zu zeigen, daß sich aus den Zahlen $p_1, p_2, \ldots$ die Wahrscheinlichkeit $P(a \leqq X \leqq b)$ berechnen läßt. Dazu bemerken wir zuerst, daß sich das Ereignis $(a \leqq X \leqq b)$ als Summe derjenigen — paarweise unvereinbaren — Ereignisse $(X = x_k)$ darstellen läßt, für die $a \leqq x_k \leqq b$ gilt:

$$(a \leqq X \leqq b) = \bigcup_{k:\, a \leqq x_k \leqq b} (X = x_k)$$

Da die Wahrscheinlichkeit einer Summe paarweise unvereinbarer Ereignisse stets gleich der Summe der Wahrscheinlichkeiten dieser Ereignisse ist (↗ 64 f., Abschnitt 4.1.), ergibt sich hieraus:

$$P(a \leqq X \leqq b) = \sum_{k:a \leqq x_k \leqq b} P(X = x_k) = \sum_{k:a \leqq x_k \leqq b} p_k$$

(Die Summation erstreckt sich also jeweils über alle diejenigen natürlichen Zahlen k, für die $a \leqq x_k \leqq b$ gilt.)

Diesen Überlegungen entnehmen wir eine — im Falle der hier betrachteten diskreten Zufallsgrößen — äquivalente Formulierung des Begriffs „identisch verteilt" (vgl. Einleitung zum Teil II, ↗ 101):

▷ Zwei (oder mehrere) diskrete Zufallsgrößen sind genau dann **identisch verteilt**, wenn deren Verteilungstabellen übereinstimmen, d. h. also, wenn sowohl deren Werte als auch deren zugehörige Einzelwahrscheinlichkeiten gleich sind.

□ BEISPIEL 6/6:

Wir würfeln einmal mit zwei unterscheidbaren Würfeln.
X ... zufällige Augenzahl auf dem einen Würfel
Y ... zufällige Augenzahl auf dem anderen Würfel
Dann stimmen offenbar die zu X bzw. Y gehörigen Verteilungstabellen überein, d. h., die Zufallsgrößen X und Y sind identisch verteilt. Wir beachten aber, daß dies keine Gleichheit der Zufallsgrößen im Sinne $P(X = Y) = 1$ bedeutet; vielmehr gilt hier $P(X = Y) = \frac{6}{36} = \frac{1}{6}$.
(Im Beispiel 6/8 (↗ 109) lernen wir zwei weitere identisch verteilte Zufallsgrößen kennen, wobei aber diese Eigenschaft wesentlich weniger offensichtlich ist.)

Schließlich wollen wir auch eine — im Falle der hier betrachteten diskreten Zufallsgrößen — äquivalente Formulierung für die Unabhängigkeit zweier Zufallsgrößen (vgl. Einleitung zum Teil II, ↗ 101) angeben:

▷ Die durch die Verteilungstabellen

x_1	x_2	x_3	...
p_1	p_2	p_3	...

und

y_1	y_2	y_3	...
q_1	q_2	q_3	...

beschriebenen diskreten Zufallsgrößen X und Y sind genau dann **unabhängig**, wenn für jedes i und für jedes j gilt:

$$p_{ij} = P\big((X = x_i) \cap (Y = y_j)\big) = P(X = x_i)\, P(Y = y_j) = p_i\, q_j$$

□ BEISPIEL 6/7:

Wir würfeln einmal mit zwei Würfeln.
X ... zufällige Augenzahl auf dem einen Würfel
Y ... zufällige Augenzahl auf dem anderen Würfel
Es ist einleuchtend, daß diese Zufallsgrößen X und Y unabhängig sind. Wir wollen uns aber hier davon überzeugen, daß die oben angegebenen, für die Unabhängigkeit diskreter Zufallsgrößen charakteristischen Gleichungen erfüllt sind. Es gilt

$$p_{ij} = P\big((X = i) \cap (Y = j)\big) = \tfrac{1}{36} \qquad (i = 1, 2, \ldots, 6;\ j = 1, 2, \ldots, 6)$$

$$p_i = P(X = i) = \tfrac{1}{6} \qquad (i = 1, 2, \ldots, 6)$$

$$q_j = P(Y = j) = \tfrac{1}{6} \qquad (j = 1, 2, \ldots, 6)\,,$$

was die Gültigkeit der zu beweisenden Gleichungen $p_{ij} = p_i\, q_j$ $(i = 1, 2, \ldots, 6;$ $j = 1, 2, \ldots, 6)$ zeigt.

□ BEISPIEL 6/8:

In einer Urne befinden sich fünf weiße und sechs rote Kugeln. Dieser Urne werden nacheinander zwei Kugeln entnommen, wobei die zuerst entnommene Kugel vor der zweiten Kugelentnahme nicht zurückgelegt wird. Wir führen die folgenden Zufallsgrößen X und Y ein:

$$X = \begin{cases} 1, & \text{falls die zuerst entnommene Kugel weiß ist} \\ 0, & \text{falls die zuerst entnommene Kugel rot ist} \end{cases}$$

$$Y = \begin{cases} 1, & \text{falls die zweite entnommene Kugel weiß ist} \\ 0, & \text{falls die zweite entnommene Kugel rot ist} \end{cases}$$

Wir wollen zeigen, daß die so definierten Zufallsgrößen X und Y nicht unabhängig sind, wie dies auch unseren inhaltlichen Vorstellungen entspricht. (So wird z. B. die Wahrscheinlichkeit dafür, bei der zweiten Entnahme wieder eine weiße Kugel zu ziehen, kleiner sein als die Wahrscheinlichkeit dafür, bei der zweiten Entnahme eine weiße Kugel zu ziehen, wenn man das Ergebnis der ersten Entnahme nicht kennt.) Zuerst bestimmen wir die Einzelwahrscheinlichkeiten der Zufallsgröße X:

$$P(X = 1) = \tfrac{5}{11}\,, \qquad P(X = 0) = \tfrac{6}{11}\,.$$

Die Einzelwahrscheinlichkeiten der Zufallsgröße Y erhalten wir unter Verwendung der BAYESschen Formel (↗ 95, Abschnitt 5.5.):

$$\begin{aligned} P(Y = 1) &= P(Y = 1/X = 1)\, P(X = 1) + P(Y = 1/X = 0)\, P(X = 0) \\ &= \tfrac{4}{10} \cdot \tfrac{5}{11} + \tfrac{5}{10} \cdot \tfrac{6}{11} \\ &= \tfrac{5}{11}, \end{aligned}$$

$$P(Y = 0) = 1 - P(Y = 1) = 1 - \tfrac{5}{11} = \tfrac{6}{11}\,.$$

(Wir bemerken, daß bei beiden Kugelentnahmen die Wahrscheinlichkeit des Ziehens einer weißen Kugel dieselbe ist und daß die Zufallsgrößen X und Y identisch verteilt sind.)

Nun berechnen wir die Wahrscheinlichkeit $P\big((X = 1) \cap (Y = 1)\big)$ unter Verwendung der Multiplikationsregel (↗ 80, Abschnitt 5.2.):

$$P\big((X = 1) \cap (Y = 1)\big) = P(Y = 1/X = 1)\, P(X = 1) = \tfrac{4}{10} \cdot \tfrac{5}{11} = \tfrac{2}{11}$$

(Diese Zahl, die die Wahrscheinlichkeit dafür angibt, daß beide entnommenen Kugeln weiß sind, haben wir übrigens bereits im Beispiel 5/2, ↗ 81, berechnet.) Wie wir sehen, gilt $P\big((X = 1) \cap (Y = 1)\big) \neq P(X = 1)\, P(Y = 1)$; also sind die Zufallsgrößen X und Y nicht unabhängig.
Wir weisen abschließend darauf hin, daß die Zufallsgrößen X und Y dann unabhängig (und außerdem wie oben identisch verteilt) sind, wenn man die zuerst entnommene Kugel vor der zweiten Kugelentnahme zurücklegt.

6.2. Der Erwartungswert diskreter Zufallsgrößen

Die Berechnung aller Einzelwahrscheinlichkeiten einer diskreten Zufallsgröße ist oft recht schwierig und zeitraubend, wenn nicht überhaupt unmöglich. Häufig ist man auch gar nicht so sehr an allen Werten und Einzelwahrscheinlichkeiten der Zufallsgröße interessiert; vielmehr interessiert man sich für spezielle Kenngrößen, die ebenfalls einen gewissen Aufschluß über die Zufallsgröße und deren Wahrscheinlichkeitsverteilung liefern. In diesem Abschnitt wollen wir den sogenannten **Erwartungswert** einer diskreten Zufallsgröße behandeln. Der Erwartungswert soll einen „durchschnittlichen“ Wert der Zufallsgröße angeben. Außerdem soll der Erwartungswert ein möglichst guter Ersatzwert für die fehlende Konstanz einer Zufallsgröße sein. Wir geben nun die mathematische Definition des Erwartungswerts einer diskreten Zufallsgröße und werden im Anschluß daran und bei späteren Untersuchungen feststellen, wie diese Definition unseren inhaltlichen Vorstellungen vom Erwartungswert entspricht.

⋈ DEFINITION des Erwartungswerts einer Zufallsgröße:
Es sei X die durch die folgende Verteilungstabelle gegebene diskrete Zufallsgröße:

X :

x_1	x_2	x_3	$\ldots$
p_1	p_2	p_3	$\ldots$

$$\begin{pmatrix} p_k = P(X = x_k), \quad k = 1, 2, 3, \ldots, \\ p_1 + p_2 + p_3 + \ldots = 1 \end{pmatrix}$$

Dann heißt die mit EX (lies „E von X“ oder „Erwartungswert von X“) bezeichnete und durch

$$EX = \sum_k x_k\, p_k = x_1\, p_1 + x_2\, p_2 + x_3\, p_3 + \ldots$$

definierte Zahl **Erwartungswert der Zufallsgröße X.**

Der Erwartungswert einer diskreten Zufallsgröße ist also gleich der Summe der Produkte aus den Werten der Zufallsgröße und den zugehörigen Einzelwahrscheinlichkeiten; d. h., der Erwartungswert ist der **gewogene Mittelwert** aller Werte von X, wobei als Gewicht eines Wertes von X die zugehörige Einzelwahrscheinlichkeit verwendet wird. (Die bei einem gewogenen Mittelwert noch übliche Division durch die Summe aller Gewichte tritt hier nicht explizit auf, da diese Summe gleich Eins ist.)

Bemerkung: In dem Falle, daß die Zufallsgröße X nur endlich viele Werte annehmen kann, ist die den Erwartungswert definierende Summe eine Summe von endlich vielen Zahlen; es treten also durch diese Definition keinerlei Konvergenzschwierigkeiten auf. Nur in dem Falle, daß die Zufallsgröße X abzählbar-unendlich viele Werte annehmen kann, können Konvergenzschwierigkeiten auftreten. Hierbei ist es üblich, den Erwartungswert nur dann durch die in der obigen Definition angegebenen Formel zu definieren, falls $\sum_k x_k p_k$ absolut konvergiert, d. h., falls $\sum_k |x_k| p_k < \infty$ gilt. Ist dies nicht der Fall, so sieht man von der Definition eines Erwartungswertes überhaupt ab. Wir beschäftigen uns nicht weiter mit diesem Fall, da dieser im Rahmen unserer Betrachtungen nicht vorkommen wird; alle in diesem Buch behandelten diskreten Zufallsgrößen besitzen also einen Erwartungswert. Bei allgemeinen theoretischen Überlegungen — z. B. bei der Herleitung von Rechenregeln für den Erwartungswert am Ende dieses Abschnitts (↗ 112 ff.) — setzen wir die Existenz der Erwartungswerte der vorkommenden Zufallsgrößen voraus, ohne jedesmal darauf hinzuweisen.

□ BEISPIELE 6/9 und 10:

9. Wir betrachten die Zufallsgröße X aus dem Beispiel 6/1 (↗ 104, X ... Augenzahl beim einmaligen Würfeln mit einem Spielwürfel).

X:	1	2	3	4	5	6
	$\frac{1}{6}$	$\frac{1}{6}$	$\frac{1}{6}$	$\frac{1}{6}$	$\frac{1}{6}$	$\frac{1}{6}$

Für den Erwartungswert EX dieser Zufallsgröße X erhalten wir nach obiger Formel (↗ 110):

$$EX = 1 \cdot \tfrac{1}{6} + 2 \cdot \tfrac{1}{6} + 3 \cdot \tfrac{1}{6} + 4 \cdot \tfrac{1}{6} + 5 \cdot \tfrac{1}{6} + 6 \cdot \tfrac{1}{6} = \tfrac{7}{2} = 3{,}5$$

10. Wir betrachten die Zufallsgröße X aus dem Beispiel 6/2 (↗ 104 f., X ... Anzahl der abgegebenen Schüsse).

X:	1	2	3
	0,8	0,16	0,04

Für den Erwartungswert EX dieser Zufallsgröße erhalten wir:
$EX = 1 \cdot 0{,}8 + 2 \cdot 0{,}16 + 3 \cdot 0{,}04 = 1{,}24$

Weitere Beispiele für die Berechnung des Erwartungswertes diskreter Zufallsgrößen geben wir im Kapitel 7 bei der allgemeinen Behandlung spezieller Klassen diskreter Zufallsgrößen (↗ 133 ff.).

Wir wollen im Zusammenhang mit den durchgerechneten Beispielen noch eine weitere — zum Verständnis des Begriffes des Erwartungswertes sehr wichtige — Bemerkung anschließen. In den beiden Beispielen ist der Erwartungswert eine Zahl, die unter den möglichen Werten der Zufallsgrößen nicht vorkommt. Der Erwartungswert ist also im allgemeinen auch nicht derjenige Wert der Zufallsgröße, der im Vergleich zu den anderen Werten die größte Wahrscheinlichkeit besitzt und den man deshalb am meisten erwarten könnte. Dieser Umstand legt natürlich die Frage nahe, warum die Größe $\sum_k x_k p_k$ dann als Erwartungswert der Zufallsgröße X bezeichnet wird. Der Grund ist darin zu sehen, daß das arithmetische Mittel $\frac{y_1 + y_2 + \ldots + y_n}{n}$ von n unabhängig voneinander gewonnenen Realisierungen $y_1, y_2, \ldots, y_n$ der Zufallsgröße X mit großer Wahrscheinlichkeit in der Nähe von EX liegt, d. h., es kann erwartet werden, daß das arithmetische Mittel von n Realisierungen der Zufallsgröße X ungefähr gleich dem Erwartungswert von X ist. Diese Erwartung wird um so besser erfüllt, je größer die Anzahl n der Realisierungen der Zufallsgröße ist.

Die mathematische Formulierung dieses Sachverhalts erfolgt durch das sogenannte *Gesetz der großen Zahlen* (↗ 197 f., Abschnitt 10.3.). Dieses Gesetz sagt für das Beispiel 6/9 aus, daß die Wahrscheinlichkeit einer Abweichung des aus n gewürfelten Augenzahlen gebildeten arithmetischen Mittelwerts von der Zahl 3,5 — dem Erwartungswert der (zufälligen) Augenzahl — um mehr als eine beliebig vorgegebene positive Zahl mit wachsender Anzahl n gegen Null strebt.

Wir beschließen diesen Abschnitt mit einigen Rechenregeln für Erwartungswerte. Diese Rechenregeln sind sowohl für das Verständnis des Begriffes des Erwartungswertes als auch für das praktische Rechnen mit Erwartungswerten sehr nützlich.

▷ RECHENREGELN FÜR ERWARTUNGSWERTE:

(1) Wenn die Zufallsgröße X eine Zahl x_1 mit der Wahrscheinlichkeit Eins annimmt, d. h., wenn X eine Einpunktverteilung im Punkte x_1 besitzt, so ist der Erwartungswert von X gleich dieser Zahl x_1:

$$P(X = x_1) = 1 \quad \Rightarrow \quad EX = x_1$$

In Worten: Der Erwartungswert einer Konstanten ist gleich dieser Konstanten.

BEWEIS;

$$EX = \sum_k x_k p_k$$
$$= x_1 \cdot 1 = x_1, \qquad \text{w. z. b. w.}$$

(2) Es seien X die durch die Verteilungstabelle

x_1	x_2	x_3	...
p_1	p_2	p_3	...

gegebene diskrete Zufallsgröße und a eine beliebige reelle Zahl.
Wir bezeichnen die durch die Verteilungstabelle

$a x_1$	$a x_2$	$a x_3$	...
p_1	p_2	p_3	...

gegebene Zufallsgröße mit aX (↗ 105, Beispiel 6/3).

▷ BEHAUPTUNG:
Es gilt: $E(aX) = a\,EX$

BEWEIS:
$E(aX) = \sum_k a\,x_k\,p_k = a \sum_k x_k\,p_k = aEX\,,$ w. z. b. w.

Bemerkung: Aus der Existenz des Erwartungswertes von X folgt die Existenz des Erwartungswertes von aX, wobei a eine beliebige reelle Zahl sein kann.

(3) Es seien X und Y diskrete Zufallsgrößen, gegeben durch die Verteilungstabellen

X :

x_1	x_2	x_3	...
p_1	p_2	p_3	...

Y :

y_1	y_2	y_3	...
q_1	q_2	q_3	...

Wir betrachten die Zufallsgröße $Z = X + Y$, deren Werte sich durch alle möglichen paarweisen Additionen der Werte von X und Y ergeben.

▷ BEHAUPTUNG:
Es gilt: $E(X + Y) = EX + EY$

In Worten: Der Erwartungswert der Summe zweier (diskreter) Zufallsgrößen ist gleich der Summe der Erwartungswerte dieser Zufallsgrößen.

BEWEIS:
Jeder Wert z_k der Zufallsgröße $Z = X + Y$ ist von der Form $x_i + y_j$, $i = 1, 2, \ldots, j = 1, 2, \ldots$ (Wir können diese Werte z. B. in der folgenden Weise numerieren: $z_1 = x_1 + y_1$, $z_2 = x_1 + y_2$, $z_3 = x_2 + y_1$, $z_4 = x_1 + y_3$, $z_5 = x_2 + y_2$, $z_6 = x_3 + y_1$ usf. Bei dieser Numerierung ist nicht ausgeschlossen, daß unter den Werten z_k einige gleich sind; dieser Umstand stört aber die folgenden Betrachtungen nicht.)
Entsprechend der Formel für den Erwartungswert einer diskreten Zufallsgröße erhalten wir mit der Abkürzung $p_{ij} = P\big((X = x_i) \cap (Y = y_j)\big)$:

$$\begin{aligned} E(X + Y) = EZ &= \sum_k z_k\,P(Z = z_k) \\ &= \sum_i \sum_j (x_i + y_j)\,P\big((X = x_i) \cap (Y = y_j)\big) \\ &= \sum_i \sum_j (x_i + y_j)\,p_{ij} \\ &= \sum_i x_i \sum_j p_{ij} + \sum_j y_j \sum_i p_{ij} \end{aligned}$$

Die Einzelwahrscheinlichkeiten p_{ij} der Zufallsgröße Z sind uns im allgemeinen nicht bekannt. (Nur in dem Falle, daß die Zufallsgrößen X und Y voneinander unabhängig sind, erhalten wir

$$p_{ij} = P\big((X = x_i) \cap (Y = y_j)\big) = P(X = x_i)\, P(Y = y_j) = p_i\, q_j;$$

im allgemeinen kann man aber an Hand der Zahlen p_i und q_j noch nichts über die Zahlen p_{ij} aussagen.) Wir werden uns jetzt überlegen, daß $\sum_j p_{ij} = p_i$ und $\sum_i p_{ij} = q_j$ gilt. Der Beweis der ersten Beziehung beruht inhaltlich darauf, daß mit jedem Ereignis $(X = x_i)$ stets genau eines der Ereignisse $(Y = y_j)$, $j = 1, 2, \ldots$ eintritt. Die mathematisch strenge Begründung der ersten Beziehung enthält die folgende Gleichungskette, in der u. a. auch verwendet wird, daß die Wahrscheinlichkeit der Summe paarweise unvereinbarer Ereignisse gleich der Summe der Wahrscheinlichkeiten dieser Ereignisse ist.

$$\begin{aligned} p_i &= P(X = x_i) = P\big((X = x_i) \cap \Omega\big) = P\Big((X = x_i) \cap \bigcup_j (Y = y_j)\Big) \\ &= P\Big(\bigcup_j \big((X = x_i) \cap (Y = y_j)\big)\Big) = \sum_j P\big((X = x_i) \cap (Y = y_j)\big) \\ &= \sum_j p_{ij} \end{aligned}$$

Völlig analog beweist man die Gleichung $\sum_i p_{ij} = q_j$. Damit erhalten wir aus der obigen Beziehung für den Erwartungswert der Zufallsgröße $X + Y$:

$$E(X + Y) = \sum_i x_i\, p_i + \sum_j y_j\, q_j = EX + EY\,, \qquad \text{w. z. b. w.}$$

Bemerkung: Aus der Existenz der Erwartungswerte der Zufallsgrößen X und Y folgt die Existenz des Erwartungswerts der Zufallsgröße $X + Y$.

Wir können die in der Behauptung (3) angegebene Formel für den Erwartungswert einer Summe von zwei diskreten Zufallsgrößen (↗ 113) leicht auf den Fall von *mehr als zwei* Summanden ausdehnen, so daß *allgemein* gilt:

▷ Der Erwartungswert der Summe der n diskreten Zufallsgrößen $X_1, X_2, \ldots, X_n$ ist gleich der Summe der Erwartungswerte dieser Zufallsgrößen. Es gilt also:
$E(X_1 + X_2 + \ldots + X_n) = E(X_1) + E(X_2) + \ldots + E(X_n)$
Der Beweis dieser Aussage erfolgt mit dem Prinzip der vollständigen Induktion; wir überlassen ihn dem Leser, betrachten aber hierzu noch ein Beispiel.

□ BEISPIEL 6/11:

n Schützen, die wir uns von 1 bis n numeriert denken, schießen jeweils einmal auf ein Ziel. Die Wahrscheinlichkeiten eines Treffers seien bei den Schützen $1, 2, \ldots, n$ gegeben durch die Zahlen $p_1, p_2, \ldots, p_n$. Wir berechnen den Erwartungswert der (zufälligen) Anzahl X der Treffer. Dazu führen wir die folgenden Zufallsgrößen ein:

$$X_k = \begin{cases} 1, & \text{falls der Schütze } k \text{ trifft} \\ 0, & \text{falls der Schütze } k \text{ nicht trifft} \end{cases} \qquad k = 1, 2, \ldots, n$$

Der Aufgabenstellung entnehmen wir

$P(X_k = 1) = p_k, \ P(X_k = 0) = 1 - p_k.$

Die zur Zufallsgröße X_k gehörige Verteilungstabelle hat also die Form

1	0
p_k	$1 - p_k$

Die (zufällige) Anzahl X der Treffer unter den n abgegebenen Schüssen ergibt sich dann als Summe der Zufallsgrößen $X_1, X_2, \ldots, X_n$:

$X = X_1 + X_2 + \ldots + X_n;$

nach obiger Formel erhalten wir also für den gesuchten Erwartungswert

$EX = E(X_1 + X_2 + \ldots + X_n) = EX_1 + EX_2 + \ldots + EX_n.$

Die Erwartungswerte EX_k berechnen wir an Hand der angegebenen Verteilungstabellen:

$EX_k = 1 \cdot p_k + 0 \cdot (1 - p_k) = p_k \qquad (k = 1, 2, \ldots, n)$

Damit erhalten wir

$EX = p_1 + p_2 + \cdots + p_n.$

Sind die Treffwahrscheinlichkeiten aller Schützen gleich ($p_1 = p_2 = \cdots = p_n = p$), so ergibt sich, daß der Erwartungswert der Anzahl X der Treffer unter n Schüssen gleich dem Produkt aus der Anzahl n der insgesamt abgegebenen Schüsse und der Treffwahrscheinlichkeit p eines Schusses ist, d. h., daß

$EX = n\,p$ gilt.

Ohne Verwendung der für den Erwartungswert einer Summe von Zufallsgrößen angegebenen Rechenregel hätten wir zur Lösung dieser Aufgabe zuerst die Verteilungstabelle der (zufälligen) Trefferanzahl X — einer Zufallsgröße, die die Werte $0, 1, 2, \ldots, n$ annehmen kann — aufstellen müssen. Die Berechnung der Einzelwahrscheinlichkeiten ist hier schon recht kompliziert, hingegen war der von uns eingeschlagene Lösungsweg doch recht einfach. Bei späteren Betrachtungen — z. B. im Zusammenhang mit der Binomialverteilung — werden wir erneut bestätigen, daß die Verwendung dieser Formel lange und komplizierte Rechnungen erspart. Darüber hinausgehend werden wir erkennen, daß wir auf diesem Wege auch zu allgemeineren als sonst möglichen Aussagen gelangen.

Die folgende Rechenregel ist zwar prinzipiell schon in den ersten drei Rechenregeln enthalten; ihrer besonderen Wichtigkeit wegen führen wir sie aber dennoch gesondert auf.

(4) Es seien X eine diskrete Zufallsgröße und a und b beliebige reelle Zahlen.

▷ BEHAUPTUNG:

Es gilt: $E(aX + b) = aEX + b$

BEWEIS:

Wir fassen b als Zufallsgröße auf, die eine Einpunktverteilung im Punkte b besitzt. Unter Verwendung von (3) erhalten wir

$E(aX + b) = E(aX) + Eb$

und hieraus unter Verwendung von (2) und (1) schließlich

$E(aX + b) = aEX + b.$

Einen Spezialfall der unter (4) bewiesenen Aussage stellen wir noch besonders heraus.

▷ BEHAUPTUNG:

(5) Es gilt: $E(X - EX) = 0$

BEWEIS:

Man setzt in (4) $a = 1$ und $b = EX$.

Den Übergang von X zu $X - EX$ nennt man **Zentrieren** der Zufallsgröße X.

Bei dieser Zusammenstellung von Eigenschaften und Rechenregeln für Erwartungswerte vermißt man möglicherweise eine Formel zur Berechnung des Erwartungswertes eines Produkts von Zufallsgrößen. Wir wollen vorerst darauf hinweisen, daß ohne zusätzliche Voraussetzungen eine Beziehung der Form $E(X \cdot Y) = (EX)(EY)$ nicht gilt und dies an einem Beispiel zeigen.

□ BEISPIEL 6/12:

Wir betrachten die Zufallsgrößen X und Y aus dem Beispiel 6/8 (↗ 109).

X:

1	0
$\frac{5}{11}$	$\frac{6}{11}$

Y:

1	0
$\frac{5}{11}$	$\frac{6}{11}$

Es gilt $EX = 1 \cdot \frac{5}{11} + 0 \cdot \frac{6}{11} = \frac{5}{11} = EY$ und demzufolge $(EX)(EY) = \left(\frac{5}{11}\right)^2$. Die Zufallsgröße $Z = X \cdot Y$ kann ebenfalls nur die Werte 1 und 0 annehmen, dabei gilt

$$P(Z = 1) = P\big((X = 1) \cap (Y = 1)\big) = \frac{2}{11},$$

wie wir im Beispiel 6/8 bereits ausgerechnet haben, und somit

$$P(Z = 0) = 1 - P(Z = 1) = 1 - \frac{2}{11} = \frac{9}{11},$$

woraus sich

$$EZ = E(X \cdot Y) = 1 \cdot \frac{2}{11} + 0 \cdot \frac{9}{11} = \frac{2}{11}$$

ergibt. In diesem Beispiel gilt also $E(X \cdot Y) \neq (EX)(EY)$; wir beachten dabei, daß hier die Zufallsgrößen X und Y nicht unabhängig sind. Wir haben bereits bei der Betrachtung des Beispiels 6/8 darauf hingewiesen, daß die Zufallsgrößen X und Y dann unabhängig sind, wenn die zuerst entnommene Kugel vor der zweiten Kugelentnahme zurückgelegt wird. Unter dieser Annahme ergeben sich für die Einzelwahrscheinlichkeiten der Zufallsgröße $Z = X \cdot Y$

$$P(Z = 1) = P\big((X = 1) \cap (Y = 1)\big) = P(X = 1)\, P(Y = 1) = \frac{5}{11} \cdot \frac{5}{11} = \left(\frac{5}{11}\right)^2,$$

$$P(Z = 0) = 1 - P(Z = 1) = 1 - \left(\frac{5}{11}\right)^2,$$

woraus sich

$$EZ = E(X \cdot Y) = 1 \cdot \left(\frac{5}{11}\right)^2 + 0 \cdot \left(1 - \left(\frac{5}{11}\right)^2\right) = \left(\frac{5}{11}\right)^2$$

ergibt. Wir erhalten somit $E(X \cdot Y) = \left(\frac{5}{11}\right)^2 = (EX)(EY)$.

Da nun die Berechnung des Erwartungswerts des Produkts von zwei Zufallsgrößen X und Y mittels der Formel $E(X \cdot Y) = (EX)\,(EY)$ im allgemeinen erheblich einfacher ist als die Berechnung dieses Erwartungswerts an Hand der Verteilungstabelle von $X \cdot Y$ — ein Beispiel dafür findet man in den Aufgaben —, sind wir sehr interessiert an einer hinreichenden Bedingung für die Gültigkeit von $E(X \cdot Y) = (EX)\,(EY)$. Die dem angegebenen Beispiel zu entnehmende Vermutung, daß die Unabhängigkeit der Zufallsgrößen X und Y eine solche hinreichende Bedingung ist, wird durch die folgende Aussage bestätigt.

(6) Es seien X und Y **unabhängige** diskrete Zufallsgrößen, gegeben durch die Verteilungstabellen

X :

x_1	x_2	x_3	...
p_1	p_2	p_3	...

bzw. Y :

y_1	y_2	y_3	...
q_1	q_2	q_3	...

Wir betrachten die Zufallsgröße $Z = X \cdot Y$, deren Werte sich durch paarweises Multiplizieren der Werte X und Y ergeben.

▷ BEHAUPTUNG:
Es gilt: $E(X \cdot Y) = (EX)\,(EY)$
In Worten: Der Erwartungswert des Produkts zweier unabhängiger (diskreter) Zufallsgrößen ist gleich dem Produkt der Erwartungswerte dieser Zufallsgrößen.

BEWEIS:
Jeder Wert z_k der Zufallsgröße $Z = X \cdot Y$ ist von der Form $x_i \cdot y_j$. Entsprechend der Formel für den Erwartungswert einer diskreten Zufallsgröße erhalten wir mit der Abkürzung $p_{ij} = P\big((X = x_i) \cap (Y = y_j)\big)$:

$$E(X \cdot Y) = EZ = \sum_k z_k\, P(Z = z_k) = \sum_i \sum_j x_i\, y_j\, P\big((X = x_i) \cap (Y = y_j)\big)$$
$$= \sum_i \sum_j x_i\, y_j\, p_{ij}$$

Wegen der vorausgesetzten Unabhängigkeit der Zufallsgrößen X und Y gilt nun
$p_{ij} = P\big((X = x_i) \cap (Y = y_j)\big) = P(X = x_i)\, P(Y = y_j) = p_i\, q_j$
und daher

$$E(X \cdot Y) = \sum_i \sum_j x_i\, y_j\, p_i\, q_j = \Big(\sum_i x_i\, p_i\Big)\Big(\sum_j y_j\, q_j\Big)$$
$$= (EX)\,(EY)\,, \qquad \text{w. z. b. w.}$$

6.3. Die Streuung diskreter Zufallsgrößen

In diesem Abschnitt wollen wir eine weitere Kenngröße einer diskreten Zufallsgröße — die sogenannte **Streuung** — kennenlernen, die uns ebenfalls einen gewissen Aufschluß über die Zufallsgröße und deren Wahrscheinlichkeitsverteilung gibt. Die Notwendigkeit der Betrachtung einer weiteren Kenngröße ergibt sich unter anderem daraus, daß Zufallsgrößen, die den gleichen Erwartungswert besitzen, sich noch sehr wesentlich in ihren Wahrscheinlichkeitsverteilungen unterscheiden können. So besitzen z. B. die durch die folgenden Verteilungstabellen

-1	0	1
$\frac{1}{100}$	$\frac{98}{100}$	$\frac{1}{100}$

-1	0	1
$\frac{1}{3}$	$\frac{1}{3}$	$\frac{1}{3}$

-10	0	10
$\frac{1}{4}$	$\frac{1}{2}$	$\frac{1}{4}$

gegebenen — offenbar recht unterschiedlichen — Zufallsgrößen sämtlich den Erwartungswert Null. Der Erwartungswert liefert also keinerlei Auskunft darüber, wie stark die einzelnen Werte der Zufallsgröße um den Erwartungswert schwanken. Die Streuung soll nun eine Vorstellung darüber vermitteln, wie stark die Zufallsgröße um ihren Erwartungswert schwankt, d. h., sie soll eine Maßzahl für die Abweichungen der Werte der Zufallsgröße von dem durch den Erwartungswert beschriebenen durchschnittlichen Wert dieser Zufallsgröße sein.
Wir bringen zunächst die mathematische Definition der Streuung einer diskreten Zufallsgröße und werden im Anschluß daran und mehr noch bei späteren Untersuchungen sehen, daß diese Definition unseren inhaltlichen Vorstellungen vom Begriff der Streuung gut entspricht.

⋈ DEFINITION:

Es sei X die durch die folgende Verteilungstabelle gegebene diskrete Zufallsgröße:

X:

x_1	x_2	x_3	...
p_1	p_2	p_3	...

$$\begin{pmatrix} p_k = P(X = x_k),\ k = 1, 2, 3, \ldots \\ p_1 + p_2 + p_3 + \ldots = 1 \end{pmatrix}$$

Dann heißt die mit D^2X (lies: „D-Quadrat von X" oder „Streuung von X") bezeichnete und durch

$$D^2X = \sum_k (x_k - EX)^2\, p_k = (x_1 - EX)^2\, p_1 + (x_2 - EX)^2\, p_2 + \ldots$$

definierte nichtnegative Zahl **Streuung** der Zufallsgröße X.

Die Wurzel aus der Streuung, d. h. $\sqrt{D^2X}$, nennen wir **Standardabweichung** der Zufallsgröße X.

In Worten: Die Streuung einer diskreten Zufallsgröße ist gleich der Summe der Produkte der quadrierten Abweichungen der Werte der Zufallsgröße von ihrem Erwartungswert und den entsprechenden Einzelwahrscheinlichkeiten.

Wie aus der Definitionsgleichung für die Streuung unmittelbar ersichtlich ist, können wir die Zahl D^2X als Erwartungswert derjenigen Zufallsgröße ansehen, die die Werte $(x_1 - EX)^2, (x_2 - EX)^2, \ldots$ mit den Wahrscheinlichkeiten $p_1, p_2, \ldots$ annimmt; diese Zufallsgröße bezeichnen wir in naheliegender Weise mit $(X - EX)^2$.

▷ Es gilt also:

$$D^2X = E(X - EX)^2$$

Hieraus resultiert auch die häufig verwendete Bezeichnung der Streuung einer Zufallsgröße als **mittlere quadratische Abweichung** der Zufallsgröße von ihrem Erwartungswert.

Bemerkung: In dem Falle, daß die Zufallsgröße abzählbar-unendlich viele Werte annehmen kann, kommt in der Definition der Streuung eine unendliche Reihe nichtnegativer Zahlen vor. Wenn diese unendliche Reihe nicht konvergiert, so sieht man von der Definition der Streuung auf diesem Wege ab. Allen in diesem Buch behandelten diskreten Zufallsgrößen ist jedoch mittels der in der obigen Definition angegebenen Formel eine Streuung zugeordnet. Bei allgemeinen Überlegungen — z. B. bei der Herleitung von Rechenregeln für die Streuung am Ende dieses Abschnitts (↗ 121 ff.) — setzen wir die Existenz der Streuungen voraus, ohne jedesmal darauf hinzuweisen; hingegen werden wir es ausdrücklich vermerken, wenn die Existenz der Streuungen eine wesentliche Voraussetzung für einen Sachverhalt ist.

□ BEISPIELE 6/13 und 14:

13. Wir betrachten die Zufallsgröße X aus dem Beispiel 6/1 (↗ 104, X ... Augenzahl beim einmaligen Würfeln mit einem Spielwürfel).

X:	1	2	3	4	5	6
	$\frac{1}{6}$	$\frac{1}{6}$	$\frac{1}{6}$	$\frac{1}{6}$	$\frac{1}{6}$	$\frac{1}{6}$

Für die Streuung D^2X dieser Zufallsgröße X erhalten wir unter Verwendung von $EX = 3{,}5$ (↗ 111, Beispiel 6/9) nach obiger Formel

$$D^2X = \sum_{k=1}^{6} (k - 3{,}5)^2 \cdot \frac{1}{6} = \frac{1}{6} \cdot \frac{25 + 9 + 1 + 1 + 9 + 25}{4}$$
$$= \frac{35}{12} \approx 2{,}92\,.$$

14. Wir betrachten die Zufallsgröße X aus dem Beispiel 6/2 (↗ 104, X ... Anzahl der abgegebenen Schüsse).

X:	1	2	3
	0,8	0,16	0,04

Für die Streuung D^2X dieser Zufallsgröße X erhalten wir unter Verwendung von $EX = 1{,}24$ (↗ 111, Beispiel 6/10) nach obiger Formel

$$D^2X = (1 - 1{,}24)^2 \cdot 0{,}8 + (2 - 1{,}24)^2 \cdot 0{,}16 + (3 - 1{,}24)^2 \cdot 0{,}04$$
$$= 0{,}2624\,.$$

Die zahlenmäßige Berechnung der Streuung einer diskreten, durch ihre Verteilungstabelle gegebenen Zufallsgröße kann man oft — insbesondere dann, wenn die Werte der Zufallsgröße ganze Zahlen sind — vereinfachen. Zur Herleitung einer Formel, die häufig eine einfachere Berechnung der Streuung ermöglicht, gehen wir von der Definitionsgleichung für die Streuung aus (↗ 118).

$$D^2X = \sum_k (x_k - EX)^2 p_k = \sum_k \left(x_k^2 - 2\,x_k\,EX + (EX)^2\right) p_k$$
$$= \sum_k x_k^2 p_k - 2\,EX \sum_k x_k p_k + (EX)^2 \sum_k p_k\,.$$

Berücksichtigen wir in dieser Beziehung, daß definitionsgemäß $\sum\limits_k x_k p_k = EX$ und außerdem $\sum\limits_k p_k = 1$ (↗ 107, Abschnitt 6.1.) gilt, so erhalten wir

$$D^2X = \sum_k x_k^2 p_k - 2\,EX \cdot EX + (EX)^2 = \sum_k x_k^2 p_k - (EX)^2\,,$$

ausführlicher geschrieben:

▷ $$D^2X = \sum_k x_k^2 p_k - \left(\sum_k x_k p_k\right)^2$$

Die Anwendung dieser Formel im Falle des Beispiels 6/10 liefert einfacher als dort:

$$D^2X = 1^2 \cdot 0{,}8 + 2^2 \cdot 0{,}16 + 3^2 \cdot 0{,}04 - 1{,}24^2 = 0{,}2624$$

Fassen wir $\sum\limits_k x_k^2 p_k$ als Erwartungswert derjenigen Zufallsgröße auf, die die Werte $x_1^2, x_2^2, x_3^2, \ldots$ mit den Wahrscheinlichkeiten $p_1, p_2, p_3, \ldots$ annimmt — wir bezeichnen diese Zufallsgröße in naheliegender Weise mit X^2 und nennen sie das *Quadrat der Zufallsgröße X* —, so können wir das erhaltene Resultat auch in der folgenden Form schreiben:

▷ $$D^2X = E(X^2) - (EX)^2$$

In Worten: Die Streuung einer Zufallsgröße ist gleich der Differenz zwischen dem Erwartungswert des Quadrats dieser Zufallsgröße und dem Quadrat ihres Erwartungswerts.

Von der Richtigkeit dieser Beziehung können wir uns auch durch eine mehr formale Rechnung überzeugen. Wir gehen dazu von der im Anschluß an die Definition der Streuung angegebenen Formel $D^2X = E(X - EX)^2$ aus und verwenden die Rechenregeln (3) und (4) für Erwartungswerte (↗ 113 ff., Abschnitt 6.2.).

$$D^2X = E(X - EX)^2 = E^2\left(X - 2\,X \cdot EX + (EX)^2\right)$$
$$= E(X)^2 - 2\,EX \cdot EX + (EX)^2$$
$$= E(X^2) - (EX)^2$$

Diese formale Rechnung ist ein ebenso gültiger Beweis wie der zuerst angegebene.
Wir beschließen diesen Abschnitt mit der Zusammenstellung einiger weiterer Eigenschaften der Streuung, die uns davon überzeugen werden, daß die oben definierte Streuung einer diskreten Zufallsgröße eine vernünftige Maßzahl für die Abweichungen

der Werte der Zufallsgröße von ihrem Erwartungswert darstellt. Außerdem werden uns diese Rechenregeln noch des öfteren bei späteren Untersuchungen von großem Nutzen sein. Die Beweise für die Aussagen (2) bis (5) erbringen wir unter Verwendung der im Abschnitt 6.2. dargestellten Rechenregeln für Erwartungswerte (↗ 112 ff.) durch ähnliche Rechnungen, wie wir sie zur Herleitung der Beziehung $D^2X = E(X)^2 - (EX)^2$ durchgeführt haben.

▷ EIGENSCHAFTEN DER STREUUNG:

Wir haben in der Definition der Streuung vermerkt, daß die Streuung stets eine nichtnegative Zahl ist, d. h., daß für jede diskrete Zufallsgröße X die Ungleichung $D^2X \geqq 0$ besteht. Von besonderer Wichtigkeit für das Verständnis des Begriffs der Streuung ist in diesem Zusammenhang die folgende Aussage:

(1) Die Streuung einer diskreten Zufallsgröße X ist dann und nur dann gleich Null, wenn die Zufallsgröße X eine Einpunktverteilung besitzt, d. h., wenn die Zufallsgröße X nur einen einzigen Wert — diesen dann mit der Wahrscheinlichkeit Eins — annehmen kann:

$$D^2X = 0 \quad \Leftrightarrow \quad \begin{array}{l} X \text{ besitzt eine Einpunktverteilung, d. h.,} \\ \text{es gibt eine Zahl } x_1 \text{ mit } P(X = x_1) = 1. \end{array}$$

BEWEIS:

a) Die Zufallsgröße X besitze eine Einpunktverteilung im Punkte x_1. Dann gilt $EX = x_1 \cdot 1 = x_1$ und demzufolge
$D^2X = (x_1 - EX)^2\, p_1 = (x_1 - x_1)^2 \cdot 1 = 0\,,$ w. z. b. w.

b) Für die Streuung D^2X einer durch die Verteilungstabelle

x_1	x_2	x_3	...
p_1	p_2	p_3	...

$$\begin{pmatrix} p_k = P(X = x_k), \quad k = 1, 2, \ldots \\ p_1 + p_2 + p_3 + \ldots = 1 \end{pmatrix}$$

beschriebenen Zufallsgröße X gelte $D^2X = 0$, d. h., $\sum_k (x_k - EX)^2\, p_k = 0$. Da eine Summe nichtnegativer Zahlen nur dann den Wert Null haben kann, wenn jeder Summand den Wert Null hat, folgt hieraus $(x_k - EX)^2\, p_k = 0$ für $k = 1, 2, \ldots$ Also muß für jedes k mindestens eine der Gleichungen $(x_k - EX)^2 = 0$, d. h. $x_k = EX$ oder $p_k = 0$ bestehen. Aus $x_k \neq EX$ folgt $p_k = 0$, aus $p_k > 0$ — wegen $\sum_i p_i = 1$ gibt es mindestens eine solche Zahl p_k — folgt $x_k = EX$. Der einzige Wert, der mit positiver Wahrscheinlichkeit angenommen wird, ist also der Erwartungswert; wegen $\sum_i p_i = 1$ wird dieser Wert mit der Wahrscheinlichkeit Eins angenommen. Dies bedeutet nun gerade, daß die Zufallsgröße X eine Einpunktverteilung besitzt.

(2) Es seien X eine diskrete Zufallsgröße und c eine beliebige reelle Zahl. Wir betrachten den Erwartungswert des Quadrats der Abweichung der Zufallsgröße X von der Zahl c, d. h. $E(X-c)^2$. (Für $c = EX$ erhalten wir speziell $E(X-EX)^2$, also die Streuung D^2X der Zufallsgröße X.) Die folgende Aussage beinhaltet eine interessante Eigenschaft der Streuung und gibt gleichzeitig eine aufschlußreiche Beschreibung des Erwartungswerts.

▷ BEHAUPTUNG:
Es gilt: $E(X-c)^2 \geqq E(X-EX)^2$
In dieser Ungleichung steht genau dann das Gleichheitszeichen, wenn $c = EX$ gesetzt wird.

BEWEIS:
Es gilt:

$$\begin{aligned} E(X-c)^2 &= E(X^2 - 2\,cX + c^2) = E(X^2) - 2\,cEX + c^2 \\ &= E(X^2) - (EX)^2 + (EX)^2 - 2\,cEX + c^2 \\ &= D^2X + (EX-c)^2 \end{aligned}$$

Hieraus ergibt sich $E(X-c)^2 \geqq D^2X$; in dieser Ungleichung steht genau dann das Gleichheitszeichen, wenn
$(EX-c)^2 = 0$, d. h. $c = EX$ gilt.

(3) Es seien X eine diskrete Zufallsgröße und a eine beliebige reelle Zahl. Zwischen der Streuung der Zufallsgröße aX und der Streuung der Zufallsgröße X besteht der folgende Zusammenhang:

▷ $D^2(aX) = a^2\, D^2X$

BEWEIS:

$$\begin{aligned} D^2(aX) &= E\big(aX - E(aX)\big)^2 = E\,[a\,(X-EX)]^2 = a^2E(X-EX)^2 \\ &= a^2D^2X, \text{ w. z. b. w.} \end{aligned}$$

Insbesondere gilt also:

$$D^2(-X) = D^2X, \quad D^2\left(\frac{X}{\sqrt{D^2X}}\right) = 1$$

Den Übergang von X zu $\frac{X}{\sqrt{D^2X}}$ nennt man **Normieren.**

(4) Es seien X eine diskrete Zufallsgröße und b eine beliebige reelle Zahl.

▷ BEHAUPTUNG:
Es gilt: $D^2(X+b) = D^2X$
In Worten: Das Addieren einer beliebigen festen Zahl b zu jedem Wert einer Zufallsgröße X bewirkt keine Änderung der Streuung dieser Zufallsgröße.

BEWEIS:

$$\begin{aligned} D^2(X+b) &= E\,[(X+b) - E(X+b)]^2 = E\,(X+b-EX-b)^2 \\ &= E(X-EX)^2 \\ &= D^2X, \text{ w. z. b. w.} \end{aligned}$$

Da wir von der folgenden Aussage, die sich unmittelbar aus den Rechenregeln für Erwartungswerte (↗ 112 ff.) und den Rechenregeln (3) und (4) für Streuungen (↗ 122) ergibt, noch vielfach Gebrauch machen werden, wollen wir sie besonders herausstellen.

(5) Es sei X eine diskrete Zufallsgröße mit dem Erwartungswert EX und der positiven Streuung D^2X.

▷ BEHAUPTUNG:

Die Zufallsgröße $Z = \frac{X - EX}{\sqrt{D^2X}}$ besitzt den Erwartungswert Null ($EZ = 0$) und die Streuung Eins ($D^2Z = 1$).

BEWEIS:

$$EZ = E\left(\frac{X - EX}{\sqrt{D^2X}}\right) = \frac{1}{\sqrt{D^2X}} E(X - EX) = 0;$$

$$D^2Z = D^2\left(\frac{X - EX}{\sqrt{D^2X}}\right) = \frac{1}{D^2X} D^2(X - EX) = \frac{1}{D^2X} D^2X = 1\,.$$

Den Übergang von X zu $\frac{X - EX}{\sqrt{D^2X}}$ nennt man **Standardisieren.**

Schließlich wollen wir uns noch mit der Frage beschäftigen, wie die Streuung einer Summe von diskreten Zufallsgrößen zu berechnen ist.

(6) Es seien X und Y diskrete Zufallsgrößen.

▷ BEHAUPTUNG:

Es gilt: $D^2(X + Y) = D^2X + D^2Y + 2\,(E(X \cdot Y) - (EX)\,(EY))$

BEWEIS:

Unter Verwendung der oben hergeleiteten Beziehung $D^2Z = E(Z^2) - (EZ)^2$ und der Rechenregeln für Erwartungswerte (↗ 112 ff.) erhalten wir:

$$\begin{aligned} D^2(X + Y) &= E(X + Y)^2 - (E(X + Y))^2 \\ &= E(X^2 + 2\,X \cdot Y + Y^2) - (EX + EY)^2 \\ &= E(X^2) + 2\,E(X \cdot Y) + E(Y^2) - (EX)^2 - 2\,(EX)\,(EY) - (EY)^2 \\ &= E(X^2) - (EX)^2 + E(Y^2) - (EY)^2 + 2\,(E(X \cdot Y) - (EX)\,(EY)) \\ &= D^2X + D^2Y + 2\,(E(X \cdot Y) - (EX)\,(EY))\,, \text{ w. z. b. w.} \end{aligned}$$

Wir können eine entsprechende Aussage auch für den Fall von *mehr als zwei* Summanden beweisen.
Es seien also $X_1, X_2, \ldots, X_n$ diskrete Zufallsgrößen.

▷ BEHAUPTUNG:
Es gilt:

$$D^2\left(\sum_{i=1}^{n} X_i\right) = \sum_{i=1}^{n} D^2X_i + 2\sum_{j<k}\sum \left(E(X_j X_k) - (EX_j)(EX_k)\right)$$

($\sum_{j<k}\sum$ bedeutet, daß die Summation über alle Zahlen j und k zwischen 1 und n zu erstrecken ist, für die $j < k$ gilt.)

BEWEIS:
Der Beweis erfolgt analog den oben für den Fall $n = 2$ durchgeführten Überlegungen.

$$\begin{aligned} D^2\left(\sum_{i=1}^{n} X_i\right) &= E\left(\sum_{i=1}^{n} X_i\right)^2 - \left(E\left(\sum_{i=1}^{n} X_i\right)\right)^2 \\ &= E\left(\sum_{i=1}^{n} X_i^2 + 2\sum_{j<k}\sum X_j X_k\right) - \left(\sum_{i=1}^{n} EX_i\right)^2 \\ &= \sum_{i=1}^{n} EX_i^2 + 2\sum_{j<k}\sum E(X_j X_k) - \sum_{i=1}^{n} (EX_i)^2 - 2\sum_{j<k}\sum (EX_j)(EX_k) \\ &= \sum_{i=1}^{n} D^2X_i + 2\sum_{j<k}\sum \left(E(X_j X_k) - (EX_j)(EX_k)\right), \text{ w. z. b. w.} \end{aligned}$$

Wir erkennen also, daß die Streuung einer Summe von Zufallsgrößen im allgemeinen nicht gleich der Summe der Streuungen dieser Zufallsgrößen ist. Die in der ersten Behauptung angegebene allgemeingültige Formel für die Streuung der Summe zweier Zufallsgrößen X und Y zeigt, daß genau dann $D^2(X + Y) = D^2X + D^2Y$ gilt, wenn $E(XY) = (EX)(EY)$ gilt.
Wie wir im Rahmen der Aussage (6) über Erwartungswerte (↗ 117, Abschnitt 6.2.) bewiesen haben, ist für die Gültigkeit von $E(XY) = (EX)(EY)$ die Unabhängigkeit der Zufallsgrößen X und Y hinreichend. Damit erhalten wir die folgende wichtige Aussage:

▷ **Sind die Zufallsgrößen X und Y *unabhängig*, so gilt:**
$D^2(X + Y) = D^2X + D^2Y$

An Hand der in der zweiten Behauptung angegebenen Formel erkennt man — wiederum unter Verwendung von Aussage (6) über Erwartungswerte (↗ 117) — die Richtigkeit der folgenden Aussage:

▷ Sind die Zufallsgrößen $X_1, X_2, \ldots, X_n$ *paarweise unabhängig*, so gilt:
$D^2(X_1 + X_2 + \ldots + X_n) = D^2X_1 + D^2X_2 + \ldots + D^2X_n$
In Worten: Die Streuung einer Summe paarweise unabhängiger Zufallsgrößen ist gleich der Summe der Streuungen dieser Zufallsgrößen.

□ BEISPIEL 6/15:

Wir schließen an das Beispiel 6/11 (↗ 114 f.) an und behalten auch die dort eingeführten Bezeichnungen bei. Hier interessieren wir uns nun für die Streuung der (zufälligen) Anzahl X der Treffer. Da die n Schützen unabhängig voneinander auf das Ziel schießen, sind die Zufallsgrößen $X_1, X_2, \ldots, X_n$ vollständig und also erst recht paarweise unabhängig. Aus

$X = X_1 + X_2 + \ldots + X_n$ folgt daher

$D^2X = D^2X_1 + D^2X_2 + \ldots + D^2X_n$.

Die Streuungen D^2X_k, $k = 1, 2, \ldots, n$ berechnen wir an Hand der im Abschnitt 6.2. angegebenen Verteilungstabellen und unter Benutzung von $EX_k = p_k$; wir erhalten

$D^2X_k = (1 - p_k)^2\, p_k + (0 - p_k)^2\, (1 - p_k) = p_k\,(1 - p_k) \quad (k = 1, 2, \ldots, n)$

und hieraus

$$D^2X = \sum_{k=1}^{n} p_k\,(1 - p_k)\,.$$

Im Spezialfall der Gleichheit der Treffwahrscheinlichkeiten für alle Schützen

$(p_1 = p_2 = \cdots = p_n = p)$

ergibt sich

$D^2X = n\,p\,(1 - p)\,.$

6.4. Die Verteilungsfunktion

Der Begriff „Verteilungsfunktion" gibt die Möglichkeit, die Wahrscheinlichkeitsverteilung einer beliebigen — also nicht notwendig diskreten — Zufallsgröße in einfacher und einheitlicher Weise zu beschreiben. Die Verteilungsfunktion einer Zufallsgröße ist eine auf der reellen Achse definierte Funktion, deren Werte Wahrscheinlichkeiten von zufälligen Ereignissen sind, die mit dieser Zufallsgröße im Zusammenhang stehen. Bei praktischen Fragestellungen ist man stets in der Lage, an Hand der Werte dieser Funktion die interessierenden Wahrscheinlichkeiten zu berechnen.

Wir gehen von einer beliebigen Zufallsgröße X aus. Weiter sei x irgendeine reelle Zahl. Die Wahrscheinlichkeit dafür, daß die Zufallsgröße X einen Wert kleiner als x annimmt — wir schreiben dieses zufällige Ereignis in der Form $(X < x)$ — wollen wir mit $F_X(x)$ bezeichnen. Es gilt also $F_X(x) = P(X < x)$. Durchläuft nun x die Menge der reellen Zahlen, so liefert die Zuordnung $x \to F_X(x) = P(X < x)$ eine auf der reellen Achse definierte Funktion F_X. Diese Funktion heißt Verteilungsfunktion der Zufallsgröße X. In der folgenden Definition fassen wir dies noch einmal kurz zusammen.

⋈ DEFINITION:

Es sei X eine beliebige Zufallsgröße. Die durch

$x \to F_X(x) = P(X < x)$

auf der Menge der reellen Zahlen definierte Funktion F_X heißt **Verteilungsfunktion der Zufallsgröße** X. Der Wert $F_X(x)$ der Verteilungsfunktion F_X der Zufallsgröße X an der Stelle x ist gleich der Wahrscheinlichkeit dafür, daß die Zufallsgröße X einen Wert kleiner als x annimmt.

(Bei allgemeinen Untersuchungen von Verteilungsfunktionen oder dann, wenn klar ist, zu welcher Zufallsgröße die Verteilungsfunktion gehört, lassen wir den Index X bei F_X gelegentlich weg und schreiben also einfach „F".)

□ BEISPIEL 6/15:

Der zufällige Versuch bestehe im einmaligen Würfeln mit einem Würfel. Es bezeichne X die (zufällige) gewürfelte Augenzahl. Die zu X gehörige Verteilungstabelle lautet:

1	2	3	4	5	6
$\frac{1}{6}$	$\frac{1}{6}$	$\frac{1}{6}$	$\frac{1}{6}$	$\frac{1}{6}$	$\frac{1}{6}$

Wir bestimmen nun die Verteilungsfunktion F dieser Zufallsgröße X. Um die nachfolgend nur kurz wiedergegebene Berechnung besser zu verstehen, führen wir die Bestimmung des Funktionswertes von F an einer festen Stelle x — wir wählen als Beispiel $x = 3{,}2$ — ausführlich vor. Wir berechnen also jetzt $F(3{,}2) = P(X < 3{,}2)$, d. h. die Wahrscheinlichkeit dafür, daß die gewürfelte Augenzahl kleiner als 3,2 ausfällt. Dieses Ereignis tritt genau dann ein, wenn eine der Zahlen 1, 2 oder 3 gewürfelt wird:

$(X < 3{,}2) = (X = 1) \cup (X = 2) \cup (X = 3)$

Da die rechtsstehenden Ereignisse paarweise unvereinbar sind, erhalten wir:

$F(3{,}2) = P(X < 3{,}2) = P(X = 1) + P(X = 2) + P(X = 3) = \frac{1}{6} + \frac{1}{6} + \frac{1}{6} = \frac{1}{2}$

Wir wären auch dann zu dem Resultat $\frac{1}{2}$ gelangt, wenn wir an Stelle von $x = 3{,}2$ von irgendeiner Zahl x mit $3 < x \leqq 4$ ausgegangen wären. Also gilt $F(x) = \frac{1}{2}$ für alle x mit $3 < x \leqq 4$. Die Werte von F an den anderen Stellen x berechnen wir durch entsprechende Überlegungen und erhalten:

$$
\begin{aligned}
-\infty < x \leqq 1: &\quad F(x) = P(\emptyset) = 0 \\
1 < x \leqq 2: &\quad F(x) = P(X = 1) = \tfrac{1}{6} \\
2 < x \leqq 3: &\quad F(x) = P(X = 1) + P(X = 2) = \tfrac{1}{3} \\
3 < x \leqq 4: &\quad F(x) = P(X = 1) + P(X = 2) + P(X = 3) = \tfrac{1}{2} \\
4 < x \leqq 5: &\quad F(x) = P(X = 1) + \ldots + P(X = 4) = \tfrac{2}{3} \\
5 < x \leqq 6: &\quad F(x) = P(X = 1) + \ldots + P(X = 5) = \tfrac{5}{6} \\
6 < x < +\infty: &\quad F(x) = P(X = 1) + \ldots + P(X = 6) = 1
\end{aligned}
$$

Bild 21 zeigt die graphische Darstellung der Funktion F. Die Bedeutung der Pfeile in dieser graphischen Darstellung ist an Hand der oben angegebenen analytischen Darstellung der Funktion F unmittelbar einzusehen. Wir stellen insbesondere fest, daß die graphische Darstellung der Funktion F an den Stellen 1, 2, 3, 4, 5, 6 — das sind gerade die Werte der Zufallsgröße X — Sprünge (oder Stufen) der Höhe $\frac{1}{6}$ — das sind gerade die Einzelwahrscheinlichkeiten der Zufallsgröße X — aufweist.

Im Zusammenhang mit praktischen Fragestellungen ist oft die Wahrscheinlichkeit für das Hineinfallen einer Zufallsgröße in ein bestimmtes Intervall zu berechnen. So interessiert man sich z. B. für die Wahrscheinlichkeit dafür, daß der äußere Durchmesser X einer aus der laufenden Produktion zufällig herausgegriffenen Antriebswelle

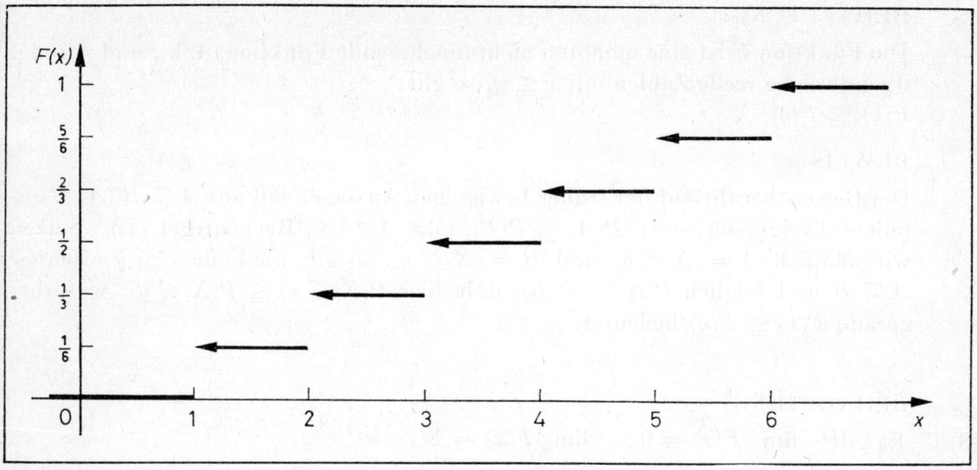

Bild 21

mindestens so groß wie die untere Toleranzgrenze a und kleiner als das Sollmaß b ist, d. h. für $P(a \leqq X < b)$. Speziell solche Wahrscheinlichkeiten kann man nun unmittelbar an Hand der Werte der Verteilungsfunktion F der Zufallsgröße X berechnen.

▷ BEHAUPTUNG:

Es gilt $P(a \leqq X < b) = F(b) - F(a)$ $(a, b$ reell, $a < b)$.

BEWEIS:

Wegen $(X < b) = (X < a) \cup (a \leqq X < b)$
und $(X < a) \cap (a \leqq X < b) = \emptyset$
erhalten wir auf Grund von Axiom 3 (↗ 63, Abschnitt 4.1.)
$P(X < b) = P(X < a) + P(a \leqq X < b)$,
d. h. $F(b) = F(a) + P(a \leqq X < b)$,
also $F(b) - F(a) = P(a \leqq X < b)$, w. z. b. w.

Bevor wir speziell die Eigenschaften der Verteilungsfunktion einer diskreten Zufallsgröße — wie sie sich in obigem Beispiel schon zeigten — hervorheben, wollen wir einige Eigenschaften der Verteilungsfunktion F einer beliebigen Zufallsgröße X angeben.

Eigenschaften der Verteilungsfunktion einer beliebigen Zufallsgröße

▷ BEHAUPTUNG:

(1) Es gilt $0 \leqq F(x) \leqq 1$ für jede reelle Zahl x.

BEWEIS:

Da $F(x)$ die Wahrscheinlichkeit eines zufälligen Ereignisses angibt, gilt auf Grund von Axiom 1 (↗ 63, Abschnitt 4.1.) $0 \leqq F(x) \leqq 1$.

▷ BEHAUPTUNG:

(2) Die Funktion F ist eine monoton nichtabnehmende Funktion, d. h., sind x und y irgendwelche reelle Zahlen mit $x \leqq y$, so gilt:
$F(x) \leqq F(y)$

BEWEIS:

Der Beweis beruht auf der früher bewiesenen Aussage, daß aus $A \subset B$ (A, B zufällige Ereignisse) stets $P(A) \leqq P(B)$ folgt (↗ 68, Rechenregel (4)). Setzen wir nämlich $A = (X < x)$ und $B = (X < y)$, so gilt im Falle $x \leqq y$ offenbar $A \subset B$ und folglich $P(A) \leqq P(B)$, d. h. hier $P(X < x) \leqq P(X < y)$, was aber gerade $F(x) \leqq F(y)$ bedeutet.

▷ BEHAUPTUNG:

(3) Es gilt: $\lim\limits_{x \to -\infty} F(x) = 0, \quad \lim\limits_{x \to +\infty} F(x) = 1$

BEWEIS:

Die Existenz der angegebenen Grenzwerte folgt aus der Monotonie und der Beschränktheit der Funktion F, d. h. aus den Eigenschaften (1) und (2); außerdem gilt offensichtlich $0 \leqq \lim\limits_{x \to -\infty} F(x) \leqq \lim\limits_{x \to +\infty} F(x) \leqq 1$. Es genügt also zu zeigen, daß $\lim\limits_{n \to \infty} F(-n) = 0$ und $\lim\limits_{n \to \infty} F(n) = 1$ gilt, wobei n die Menge der natürlichen Zahlen durchläuft.

Wir betrachten die paarweise unvereinbaren zufälligen Ereignisse
$A_k = (k - 1 \leqq X < k), \quad k = 0, \pm 1, \pm 2, \ldots$

Dann gilt auf Grund von Axiom 4 (↗ 65, Abschnitt 4.1.):

$$1 = P(\Omega) = P\Big(\bigcup_{k=-\infty}^{\infty} A_k\Big) = \sum_{k=-\infty}^{\infty} P(A_k) = \lim_{n \to \infty} \sum_{k=-n+1}^{n} P(A_k)$$

Mit $P(A_k) = P(k - 1 \leqq X < k) = F(k) - F(k-1)$ erhalten wir daraus

$$\begin{aligned}\lim_{n \to \infty} \sum_{k=-n+1}^{n} P(A_k) &= \lim_{n \to \infty} \sum_{k=-n+1}^{n} \big(F(k) - F(k-1)\big) \\ &= \lim_{n \to \infty} \big(F(n) - F(-n)\big) \\ &= \lim_{n \to \infty} F(n) - \lim_{n \to \infty} F(-n) = 1\,.\end{aligned}$$

Da die Differenz zweier zwischen Null und Eins gelegener Zahlen nur dann den Wert Eins haben kann, wenn der Minuend gleich Eins und der Subtrahend gleich Null ist, folgt hieraus
$\lim\limits_{n \to \infty} F(n) = 1$, $\lim\limits_{n \to \infty} F(-n) = 0$, w. z. b. w.

Bemerkung: Handelt es sich speziell um eine diskrete Zufallsgröße, die nur endlich viele Werte annehmen kann, so ist die eben bewiesene Aussage sofort einzusehen. Wir machen aber darauf aufmerksam, daß im hier betrachteten Fall einer beliebigen Zufallsgröße die Verwendung von Axiom 4 (↗ 65) nicht zu umgehen ist. So beweist auch das Argument, $(X < -\infty)$ ist ein unmögliches Ereignis, nur die Aussage $P(X < -\infty) = 0$, nicht aber die Beziehung $\lim\limits_{x \to -\infty} F(x) = \lim\limits_{x \to -\infty} P(X < x) = 0$.

Eigenschaften der Verteilungsfunktion einer diskreten Zufallsgröße

Wie bereits angekündigt, wollen wir uns nun noch mit den speziellen Eigenschaften der Verteilungsfunktion einer diskreten Zufallsgröße beschäftigen. Es sei also X eine diskrete Zufallsgröße, gegeben durch die Verteilungstabelle

x_1	x_2	x_3	...
p_1	p_2	p_3	...

$$\begin{pmatrix} p_k = P(X = x_k)\,, & k = 1, 2, \ldots \\ p_1 + p_2 + p_3 + \ldots = 1 & \end{pmatrix},$$

wobei wir offenbar voraussetzen können, daß die Werte untereinander verschieden und die Einzelwahrscheinlichkeiten sämtlich positiv sind. Das Ereignis $(X < x)$ läßt sich darstellen als Summe derjenigen paarweise unvereinbaren Ereignisse $(X = x_k)$, die das Ereignis $(X < x)$ nach sich ziehen, d. h., für die $x_k < x$ gilt:

$$(X < x) = \bigcup_{k:\, x_k < x} (X = x_k)$$

Da die Wahrscheinlichkeit einer Summe paarweise unvereinbarer Ereignisse gleich der Summe der Wahrscheinlichkeiten dieser Ereignisse ist, erhalten wir hieraus

$$\triangleright \quad F(x) = P(X < x) = \sum_{k:\, x_k < x} P(X = x_k) = \sum_{k:\, x_k < x} p_k\,.$$

Lassen wir nun x die Menge der reellen Zahlen durchlaufen, so erkennen wir, daß die Funktion F an den Stellen x_k — den Werten der Zufallsgröße X — Sprünge (oder Stufen) der Höhe p_k — den Einzelwahrscheinlichkeiten der Zufallsgröße X — besitzt ($k = 1, 2, \ldots$). Die graphische Darstellung einer solchen Funktion F besteht aus horizontalen Geradenstücken. (Man nennt eine Funktion mit dieser Eigenschaft häufig eine Treppenfunktion.) Der Wert von F an einer Sprungstelle ist gleich der Höhe des niedrigeren der beiden Geradenstücke. Zwischen zwei benachbarten Sprungstellen ist F konstant.

Damit ist klar, wie man für den Fall, daß die Zufallsgröße nur endlich viele Werte annehmen kann, aus der Verteilungstabelle die graphische Darstellung der Verteilungsfunktion ohne jede Rechnung gewinnen kann: Die Verteilungsfunktion hat den Wert Null von $-\infty$ bis zum kleinsten Wert der Zufallsgröße (einschließlich), springt dort um die Wahrscheinlichkeit dieses kleinsten Wertes (nach oben), verläuft in dieser Höhe parallel zur x-Achse bis zum nächstgrößeren Wert der Zufallsgröße (einschließlich), springt dort um dessen Wahrscheinlichkeit (nach oben) usf.; schließlich springt sie am größten Wert der Zufallsgröße auf die Höhe 1 und verläuft von dort parallel zur x-Achse. (Für den bei dieser Betrachtung ausgeschlossenen Fall, daß die Zufallsgröße abzählbar-unendlich viele Werte annehmen kann, ist es nicht möglich, eine vollständige graphische Darstellung der Verteilungsfunktion vorzunehmen.) Wir betrachten noch ein Beispiel.

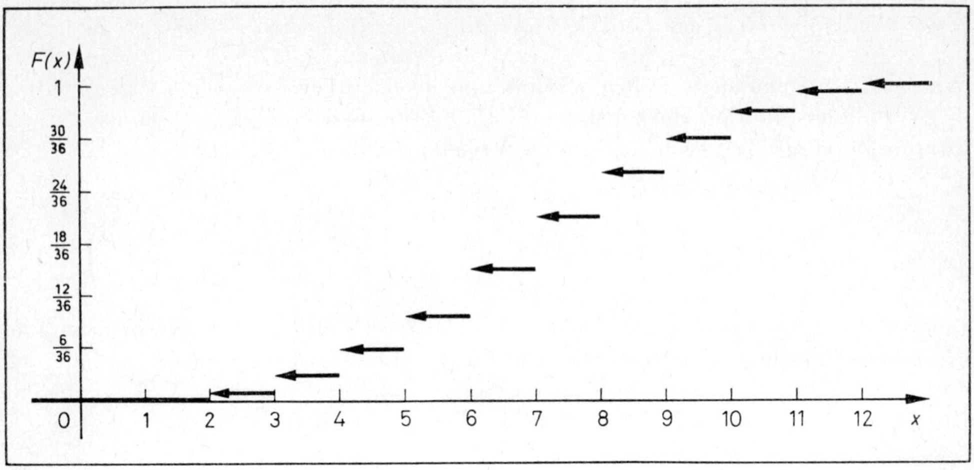

Bild 22

□ BEISPIEL 6/17:

Der zufällige Versuch bestehe im einmaligen Würfeln mit zwei Spielwürfeln. Die Zufallsgröße X gebe die Summe der dabei auftretenden (zufälligen) Augenzahlen an. Mit Hilfe der Tabelle 5 im Abschnitt 5.3. (↗ 87), die die möglichen Ergebnisse eines einmaligen Wurfes mit zwei Würfeln in übersichtlicher Darstellung wiedergibt, bestätigt man unter Verwendung der klassischen Definition der Wahrscheinlichkeit (↗ 45) leicht, daß X durch die folgende Verteilungstabelle beschrieben wird:

2	3	4	5	6	7	8	9	10	11	12
$\frac{1}{36}$	$\frac{2}{36}$	$\frac{3}{36}$	$\frac{4}{36}$	$\frac{5}{36}$	$\frac{6}{36}$	$\frac{5}{36}$	$\frac{4}{36}$	$\frac{3}{36}$	$\frac{2}{36}$	$\frac{1}{36}$

Hieraus gewinnen wir ohne jede Rechnung entsprechend der obigen Schilderung die graphische Darstellung der zu X gehörigen Verteilungsfunktion F (Bild 22).

Umgekehrt kann man offenbar aus der graphischen Darstellung der Verteilungsfunktion im oben diskutierten Fall auch die Verteilungstabelle zurückgewinnen: Die Sprungstellen sind gerade die Werte der Zufallsgröße und die Sprunghöhen die Einzelwahrscheinlichkeiten.
Schließlich weisen wir aber darauf hin, daß man bei diskreten Zufallsgrößen selten die Verteilungsfunktion oder deren graphische Darstellung heranzieht; häufiger verwendet man die Verteilungstabelle oder deren graphische Veranschaulichung. Für das letzte Beispiel zeigt Bild 23 die graphische Darstellung der Verteilungstabelle.
Hingegen besitzt der Begriff der Verteilungsfunktion bei den sogenannten stetigen Zufallsgrößen eine große Bedeutung. Bei der Beantwortung vieler praktisch wichtiger Fragestellungen ist man nämlich oft darauf angewiesen, die Verteilungsfunktion wertemäßig genau zu kennen, da sich im allgemeinen die interessierenden Wahrscheinlichkeiten unmittelbar aus Werten der Verteilungsfunktion ermitteln lassen.

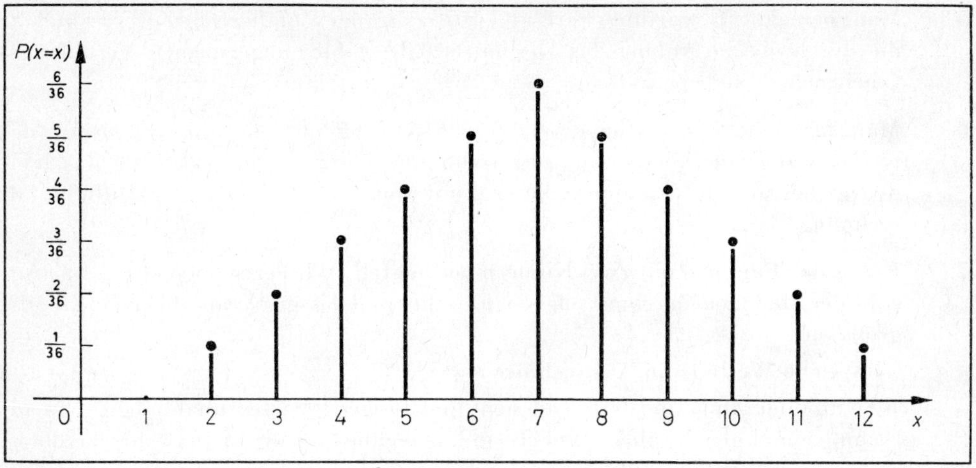

Bild 23

6.5. Aufgaben

1. Fünf Geräte sollen nacheinander bezüglich ihrer Funktionstüchtigkeit überprüft werden. Es ist bekannt, daß jedes der Geräte mit der Wahrscheinlichkeit 0,1 defekt ist. Die Prüfung wird unterbrochen, wenn sich ein Gerät als defekt erwiesen hat.
   Man bestimme die Verteilungstabelle der (zufälligen) Anzahl X der Überprüfungen, die bis zur ersten Unterbrechung durchgeführt werden.

2. Auf einer Hauptstraße regeln an drei Kreuzungen Ampeln unabhängig voneinander den Verkehr. Jede von ihnen gestattet oder verbietet einem Auto die Weiterfahrt mit der Wahrscheinlichkeit 0,5.
   Man bestimme die Verteilungstabelle der (zufälligen) Anzahl X der Verkehrsampeln, an denen das Auto bis zum ersten Halten vorbeifährt.

3. Man berechne den Erwartungswert der Zufallsgröße X
   a) in Aufgabe 1, b) in Aufgabe 2.

4. Es wird einmal mit zwei Spielwürfeln gewürfelt. Wir bezeichnen mit X die (zufällige) Augenzahl auf dem einen Würfel und mit Y die (zufällige) Augenzahl auf dem anderen Würfel; mit $X \cdot Y$ bezeichnen wir diejenige Zufallsgröße, deren Werte sich durch paarweises Multiplizieren der Werte von X und Y ergeben.
   a) Man bestimme die Verteilungstabelle der Zufallsgröße $X \cdot Y$.

   Hinweis: Man überlege sich zuerst, welche Werte die Zufallsgröße $X \cdot Y$ annehmen kann und berechne danach an Hand von Tabelle 5, Abschnitt 5.3. (↗87) die zugehörigen Einzelwahrscheinlichkeiten; z. B. gilt $P(X \cdot Y = 4) = \frac{3}{36}$.

   b) Man berechne den Erwartungswert der Zufallsgröße $X \cdot Y$.
   c) Gilt $E(X \cdot Y) = (EX)\,(EY)$?

5. Man berechne Erwartungswert und Streuung der Zufallsgrößen X, Y und Z, die durch die am Anfang des Abschnitts 6.3. (↗ 118) angegebenen Verteilungstabellen beschrieben sind.

6. Man fasse die Zuordnung $c \to g(c) = E(X - c)^2$ als eine auf der Menge der reellen Zahlen definierte nichtnegative Funktion g auf und ermittle das (eindeutig bestimmte) Minimum dieser Funktion mit Methoden der Differentialrechnung.

7. Es werden Familien mit zwei Kindern betrachtet. Wir bezeichnen mit X die Anzahl der Mädchen in einer solchen Familie und fassen X als diskrete Zufallsgröße auf.
   a) Welche Werte kann X annehmen?
   b) Unter der Annahme, daß Mädchen- und Jungengeburten unabhängig voneinander und gleichwahrscheinlich sind, berechne man die Einzelwahrscheinlichkeiten der Zufallsgröße X.
   c) Man berechne den Erwartungswert der Zufallsgröße X.
   d) Man berechne die Streuung der Zufallsgröße X.

7. Spezielle diskrete Verteilungen

Im Kapitel 6 haben wir uns sehr ausführlich mit diskreten Zufallsgrößen und deren Wahrscheinlichkeitsverteilungen beschäftigt. Dabei haben wir insbesondere erkannt, daß die Wahrscheinlichkeitsverteilung einer diskreten Zufallsgröße — wir sagen kurz „eine diskrete Verteilung" — bei Kenntnis der Werte dieser Zufallsgröße durch die Einzelwahrscheinlichkeiten, also durch eine (endliche oder unendliche) Folge nichtnegativer Zahlen, deren Summe gleich Eins ist, charakterisiert werden kann. Eine wichtige Aufgabenstellung innerhalb der Wahrscheinlichkeitsrechnung ist daher auch die Bestimmung der Einzelwahrscheinlichkeiten einer diskreten Zufallsgröße. Diese Aufgabe ist nicht immer leicht zu lösen; man denke insbesondere an das Beispiel 6/5 (↗ 106). In solchen Fällen kommt es darauf an, eine — mathematisch einfach zu handabende — Wahrscheinlichkeitsverteilung zu finden, die die tatsächlich vorliegende — jedoch unbekannte — Wahrscheinlichkeitsverteilung gut wiedergibt. (Die Entscheidung darüber, ob eine Verteilung geeignet ist, eine vorliegende unbekannte Verteilung gut wiederzugeben, erfolgt an Hand von Realisierungen der betrachteten Zufallsgröße mittels sogenannter statistischer Prüfverfahren oder Tests; diese Entscheidungsfindung ist eine überaus wichtige Aufgabenstellung der mathematischen Statistik.) Dazu ist es natürlich erforderlich, viele diskrete Verteilungen im Hinblick auf deren wahrscheinlichkeitstheoretische Eigenschaften zu kennen. Von der Vielzahl der diskreten Verteilungen behandeln wir hier einige Klassen, die in den Anwendungsgebieten der Wahrscheinlichkeitsrechnung entweder häufig vorkommen (z. B. Binomialverteilung, hypergeometrische Verteilung) oder aber bei Erfülltsein entsprechender Voraussetzungen an Stelle der tatsächlich vorliegenden unbekannten Verteilung eingesetzt werden können (z. B. POISSON-Verteilung).

Bei der Behandlung der Binomialverteilung werden wir außerdem einen Zusammenhang zwischen der relativen Häufigkeit und der Wahrscheinlichkeit eines zufälligen Ereignisses aufdecken, der von fundamentaler Bedeutung für die praktische Anwendbarkeit der axiomatisch aufgebauten Wahrscheinlichkeitsrechnung ist.

7.1. Die gleichmäßige diskrete Verteilung

Eine gleichmäßige diskrete Verteilung ist dadurch gekennzeichnet, daß nur endlich viele Werte auftreten und alle diese Werte die gleiche Wahrscheinlichkeit besitzen. Die genauen Sprechweisen vereinbaren wir in der folgenden Definition.

⋈ DEFINITION:

Eine diskrete Zufallsgröße, die die Werte $x_1, x_2, \ldots, x_n$ annehmen kann, heißt **gleichmäßig verteilt** (auf den Werten $x_1, x_2, \ldots, x_n$), wenn

$$p_k = P(X = x_k) = \frac{1}{n} \qquad \text{für } k = 1, 2, \ldots, n$$

gilt, d. h., wenn die Einzelwahrscheinlichkeiten untereinander sämtlich gleich und demzufolge gleich $\frac{1}{n}$ sind. (Besitzt eine Zufallsgröße diese Eigenschaft, so sagt man auch, daß sie eine **gleichmäßige Verteilung** (auf den Werten $x_1, x_2, \ldots, x_n$) besitzt.)

Die graphische Darstellung der Verteilungstabelle einer auf den Werten $x_1, x_2, \ldots, x_n$ gleichmäßig verteilten Zufallsgröße X ist sehr einfach (Bild 24; wir haben dort $x_1 < x_2 < \cdots < x_n$ angenommen). In Anwendungsfällen wird man eine diskrete Zufallsgröße dann als gleichmäßig verteilt annehmen, wenn sie nur endlich viele Werte annehmen kann und Grund zu der Annahme besteht, daß die Zufallsgröße — anschaulich gesprochen — keinen ihrer Werte bevorzugt.

□ BEISPIELE 7/1 . . . 3:

1. Der zufällige Versuch bestehe im einmaligen Werfen einer Münze. Wir betrachten folgende Zufallsgröße X:

$$X = \begin{cases} 1, & \text{falls die Zahl oben erscheint} \\ 0, & \text{falls das Wappen oben erscheint} \end{cases}$$

Falls die Münze einigermaßen symmetrisch ist, wird man annehmen, daß X auf den Werten 1 und 0 gleichmäßig verteilt ist, d. h., daß

$P(X = 1) = P(X = 0) = \frac{1}{2}$ gilt.

2. Der zufällige Versuch bestehe im einmaligen Würfeln mit einem Spielwürfel. Die Zufallsgröße X gebe die (zufällige) Augenzahl an. Falls der Würfel einigermaßen geometrisch genau konstruiert und annähernd homogen mit Masse erfüllt ist — wir haben dies bei allen bisherigen Würfelexperimenten stillschweigend vorausgesetzt —, wird man annehmen, daß X auf den Werten 1, 2, 3, 4, 5, 6 gleichmäßig verteilt ist, d. h., daß $P(X = k) = \frac{1}{6}$ für $k = 1, 2, \ldots, 6$ gilt.

3. Wir denken an das Lottospiel „5 aus 90“. Die bei der Ziehung der Lottozahlen jeweils zuerst gezogene Zahl können wir als Realisierung einer Zufallsgröße X auffassen, die auf den Werten $1, 2, \ldots, 90$ gleichmäßig verteilt ist, d. h., für die $P(X = k) = \frac{1}{90}$ $(k = 1, 2, \ldots, 90)$ gilt.

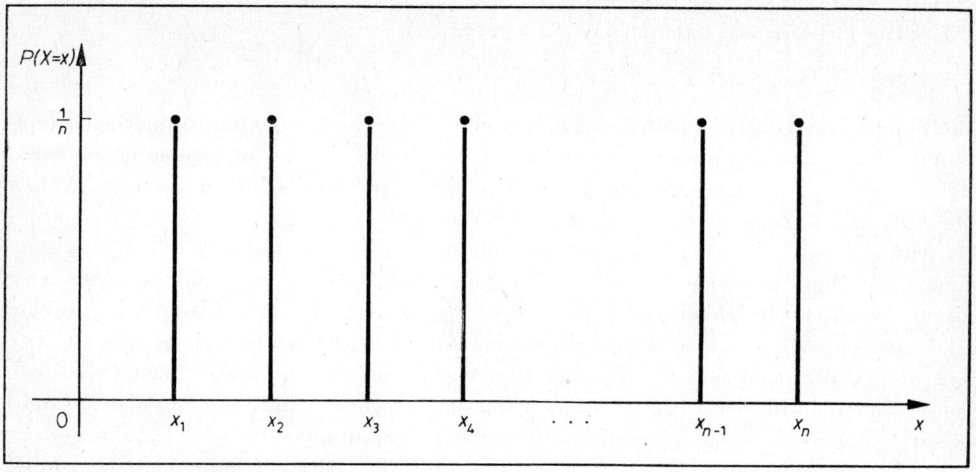

Bild 24

Wir berechnen nun *Erwartungswert* und *Streuung* einer auf den Werten $x_1, x_2, \ldots, x_n$ *gleichmäßig verteilten Zufallsgröße X.*

▷ Für den *Erwartungswert EX* erhalten wir wegen $p_k = P(X = x_k) = \frac{1}{n}$ $(k = 1, 2, \ldots, n)$

$$EX = \frac{1}{n}(x_1 + x_2 + \ldots + x_n) = \frac{1}{n}\sum_{k=1}^{n} x_k.$$

In Worten: Der Erwartungswert einer auf den Werten $x_1, x_2, \ldots, x_n$ gleichmäßig verteilten Zufallsgröße ist gleich dem arithmetischen Mittel dieser Werte.

▷ Für die *Streuung* D^2X erhalten wir auf Grund von

$D^2X = E(X^2) - (EX)^2$ mit $p_k = \frac{1}{n}$ $(k = 1, 2, \ldots, n)$

$$D^2X = \frac{1}{n}\sum_{k=1}^{n} x_k^2 - \left(\frac{1}{n}\sum_{k=1}^{n} x_k\right)^2.$$

Schließlich überlegen wir uns, daß es eine auf abzählbar-unendlich vielen Werten gleichmäßig verteilte Zufallsgröße nicht geben kann. Für eine unendliche Folge (p_k) nichtnegativer und untereinander sämtlich gleicher Zahlen p_k gilt nämlich stets entweder $\sum_k p_k = 0$ oder $\sum_k p_k = +\infty$, niemals aber $\sum_k p_k = 1$, wie es für eine Zahlenfolge (p_k) gelten muß, die die Einzelwahrscheinlichkeiten einer diskreten Zufallsgröße angibt.

7.2. Die Binomialverteilung

Die Binomialverteilung ist eine diskrete Verteilung, die eine große praktische Bedeutung besitzt. Außerdem stellt sie ein geeignetes Hilfsmittel bei der Untersuchung von speziellen Gesetzmäßigkeiten zufälliger Erscheinungen dar, die aber für die gesamte Wahrscheinlichkeitsrechnung von fundamentaler Wichtigkeit sind.

Als Ausgangspunkt der Herleitung einer binomialverteilten Zufallsgröße betrachten wir ein zufälliges Ereignis A, das im Ergebnis eines bestimmten zufälligen Versuchs mit der Wahrscheinlichkeit $P(A) = p$ $(0 \leqq p \leqq 1)$ eintritt. Wir wiederholen diesen zufälligen Versuch n-mal unabhängig voneinander und beobachten jedesmal, ob das Ereignis A eintritt oder nicht. Die Zufallsgröße X gebe die (zufällige) Anzahl des Eintretens von A in diesen n (untereinander unabhängigen) Wiederholungen ein und desselben Versuchs an. Als Werte dieser Zufallsgröße kommen die $n + 1$ Zahlen $0, 1, 2, \ldots, n$ in Frage. Wir interessieren uns nun für die Wahrscheinlichkeitsverteilung dieser Zufallsgröße, d. h. für die Zahlen $P(X = k)$, $k = 0, 1, 2, \ldots, n$. Dazu bezeichnen wir das Ereignis, das darin besteht, daß A im i-ten Versuch eintritt, mit A_i $(i = 1, 2, \ldots, n)$. Die Ereignisse $A_1, A_2, \ldots, A_n$ sind (vollständig) unabhängig, und es gilt $P(A_i) = P(A) = p$ für $i = 1, 2, \ldots, n$.

Bevor wir nun aber die Einzelwahrscheinlichkeiten $P(X = k)$ allgemein für eine *beliebige* natürliche Zahl n berechnen, wollen wir die Fälle $n = 1$, $n = 2$ und $n = 3$ betrachten.

$n = 1$: *Werte der Zufallsgröße* X: 0, 1

$$P(X = 0) = P(\bar{A}_1) = 1 - P(A_1) = 1 - p$$
$$P(X = 1) = P(A_1) = p$$

Probe: $P(X = 0) + P(X = 1) = 1 - p + p = 1$

$n = 2$: *Werte der Zufallsgröße* X: 0, 1, 2

Das Ereignis A tritt genau dann kein einziges Mal ein, wenn es sowohl im ersten als auch im zweiten Versuch nicht eintritt, d. h., es gilt $(X = 0) = \bar{A}_1 \cap \bar{A}_2$. Hieraus erhalten wir unter Verwendung der Unabhängigkeit der Ereignisse A_1 und A_2

$$P(X = 0) = P(\bar{A}_1 \cap \bar{A}_2) = P(\bar{A}_1)\, P(\bar{A}_2) = (1 - p)^2 .$$

Die Berechnung der Wahrscheinlichkeit $P(X = 1)$ ist hier schon etwas komplizierter. Das Ereignis A tritt genau dann einmal ein, wenn es im ersten Versuch eintritt und im zweiten Versuch nicht eintritt oder wenn es im ersten Versuch nicht eintritt und im zweiten Versuch eintritt, d. h., es gilt

$$(X = 1) = (A_1 \cap \bar{A}_2) \cup (\bar{A}_1 \cap A_2) .$$

Da die Ereignisse $A_1 \cap \bar{A}_2$ und $\bar{A}_1 \cap A_2$ unvereinbar sind, gilt

$$P(X = 1) = P(A_1 \cap \bar{A}_2) + P(\bar{A}_1 \cap A_2) .$$

Wegen der Unabhängigkeit der Ereignisse A_1 und A_2 gilt weiter

$$P(X = 1) = P(A_1)\, P(\bar{A}_2) + P(\bar{A}_1)\, P(A_2)$$

und somit

$$P(X = 1) = p\,(1 - p) + (1 - p)\,p = 2\,p\,(1 - p) .$$

Das Ereignis A tritt genau dann zweimal ein, wenn es sowohl im ersten als auch im zweiten Versuch eintritt, d. h., es gilt $(X = 2) = A_1 \cap A_2$. Hieraus erhalten wir — wiederum unter Verwendung der Unabhängigkeit der Ereignisse A_1 und A_2 —

$$P(X = 2) = P(A_1 \cap A_2) = P(A_1)\, P(A_2) = p^2 .$$

Probe: $P(X = 0) + P(X = 1) + P(X = 2) = (1 - p)^2 + 2\,p\,(1 - p) + p^2$
$= [(1 - p) + p]^2 = 1^2 = 1$

$n = 3$: *Werte der Zufallsgröße*: 0, 1, 2, 3

Die Berechnung der Einzelwahrscheinlichkeiten $P(X = k)$, $k = 0, 1, 2, 3$, erfolgt durch entsprechende Überlegungen, wie wir sie im Falle $n = 2$ durchgeführt haben; wir geben diese Überlegungen nur kurz formelmäßig wieder:

$$P(X = 0) = P(\bar{A}_1 \cap \bar{A}_2 \cap \bar{A}_3) = P(\bar{A}_1)\, P(\bar{A}_2)\, P(\bar{A}_3) = (1 - p)^3$$

$$\begin{aligned} P(X = 1) &= P\big((A_1 \cap \bar{A}_2 \cap \bar{A}_3) \cup (\bar{A}_1 \cap A_2 \cap \bar{A}_3) \cup (\bar{A}_1 \cap \bar{A}_2 \cap A_3)\big) \\ &= P(A_1 \cap \bar{A}_2 \cap \bar{A}_3) + P(\bar{A}_1 \cap A_2 \cap \bar{A}_3) + P(\bar{A}_1 \cap \bar{A}_2 \cap A_3) \\ &= P(A_1)\, P(\bar{A}_2)\, P(\bar{A}_3) + P(\bar{A}_1)\, P(A_2)\, P(\bar{A}_3) + P(\bar{A}_1)\, P(\bar{A}_2)\, P(A_3) \\ &= p(1 - p)\,(1 - p) + (1 - p)\,p\,(1 - p) + (1 - p)\,(1 - p)\,p \\ &= 3\,(1 - p)^2\,p \end{aligned}$$

$$\begin{aligned} P(X = 2) &= P\big((A_1 \cap A_2 \cap \bar{A}_3) \cup (A_1 \cap \bar{A}_2 \cap A_3) \cup (\bar{A}_1 \cap A_2 \cap A_3)\big) \\ &= P(A_1 \cap A_2 \cap \bar{A}_3) + P(A_1 \cap \bar{A}_2 \cap A_3) + P(\bar{A}_1 \cap A_2 \cap A_3) \\ &= P(A_1)\, P(A_2)\, P(\bar{A}_3) + P(A_1)\, P(\bar{A}_2)\, P(A_3) + P(\bar{A}_1)\, P(A_2)\, P(A_3) \\ &= p \cdot p \cdot (1 - p) + p\,(1 - p)\,p + (1 - p) \cdot p \cdot p \\ &= 3\,(1 - p)\,p^2 \end{aligned}$$

$$\begin{aligned} P(X = 3) &= P(A_1 \cap A_2 \cap A_3) = P(A_1)\, P(A_2)\, P(A_3) \\ &= p^3 \end{aligned}$$

Probe: $\sum_{k=0}^{3} P(X = k) = (1 - p)^3 + 3\,(1 - p)^2\,p + 3\,(1 - p)\,p^2 + p^3$
$= (1 - p + p)^3 = 1^3 = 1$

n beliebig: Werte der Zufallsgröße: 0, 1, 2, ..., n

In den für $n = 1, 2, 3$ durchgeführten Rechnungen zeigt sich, daß bei allen Einzelwahrscheinlichkeiten $P(X = k)$ die Summe der Exponenten der Faktoren $1 - p$ und p jeweils n ergibt; genauer, bei der Einzelwahrscheinlichkeit $P(X = k)$ tritt als Faktor $(1 - p)^{n-k}\, p^k$ auf. Der außerdem aufgetretene ganzzahlige Faktor bei $P(X = k)$ läßt sich als Binomialkoeffizient $\binom{n}{k}$ auffassen. Wir können damit die oben erhaltenen Einzelwahrscheinlichkeiten kurz in der Form

$P(X = k) = \binom{n}{k} p^k\,(1 - p)^{n-k}$, $k = 0, 1, \ldots, n$; $n = 1, 2, 3$

schreiben. Dies legt die Vermutung nahe, daß die Einzelwahrscheinlichkeiten der Zufallsgröße X auch für eine beliebige natürliche Zahl n durch

$$P(X = k) = \binom{n}{k} p^k\,(1 - p)^{n-k}\,, \qquad k = 0, 1, 2, \ldots, n$$

gegeben sind. Die folgenden Überlegungen werden diese Vermutung bestätigen. (Man vergleiche diese Überlegungen mit den oben für $n = 1, 2, 3$ durchgeführten Rechnungen, insbesondere mit der Berechnung von $P(X = 2)$ für $n = 3$.) Dazu bemerken wir zuerst, daß $p^k (1 - p)^{n-k}$ die Wahrscheinlichkeit irgendeiner Ergebnisfolge der n unabhängig voneinander durchgeführten Wiederholungen des betrachteten Versuchs ist, bei der an k Stellen das Ereignis A und an den restlichen $n - k$ Stellen das Ereignis $\bar{A}$ steht. Nun ist die Anzahl derartiger Ergebnisfolgen gleich der Anzahl der Möglichkeiten, die es gibt, aus n verschiedenen Elementen k Stück herauszugreifen, d. h., es gibt $\binom{n}{k}$ Ergebnisfolgen, bei denen k-mal A und $(n - k)$-mal $\bar{A}$ auftritt. Da das Ereignis $(X = k)$ genau dann eintritt, wenn irgendeine solche Ergebnisfolge eintritt und weil die Wahrscheinlichkeit einer Summe paarweise unvereinbarer Ereignisse gleich der Summe der Wahrscheinlichkeiten dieser Ereignisse ist, erhalten wir tatsächlich $P(X = k) = \binom{n}{k} p^k (1 - p)^{n-k}$ $(k = 0, 1, 2, \ldots, n)$.

Probe: Auf Grund des binomischen Satzes gilt:

$$\sum_{k=0}^{n} P(X = k) = \sum_{k=0}^{n} \binom{n}{k} p^k (1 - p)^{n-k} = (1 - p + p)^n = 1^n = 1$$

Wir kommen nun zur Definition der Binomialverteilung.

⋈ DEFINITION der Binomialverteilung:

Es seien n eine beliebige natürliche Zahl und p eine beliebige zwischen Null und Eins gelegene Zahl. Eine Zufallsgröße X, die die Werte $0, 1, 2, \ldots, n$ annehmen kann, heißt **binomialverteilt mit den Parametern n und p**, wenn gilt:

$$P(X = k) = \binom{n}{k} p^k (1 - p)^{n-k}, \quad k = 0, 1, 2, \ldots, n$$

(Man sagt dann auch, daß X eine **Binomialverteilung mit den Parametern n und p** besitzt.)

Um die Abhängigkeit der Wahrscheinlichkeiten $\binom{n}{k} p^k (1 - p)^{n-k}$ von den Parametern n und p anzudeuten, benutzt man gelegentlich für diese Zahlen die Bezeichnung $b(k; n, p)$. Der Name „Binomialverteilung" beruht darauf, daß die Wahrscheinlichkeiten $b(k; n, p)$ für $k = 0, 1, 2, \ldots, n$ die Summanden der Binomialentwicklung des Ausdrucks $[(1 - p) + p]^n$ sind. Die Binomialverteilung geht auf J. BERNOULLI (1654—1705) zurück.

Wir wollen uns nun etwas mit dem Vorkommen der Binomialverteilung beschäftigen. Die obige Rechnung zeigt uns, daß die (zufällige) Anzahl des Eintretens eines Ereignisses A mit $P(A) = p$ in n unabhängigen Wiederholungen ein und desselben Versuchs — kurz gesagt, die als Zufallsgröße aufgefaßte absolute Häufigkeit von A in n Versuchen — eine mit den Parametern n und p binomialverteilte Zufallsgröße ist. (In diesem Zusammenhang vermerken wir, daß man gelegentlich das Eintreten des Ereignisses A — unabhängig von dessen konkreter Bedeutung — als **Erfolg**, die Wahrscheinlichkeit p dieses Ereignisses als **Erfolgswahrscheinlichkeit** und das bei der obigen Herleitung der Binomialverteilung vorkommende Schema von n unabhängig voneinander durchgeführten Wiederholungen ein und desselben Versuchs, bei denen also ein betrachtetes Ereignis immer dieselbe Wahrscheinlichkeit hat, als **Bernoullisches Schema** bezeichnet.) Bevor wir hieraus die praktische Bedeutung der Binomialverteilung herleiten, betrachten wir einige Beispiele.

□ BEISPIELE 7/4...6:

4. Wir würfeln zwölfmal mit einem Spielwürfel. Die Zufallsgröße X, die die (zufällige) Anzahl der Sechsen angibt, besitzt eine Binomialverteilung mit den Parametern $n=12$ und $p=\frac{1}{6}$. Es gilt also:

$$P(X=k)=\binom{12}{k}\left(\frac{1}{6}\right)^k\left(1-\frac{1}{6}\right)^{12-k}, \quad k=0,1,2,\ldots,12$$

Zum Beispiel erhalten wir für die Wahrscheinlichkeit dafür, daß bei zwölfmaligem Würfeln genau zwei Sechsen vorkommen:

$$P(X=2)=\binom{12}{2}\left(\frac{1}{6}\right)^2\left(1-\frac{1}{6}\right)^{10}=\frac{12\cdot 11}{1\cdot 2}\cdot\frac{5^{10}}{6^{12}}\approx 0{,}3$$

(Wir bemerken, daß diese Wahrscheinlichkeit wesentlich kleiner als 0,5 ist. Also ist es wahrscheinlicher, daß die Anzahl der Sechsen bei zwölf Würfen ungleich zwei ist. Hingegen kann man sich aber leicht davon überzeugen, daß das Ereignis $(X=2)$ unter allen Ereignissen $(X=k)$, $k=0,1,2,\ldots,12$ die größte Wahrscheinlichkeit hat.)

5. In einer Stadt findet ein eintägiger Kongreß mit 500 Teilnehmern statt. Die Veranstalter wollen denjenigen Teilnehmern, die am Tage des Kongresses Geburtstag haben, einen Blumenstrauß überreichen. Nun müssen aber die Blumen zu einem Zeitpunkt bestellt werden, an dem die Veranstalter noch nicht wissen, wieviel Kongreßteilnehmer an diesem Tag Geburtstag haben. Die Veranstalter beschließen daher, so viele Blumensträuße zu bestellen, daß die Wahrscheinlichkeit des Ereignisses „Die bestellte Anzahl der Blumensträuße reicht aus" mindestens gleich 0,9 ist; andererseits wollen die Veranstalter aber auch nicht mehr bestellen als zur Erfüllung dieser Bedingung erforderlich ist. Wir wollen diese Anzahl k_0 bestimmen.
Dazu fassen wir die Anzahl der Personen unter den 500 Kongreßteilnehmern, die am Tage des Kongresses Geburtstag haben, als eine diskrete Zufallsgröße auf, die die Werte $0, 1, 2, \ldots, 500$ annehmen kann. Diese Zufallsgröße läßt sich interpretieren als Anzahl der „Ja"-Antworten bei der Befragung der 500 Kongreßteilnehmer darüber, ob sie am Tage des Kongresses Geburtstag haben, und besitzt somit eine Binomialverteilung mit den Parametern $n=500$ (Anzahl der Kongreßteilnehmer) und $p=\frac{1}{365}$ (Wahrscheinlichkeit dafür, daß ein Kongreßteilnehmer am Tage des Kongresses Geburtstag hat).
Zu bestimmen ist dann eine solche Zahl k_0, so daß
$P(X\leqq k_0)\geqq 0{,}9$ und außerdem $P(X\leqq k_0-1)<0{,}9$ gilt.
Nun ist

$$P(X\leqq m)=\sum_{k=0}^{m}P(X=k)=\sum_{k=0}^{m}b\left(k;500,\frac{1}{365}\right) \quad (m=0,1,2,\ldots,500).$$

Die folgende Tabelle enthält die Summanden

$$b\left(k;500,\frac{1}{365}\right)=\binom{500}{k}\left(\frac{1}{365}\right)^k\left(1-\frac{1}{365}\right)^{500-k} \quad \text{für } k=0,1,2,3,4,5,6.$$

k	0	1	2	3	4	5	6
$\left(k;500,\frac{1}{365}\right)$	0,2537	0,3484	0,2385	0,1089	0,0372	0,0101	0,0023

Wir entnehmen dieser Tabelle, daß

$P(X \leqq 3) = 0{,}9495 > 0{,}9$ und $P(X \leqq 2) = 0{,}8406 < 0{,}9$

gilt. Somit ist $k_0 = 3$, d. h., die minimale Anzahl von Blumensträußen, die die Veranstalter bestellen müssen, damit die Wahrscheinlichkeit des Ereignisses „Die bestellte Anzahl der Blumensträuße reicht aus" mindestens gleich 0,9 beträgt, ist gleich drei. (Wir bemerken noch, daß die Wahrscheinlichkeit des betrachteten Ereignisses sich auf 0,9867 bzw. 0,9968 vergrößert, wenn man an Stelle von drei Blumensträußen vier bzw. fünf bestellt. Es ist also praktisch sicher, daß fünf Blumensträuße ausreichen; demgegenüber müßte man 500 Blumensträuße bestellen, damit das Ereignis „Die bestellte Anzahl der Blumensträuße reicht aus" ein sicheres Ereignis ist.)

6. In einer Stanzerei wird eine bestimmte Art von Stanzteilen produziert. Der Hersteller versichert, daß der Ausschuß nicht mehr als 5% beträgt. Der laufenden Produktion werden nun fünf Stanzteile entnommen; unter diesen befinden sich zwei Ausschußteile.

Wir wollen die Frage untersuchen, ob man berechtigt ist, die Angaben des Herstellers über den maximalen Ausschußprozentsatz auf Grund der Stichprobe in Zweifel zu ziehen. Dazu betrachten wir die Zufallsgröße X, die die (zufällige) Anzahl der Ausschußteile in einer Stichprobe vom Umfang $n = 5$ angibt. Nehmen wir an, daß die Wahrscheinlichkeit für das Produzieren eines Ausschußteils 0,05 beträgt, so besitzt die Zufallsgröße X eine Binomialverteilung mit den Parametern $n = 5$ und $p = 0{,}05$. Wir berechnen die Einzelwahrscheinlichkeiten dieser Zufallsgröße nach der Formel

$$P(X = k) = b(k;\, 5,\, 0{,}05) = \binom{5}{k} \cdot 0{,}05^k \cdot 0{,}95^{5-k} \qquad (k = 0, 1, 2, 3, 4, 5)$$

und erhalten die Verteilungstabelle

0	1	2	3	4	5
0,7738	0,2036	0,0214	0,0011	0,0001	0,0000

(Die Angabe 0,0000 bedeutet, daß diese Zahl kleiner als 0,00005 ist.)
Dieser Verteilungstabelle entnehmen wir insbesondere, daß das oben erwähnte Ereignis — unter fünf herausgegriffenen Teilen befinden sich zwei Ausschußteile — unter der Annahme $p = 0{,}05$ eine Wahrscheinlichkeit besitzt, die etwa gleich 0,02 ist. Also wird man auf Grund der erhaltenen Stichprobe die Angaben des Herstellers über den Ausschußprozentsatz ernsthaft in Zweifel ziehen.
Liegen hingegen keine Angaben des Herstellers über den Ausschußanteil vor und soll man den Ausschußanteil auf Grund der erhaltenen Stichprobe — drei einwandfreie Teile, zwei Ausschußteile — schätzen, so wird man als Schätzwert diejenige Zahl $\hat{p}$ verwenden, bei der die erhaltene Stichprobe die größte Wahrscheinlichkeit hat, d. h., bei der die Funktion $p \to b\,(2;\, 5,\, p) = \binom{5}{2} p^2\,(1-p)^3 = 10\,p^2\,(1-p)^3$ das Maximum erreicht. Hieraus ergibt sich $\hat{p} = \frac{2}{5} = 0{,}4$, wie man leicht — z. B. mit den Methoden der Differentialrechnung — bestätigt. (Wir bemerken noch, daß $\hat{p} = 0{,}4$ die relative Häufigkeit eines Ausschußteils in der erhaltenen Stichprobe ist.)

Die große praktische Bedeutung der Binomialverteilung zeigt sich schon in diesen Beispielen, ganz besonders im letzten. Allgemein können wir nämlich feststellen, daß die zufällige Anzahl der Ausschußteile (oder der durch eine andere besondere Eigenschaft gekennzeichneten Teile) in einer Stichprobe vom Umfang n aus einer laufenden

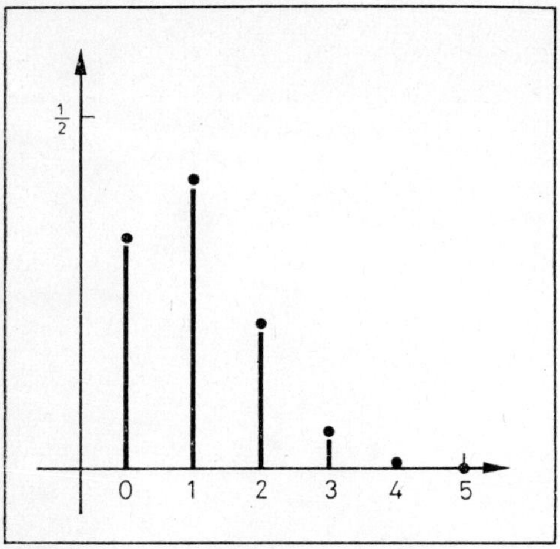

Bild 25

Produktion, deren Ausschußanteil 100 $p\%$ (z. B. 3%) beträgt, eine Binomialverteilung mit den Parametern n und p besitzt. (Die Voraussetzung, daß die Stichprobe der laufenden Produktion zu entnehmen ist, gestattet die Auffassung der einzelnen Entnahmen als unabhängig voneinander durchgeführte Wiederholungen ein und desselben Versuchs mit der Erfolgswahrscheinlichkeit p und führt somit auf die Binomialverteilung.) Auch die (zufällige) Anzahl der Ausschußteile in einer Stichprobe vom Umfang n aus einer endlichen Grundgesamtheit mit einem Ausschußanteil von 100 $p\%$ besitzt eine Binomialverteilung, wenn die Entnahme der einzelnen Teile hintereinander durchgeführt und vor jeder Entnahme das vorher entnommene Teil wieder zurückgelegt wird (Stichprobe mit Zurücklegen). (Hingegen ist die Zufallsgröße, die die (zufällige) Anzahl der Ausschußteile in einer *ohne* Zurücklegen aus einer endlichen Grundgesamtheit entnommenen Stichprobe angibt, nicht binomialverteilt, sondern hypergeometrisch verteilt; mit der hypergeometrischen Verteilung beschäftigen wir uns im nächsten Abschnitt.)
Die praktische Ermittlung von Binomialwahrscheinlichkeiten erfolgt im allgemeinen mittels Rekursionsformeln — wir gehen darauf nicht näher ein — oder unter Zuhilfenahme von Tafeln (↗ Tafel 1 des Anhangs). Für große n und kleine p stößt man bei der Berechnung der Binomialwahrscheinlichkeiten $b(k; n, p) = \binom{n}{k} p^k (1-p)^{n-k}$ auf Schwierigkeiten; im Abschnitt 7.4. lernen wir für diesen Fall eine Näherungsformel kennen (↗ 151 ff.).
Zur weiteren zahlenmäßigen Illustration der Binomialverteilung bringen wir noch zwei Beispiele.

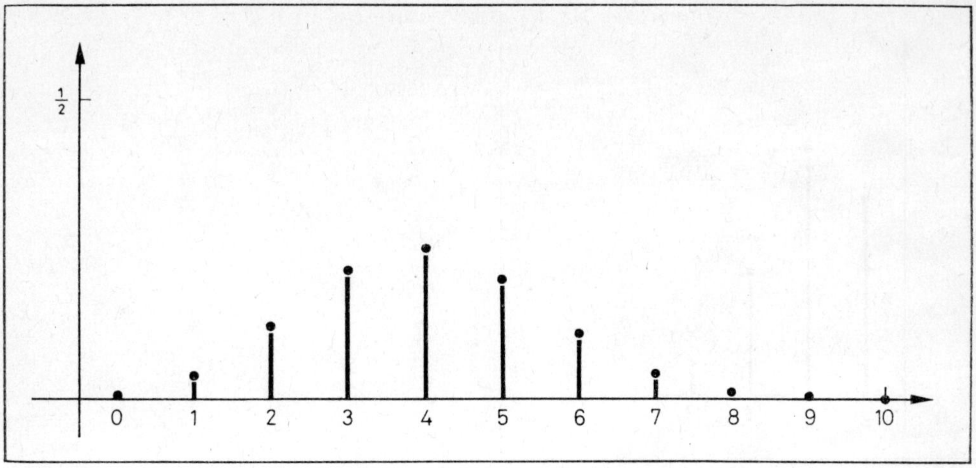

Bild 26

□ BEISPIELE 7/7 und 8:

7. Es sei $n = 5$, $p = 0{,}20$ (Bild 25)

k	$b(k; 5, 0{,}20)$
0	0,328
1	0,410
2	0,205
3	0,051
4	0,006
5	0,000

Tabelle 6

8. Es sei $n = 10$, $p = 0{,}40$ (Bild 26)

k	$b(k; 10, 0{,}40)$
0	0,006
1	0,040
2	0,121
3	0,215
4	0,251
5	0,201
6	0,111
7	0,042
8	0,011
9	0,002
10	0,000

Tabelle 7

Die graphischen Darstellungen der Binomialverteilung sind im allgemeinen nicht symmetrisch; sie sind aber dann nahezu symmetrisch, wenn n sehr groß ist und $p \neq 0$, $p \neq 1$ gilt oder wenn p sehr nahe an der Zahl $\frac{1}{2}$ liegt.
Wir behandeln nun Erwartungswert und Streuung einer mit den Parametern n und p binomialverteilten Zufallsgröße X. Dabei stellen wir uns zweckmäßigerweise vor, daß X die (zufällige) Anzahl des Eintretens eines zufälligen Ereignisses A in n unabhängig voneinander durchgeführten Wiederholungen eines bestimmten Versuchs ist, wobei A („Erfolg") stets die Wahrscheinlichkeit p („Erfolgswahrscheinlichkeit") besitzt.

Erwartungswert

Bevor wir die eigentliche Berechnung des Erwartungswertes durchführen, stellen wir einige Vorüberlegungen an, die uns den Einfluß der Parameter n und p zeigen.

a) Ist $p = 0$, so nimmt die Zufallsgröße X den Wert Null mit der Wahrscheinlichkeit Eins an. Es gilt also $P(X = 0) = 1$, d. h., X besitzt eine Einpunktverteilung im Punkte Null. Folglich gilt $EX = 0$ (↗ 112, Eigenschaft (1) im Abschnitt 6.2.).

b) Ist $p = 1$, so nimmt die Zufallsgröße X den Wert n mit der Wahrscheinlichkeit Eins an. Es gilt also $P(X = n) = 1$, d. h., X besitzt eine Einpunktverteilung im Punkte n. Folglich gilt $EX = n$.

c) Vergrößert man die Anzahl n der Versuche, so wird sich im Falle $p > 0$ der Erwartungswert der (zufälligen) Anzahl der Erfolge ebenfalls vergrößern.

Der einfachste Ausdruck, der alle diese Eigenschaften erfüllt, ist das Produkt np aus der Anzahl n der Versuche und der Erfolgswahrscheinlichkeit p. Folgende Rechnung wird bestätigen, daß der *Erwartungswert von X* gleich diesem Ausdruck ist, d. h., daß gilt:

▷ $$EX = np$$

$$EX = \sum_k x_k p_k = \sum_{k=0}^{n} k \cdot b(k; n, p) = \sum_{k=0}^{n} k \binom{n}{k} p^k (1-p)^{n-k}$$

Da der erste Summand den Wert Null hat, genügt es, die Summation mit $k = 1$ zu beginnen. Für $k \geqq 1$ gilt

$$k\binom{n}{k} = k\frac{n!}{k!\,(n-k)!} = \frac{n\,(n-1)!}{(k-1)!\,\big((n-1)-(k-1)\big)!} = n\binom{n-1}{k-1}.$$

Damit wird

$$EX = \sum_{k=1}^{n} k\binom{n}{k} p^k (1-p)^{n-k} = n \sum_{k=1}^{n} \binom{n-1}{k-1} p^k (1-p)^{n-k}$$

$$= np \sum_{k=1}^{n} \binom{n-1}{k-1} p^{k-1} (1-p)^{(n-1)-(k-1)}.$$

Wir setzen nun $j = k - 1$ und erhalten

$$EX = np \sum_{j=0}^{n-1} \binom{n-1}{j} p^j (1-p)^{n-1-j}.$$

Auf Grund des binomischen Satzes gilt

$$\sum_{j=0}^{n-1} \binom{n-1}{j} p^j (1-p)^{n-1-j} = (1-p+p)^{n-1} = 1^{n-1} = 1$$

und damit wird tatsächlich

$$EX = np\,.$$

Wie man sieht, ist diese Rechnung weder besonders einfach noch in jedem Schritt naheliegend. Wir wollen daher noch einen anderen Weg zur Berechnung des Erwartungswerts angeben. Dazu führen wir zusätzlich die durch

$$X_k = \begin{cases} 1, & \text{falls im } k\text{-ten Versuch das Ereignis } A \text{ eintritt} \\ 0, & \text{falls im } k\text{-ten Versuch das Ereignis } \bar{A} \text{ eintritt} \end{cases}$$

definierten Zufallsgrößen ein. Es gilt

$$P(X_k = 1) = P(A) = p, \qquad P(X_k = 0) = P(\bar{A}) = 1 - p.$$

Die Zufallsgrößen $X_1, X_2, \ldots, X_n$ sind also identisch verteilt; die die Wahrscheinlichkeitsverteilung dieser Zufallsgrößen kennzeichnende Verteilungstabelle lautet

1	0
p	$1-p$

Die (zufällige) Anzahl X der Erfolge in den n Versuchen ergibt sich als Summe der Zufallsgrößen $X_1, X_2, \ldots, X_n$:

$$X = X_1 + X_2 + \ldots + X_n$$

Da der Erwartungswert einer Summe von Zufallsgrößen gleich der Summe der Erwartungswerte dieser Zufallsgrößen ist (↗ 113f., Rechenregel (3) für Erwartungswerte im Abschnitt 6.2.), erhalten wir

$$EX = EX_1 + EX_2 + \ldots + EX_n\,.$$

Für EX_k bekommen wir mittels obiger Verteilungstabelle

$$EX_k = 1 \cdot p + 0 \cdot (1-p) = p \qquad (k = 1, 2, \ldots, n)$$

und damit

$$EX = np\,.$$

Diese Berechnung ist wesentlich einfacher und übersichtlicher als die oben durchgeführte. Außerdem benötigten wir dazu nicht einmal die Einzelwahrscheinlichkeiten der Zufallsgröße X, deren Berechnung ebenfalls nicht so ganz einfach war. Schließlich weisen wir darauf hin, daß bei dieser Berechnungsmethode die Unabhängigkeit der Zufallsgrößen $X_1, X_2, \ldots, X_n$ und damit die Unabhängigkeit der einzelnen Versuche nicht vorausgesetzt werden muß, da die benutzte Rechenregel (3) für Erwartungswerte entsprechend allgemein gilt. Es ergibt sich also auch dann $EX = np$, wenn die einzelnen Versuche nicht unabhängig voneinander durchgeführt werden; es muß natürlich gewährleistet bleiben, daß die Erfolgswahrscheinlichkeit in jedem Versuch dieselbe ist. Dieses interessante Ergebnis können wir mit der zuerst angegebenen Berechnungsmethode nicht erhalten, da wir aus den vorhandenen Angaben im Falle der Nichtunabhängigkeit noch nicht die Einzelwahrscheinlichkeiten der Zufallsgröße X berechnen können.

□ BEISPIELE 7/9...11:

Wir berechnen die Erwartungswerte für die Beispiele 7/4...6 (↗ 139 f.).

9. $EX = 12 \cdot \frac{1}{6} = 2$

10. $EX = 500 \cdot \frac{1}{365} \approx 1{,}37$

11. $EX = 5 \cdot 0{,}05 = 0{,}25$
(Für $p = \hat{p} = 0{,}4$ erhalten wir als Erwartungswert $5 \cdot 0{,}4 = 2$.)

Streuung

Auch hier wollen wir vor der eigentlichen Berechnung der Streuung einige Vorüberlegungen anstellen, die uns den Einfluß der Parameter n und p zeigen.
a) Für $p = 0$ und $p = 1$ besitzt — wie wir oben gesehen haben — X eine Einpunktverteilung. Also gilt in diesen Fällen $D^2X = 0$ (↗ 121, Eigenschaft (1) im Abschnitt 6.3.).
b) Für $p = \frac{1}{2}$, d. h. in dem Falle, daß die Wahrscheinlichkeit eines Erfolgs gleich der Wahrscheinlichkeit eines Mißerfolgs ist, wird die Streuung — aufgefaßt als Funktion von p, $0 \leqq p \leqq 1$ — das Maximum erreichen (n beliebig, aber fest).
c) Vergrößert man die Anzahl n der Versuche, so wird sich im Falle $0 < p < 1$, p fest, die Streuung ebenfalls vergrößern, da sich die Gesamtwahrscheinlichkeitsmasse Eins dann auf mehr Werte verteilt.
Der einfachste Ausdruck, der alle diese Eigenschaften erfüllt, ist das Produkt $np\,(1-p)$.
Die folgende Überlegung wird nun bestätigen, daß die *Streuung von X* gleich diesem Ausdruck ist, d. h., daß gilt:

▷ $$D^2X = np\,(1-p)$$

Da die Berechnung der Streuung D^2X nach der Formel
$$D^2X = EX^2 - (EX)^2 = \sum_{k=0}^{n} k^2 \binom{n}{k} p^k (1-p)^{n-k} - (np)^2$$
in den einzelnen Schritten noch komplizierter und auch erheblich länger als die zuerst angegebene Berechnung des Erwartungswerts EX ist, wollen wir hier gleich versuchen, D^2X entsprechend der zweiten Berechnungsmethode für EX zu gewinnen; dabei behalten wir die dort eingeführten Bezeichnungen bei. Wegen der Unabhängigkeit der einzelnen Versuche sind die Zufallsgrößen $X_1, X_2, \ldots, X_n$ vollständig — und also erst recht paarweise — unabhängig. Somit gilt (↗ 123, Rechenregel (6) im Abschnitt 6.3.)
$$D^2X = D^2(X_1 + X_2 + \ldots + X_n) = D^2X_1 + D^2X_2 + \ldots + D^2X_n\,.$$
Für D^2X_k erhalten wir an Hand der oben angegebenen Verteilungstabelle (↗ 144) unter Verwendung von $EX_k = p$ $(k = 1, 2, \ldots, n)$
$$D^2X_k = (1-p)^2\,p + (0-p)^2\,(1-p) = p\,(1-p) \qquad (k = 1, 2, \ldots, n)$$
und daraus
$$D^2X = np\,(1-p)\,.$$

□ BEISPIELE 7/12...14:

Wir berechnen die Streuungen für die Beispiele 7/4...6 (↗ 139 f.).

12. $D^2X = 12 \cdot \frac{1}{6} \cdot \frac{5}{6} = \frac{10}{6} \approx 1{,}67$

13. $D^2X = 500 \cdot \frac{1}{365} \cdot \frac{364}{365} \approx 1{,}37$

14. $D^2X = 5 \cdot 0{,}05 \cdot 0{,}95 \approx 0{,}24$
(Für $p = \hat{p} = 0{,}4$ erhalten wir die Streuung 1,2.)

Zum Abschluß der Betrachtungen über die Binomialverteilung wollen wir unter Verwendung dieser Verteilung einen wichtigen Zusammenhang zwischen der relativen Häufigkeit eines Ereignisses in n Versuchen (↗ 36, Abschnitt 2.1.) und der Wahrscheinlichkeit dieses Ereignisses aufdecken.

Relative Häufigkeit und Wahrscheinlichkeit

Ausgangspunkt dieser Überlegungen ist ein zufälliges Ereignis A, das im Rahmen eines bestimmten zufälligen Versuchs die Wahrscheinlichkeit $P(A) = p$ besitzt. Im allgemeinen kennt man aber diese Wahrscheinlichkeit nicht. Um nun wenigstens einen Näherungswert für diese unbekannte Wahrscheinlichkeit zu erhalten, geht man häufig folgendermaßen vor: Man führt eine Serie von n untereinander unabhängigen Wiederholungen des eben erwähnten Versuchs durch, ermittelt die relative Häufigkeit des Ereignisses A in diesen n Versuchen und verwendet die erhaltene Zahl als Schätzwert für die unbekannte Wahrscheinlichkeit. Wir wollen uns nun mit der Frage beschäftigen, ob dieses Vorgehen überhaupt berechtigt ist. Die Beantwortung dieser Frage ist für die praktische Anwendbarkeit der axiomatisch aufgebauten Wahrscheinlichkeitsrechnung offenbar von grundlegender Bedeutung. Wir nehmen vorweg, daß die gestellte Frage zu bejahen ist; wir weisen aber ausdrücklich darauf hin, daß dies keinesfalls selbstverständlich ist. Zwar spiegeln die Axiome der Wahrscheinlichkeitsrechnung (↗ 62 ff., Abschnitt 4.1.) wichtige Eigenschaften der relativen Häufigkeit wider, es wird aber dort kein Zusammenhang zwischen der relativen Häufigkeit und der Wahrscheinlichkeit hergestellt. Auch haben wir wohl mehrfach einen solchen Sachverhalt angedeutet oder in den Beispielen verwendet; dem aufmerksamen Leser wird aber nicht entgangen sein, daß bisher keine Aussage in dieser Richtung bewiesen wurde. Wir wollen nun eine erste Begründung dafür geben, daß die relative Häufigkeit ein geeigneter Schätzwert für die Wahrscheinlichkeit ist.
Dazu fassen wir die in einer konkreten Versuchsreihe ermittelte relative Häufigkeit des Ereignisses A in n Versuchen als Realisierung einer Zufallsgröße Y auf; diese Zufallsgröße besitzt also die Werte $0, \frac{1}{n}, \frac{2}{n}, \ldots, \frac{n-1}{n}, 1$. Bezeichnen wir die zufällige Anzahl des Eintretens von A in diesen n Versuchen, d. h. die als Zufallsgröße aufgefaßte absolute Häufigkeit des Ereignisses A in n Versuchen mit X, so besteht zwischen den Zufallsgrößen X und Y der Zusammenhang $Y = \frac{X}{n}$. Die Zufallsgröße X besitzt eine Binomialverteilung mit den Parametern n und $p = P(A)$; also gelten insbesondere die Beziehungen $EX = np$ und $D^2X = np\,(1 - p)$.

Mit der Rechenregel (2) für Erwartungswerte (↗ 112 f., Abschnitt 6.2.) erhalten wir daraus für den

▷ *Erwartungswert der Zufallsgröße Y:*

$$EY = E\left(\frac{X}{n}\right) = \frac{1}{n} \cdot EX = \frac{1}{n} \cdot np = p = P(A)$$

In Worten: Der Erwartungswert der (als Zufallsgröße aufgefaßten) relativen Häufigkeit des Ereignisses A in n Versuchen ist — unabhängig von der Anzahl n der Versuche — gleich der Wahrscheinlichkeit des Ereignisses A.

Unter Verwendung der Rechenregel (3) für Streuungen (↗ 122, Abschnitt 6.3.) erhalten wir außerdem für die

▷ *Streuung der Zufallsgröße Y:*

$$D^2Y = D^2\left(\frac{X}{n}\right) = \frac{1}{n^2} D^2Y = \frac{1}{n^2} \cdot np\,(1-p) = \frac{p\,(1-p)}{n} \qquad \left(\leqq \frac{1}{4\,n}\right)$$

Hieraus erkennen wir insbesondere, daß die Streuung der (als Zufallsgröße aufgefaßten) relativen Häufigkeit des Ereignisses A in n Versuchen mit wachsender Versuchsanzahl gegen Null konvergiert.

Erinnern wir uns noch daran, daß die Streuung einer Zufallsgröße nur dann den Wert Null hat, wenn die Zufallsgröße eine Einpunktverteilung besitzt und folglich ihren Erwartungswert mit der Wahrscheinlichkeit Eins annimmt, so machen diese Betrachtungen plausibel, daß die Folge der als Zufallsgröße aufgefaßten relativen Häufigkeiten des Ereignisses A in n Versuchen mit wachsender Versuchszahl n ($n \to \infty$) in gewisser Weise gegen die Wahrscheinlichkeit $P(A)$ dieses Ereignisses A konvergiert. Auf die dabei vorliegende Konvergenzart kommen wir im Abschnitt 10.2. (↗ 196 f.) noch genauer zu sprechen. Vorerst begnügen wir uns mit der Feststellung, daß die Gültigkeit der beiden angegebenen Beziehungen ein ausreichendes Motiv dafür ist, die Wahrscheinlichkeit eines Ereignisses durch die relative Häufigkeit zu schätzen, und beachten, daß dieser Schätzwert einen um so besseren Näherungswert für die Wahrscheinlichkeit darstellen wird, je größer die Anzahl der durchgeführten Versuche ist.

7.3. Die hypergeometrische Verteilung

Die hypergeometrische Verteilung ist eine diskrete Verteilung, die in der statistischen Zualitätskontrolle eine große Rolle spielt.
Qur Herleitung einer hypergeometrisch verteilten Zufallsgröße gehen wir deshalb von einer bei Qualitätsuntersuchungen typischen Situation aus: Ein Warenposten umfaßt N Teile, unter denen sich M Ausschußteile (oder durch irgendeine andere Eigenschaft besonders gekennzeichnete Teile) befinden. Wir entnehmen diesem Warenposten nacheinander und ohne Zurücklegen n $(n < N)$ Teile (Stichprobe ohne Zurücklegen vom Umfang n) und interessieren uns für die Wahrscheinlichkeitsverteilung derjenigen Zufallsgröße X, die die Anzahl der Ausschußteile in einer solchen Stichprobe angibt. Da uns bei dieser Stichprobe nur die Anzahl der Ausschußteile, nicht aber die Reihenfolge, in der diese Teile entnommen wurden, interessiert, können wir uns die Entnahme der n Teile auch so vorstellen, daß alle auf einmal entnommen werden; für die nun folgende Berechnung der Einzelwahrscheinlichkeiten der Zufallsgröße X ist diese Vorstellung günstiger. Zuerst stellen wir fest, daß die Zufallsgröße X nur ganzzahlige nichtnegative Werte besitzt; und zwar wird sie eine ganze nichtnegative Zahl k dann und nur dann mit positiver Wahrscheinlichkeit annehmen, wenn k den folgenden drei Ungleichungen genügt:

$$k \leqq n\,, \quad k \leqq M\,, \quad n-k \leqq N-M$$

Die letzte Ungleichung besagt z. B., daß die Anzahl $n - k$ der fehlerfreien Teile in der Stichprobe nicht größer sein kann als die Anzahl $N - M$ der fehlerfreien Teile im Warenposten. Die Wahrscheinlichkeit dafür, daß unter den n entnommenen Teilen genau k Ausschußteile sind, d. h. die Zahl $P(X = k)$, erhalten wir aus kombinatorischen Überlegungen und unter Verwendung der klassischen Definition der Wahrscheinlichkeit; ähnliche Überlegungen enthalten schon die Beispiele 3/6 und 3/8 (↗ 47 bzw. 50). Es gibt

$\binom{N}{n}$ verschiedene Möglichkeiten, aus N Teilen n Teile auszuwählen,

$\binom{M}{k}$ verschiedene Möglichkeiten, aus den M Ausschußteilen k Teile auszuwählen,

$\binom{N-M}{n-k}$ verschiedene Möglichkeiten, aus den $N - M$ fehlerlosen Teilen $n - k$ Teile auszuwählen.

Das Ereignis $(X = k)$ tritt genau dann ein, wenn in der Stichprobe vom Umfang n von den insgesamt M Ausschußteilen k und von den insgesamt $N - M$ fehlerlosen Teilen $n - k$ enthalten sind. Da jede der $\binom{M}{k}$ Möglichkeiten, aus M Ausschußteilen k Teile auszuwählen, mit jeder der $\binom{N-M}{n-k}$ Möglichkeiten, aus $N - M$ fehlerlosen Teilen $n - k$ Teile auszuwählen, kombinierbar ist, gibt es unter den $\binom{N}{n}$ Möglichkeiten, aus N Teilen n Teile auszuwählen, $\binom{M}{k}\binom{N-M}{n-k}$ für das Ereignis $(X = k)$ günstige Möglichkeiten. Also gilt:

$$P(X = k) = \frac{\binom{M}{k}\binom{N-M}{n-k}}{\binom{N}{n}}$$

Wir kommen nun zur Definition der hypergeometrischen Verteilung.

⋈ DEFINITION der hypergeometrischen Verteilung:

Es seien N, M und n natürliche Zahlen mit $M < N$ und $n < N$. Eine Zufallsgröße X, deren Werte diejenigen nichtnegativen ganzen Zahlen k sind, für die $k \leqq n$, $k \leqq M$, $n - k \leqq N - M$ gilt, heißt **hypergeometrisch verteilt**, wenn gilt:

$$P(X = k) = \frac{\binom{M}{k}\binom{N-M}{n-k}}{\binom{N}{n}}$$

(Man sagt dann auch, daß X eine **hypergeometrische Verteilung** besitzt.)

Die vorangegangenen Überlegungen zeigen uns, daß die (zufällige) Anzahl X der Ausschußteile in einer Stichprobe *ohne Zurücklegen* vom Umfang n aus einer Grundgesamtheit von N Teilen, unter denen sich M Ausschußteile befinden, eine hypergeometrische Verteilung besitzt. Das Verhältnis der Anzahl M der Ausschußteile zur Anzahl N der Teile in der Grundgesamtheit, d. h. der Quotient $\frac{M}{N} = p$ gibt den Ausschußanteil im Warenposten und damit die Wahrscheinlichkeit dafür wieder, daß ein aus diesem Warenposten zufällig entnommenes Teil ein Ausschußteil ist. In diesem Zusammenhang erinnern wir daran, daß bei einer Stichprobenentnahme *mit Zurücklegen* die oben betrachtete Zufallsgröße X eine Binomialverteilung mit den Parametern n und p besitzt.

□ BEISPIEL 7/15:

Es sei $N = 100$, $M = 5$ und $n = 10$.

Wir interessieren uns für die Wahrscheinlichkeit dafür, daß in einer *ohne Zurücklegen* gewonnenen Stichprobe vom Umfang 10 genau ein Ausschußteil enthalten ist, d. h. für $P(X = 1)$, wenn wir mit X die (zufällige) Anzahl der Ausschußteile in dieser Stichprobe bezeichnen. Es gilt:

$$P(X = 1) = \frac{\binom{5}{1}\binom{100-5}{10-1}}{\binom{100}{10}} = \frac{\binom{5}{1}\binom{95}{9}}{\binom{100}{10}} \approx 0{,}34$$

Führen wir hingegen die Stichprobenentnahme *mit Zurücklegen* durch, so besitzt die Zufallsgröße X eine Binomialverteilung mit den Parametern

$n = 10$ und $p = \frac{M}{N} = \frac{5}{100} = 0{,}05$.

Wir erhalten dann

$$P(X = 1) = b\,(1;\,10,\;0{,}05) = \binom{10}{1} \cdot 0{,}05 \cdot (1 - 0{,}05)^9 \approx 0{,}32\,.$$

In dem eben behandelten Beispiel erweist sich die zweite Rechnung als erheblich kürzer im Vergleich zur ersten; hingegen sind die Ergebnisse nicht wesentlich voneinander verschieden. Hieraus erhebt sich ganz allgemein die Frage, unter welchen Bedingungen man die (kompliziert zu berechnenden) Einzelwahrscheinlichkeiten der hypergeometrischen Verteilung durch die (oft einfacher zu berechnenden) Einzelwahrscheinlichkeiten der Binomialverteilung ersetzen kann, ohne dabei einen allzu großen Fehler zu begehen. Es ist zu vermuten, daß man dies höchstens dann tun kann, wenn das Nichtzurücklegen z. B. eines entnommenen Ausschußteils auf die Wahrscheinlichkeitsverteilung der nächsten Entnahme keinen wesentlichen Einfluß hat. (Um Mißverständnissen vorzubeugen, bemerken wir hierzu, daß die Wahrscheinlichkeit der Entnahme eines Ausschußteils auch bei der Stichprobe ohne Zurücklegen für die einzelnen Entnahmen immer dieselbe ist; sie beträgt $\frac{M}{N} = p$. Die in der obigen Vermutung formulierte Bedingung beinhaltet hingegen z. B., daß die Wahrscheinlichkeit der Entnahme eines Ausschußteils unter der Bedingung, daß bei der vorhergehenden Entnahme ebenfalls ein Ausschußteil herausgegriffen wurde, etwa gleich der (unbedingten) Wahrscheinlichkeit der Entnahme eines Ausschußteils, also etwa gleich $\frac{M}{n}$ sein muß.) Anschaulich ist dies dann der Fall, wenn der Stichprobenumfang n klein gegenüber dem Umfang N des Warenpostens ist ($n \ll N$). In diesem Fall sind die Methoden der Stichprobenentnahme ohne und mit Zurücklegen tatsächlich praktisch gleichwertig; d. h., im Falle $n \ll N$ kann man die (bei der Stichprobenentnahme mit Zurücklegen auftretenden) Einzelwahrscheinlichkeiten der hypergeometrischen Verteilung durch die entsprechenden (eigentlich nur bei der Stichprobenentnahme mit Zurücklegen auftretenden) Einzelwahrscheinlichkeiten einer Binomialverteilung ersetzen, ohne damit einen allzu großen Fehler zu begehen. (Die mathematische Begründung hierfür ergibt sich aus der Grenzwertbeziehung

$$\lim_{\substack{N \to \infty \\ M \to \infty \\ \frac{M}{N} = p = \text{const.}}} \frac{\binom{M}{k}\binom{N-M}{n-k}}{\binom{N}{n}} = \binom{n}{k} p^k (1-p)^{n-k}, \qquad k = 0, 1, 2, \ldots, n,$$

auf die wir aber nicht näher eingehen.)
Wir geben nun **Erwartungswert** und **Streuung** einer **hypergeometrisch verteilten Zufallsgröße** $\boldsymbol{X}$ an (auf die Herleitung dieser Beziehungen verzichten wir).
Es gilt:

$$\triangleright \qquad EX = n \cdot \frac{M}{N} = np,$$

$$\triangleright \qquad D^2X = \frac{n\,M\,(N-M)\,(N-n)}{N^2(N-1)} = np\,(1-p)\,\frac{N-n}{N-1}.$$

Diese Kenngrößen der hypergeometrischen Verteilung wollen wir aber noch mit den entsprechenden Kenngrößen einer Binomialverteilung vergleichen, da — wie bereits vermerkt — die Anzahl der Ausschußteile in einer Stichprobe mit Zurücklegen eine Binomialverteilung besitzt. In diesem Falle würde $EX = n\,p$ und $D^2X = np\,(1-p)$ gelten. Wir erkennen, daß der Erwartungswert der (zufälligen) Anzahl der Ausschußteile in einer Stichprobe vom Umfang n aus einer Grundgesamtheit mit dem Ausschußanteil p unabhängig davon, ob es sich um eine Stichprobe mit oder ohne Zurücklegen handelt, gleich dem Produkt aus dem Stichprobenumfang n und dem Ausschußanteil p ist. Hingegen ist die Streuung der (zufälligen) Anzahl der Ausschußteile in einer Stichprobe ohne Zurücklegen (hypergeometrische Verteilung) kleiner als die Streuung dieser Zufallsgröße bei einer Stichprobe mit Zurücklegen (Binomialverteilung); der Unterschied ist aber bei großem Umfang N der Grundgesamtheit gering.

(Es gilt nämlich $\lim\limits_{N \to \infty} np\,(1-p)\,\frac{N-n}{N-1} = np\,(1-p)$

für festes p; dieses Resultat war auf Grund der oben erwähnten Grenzwertbeziehung zwischen der hypergeometrischen Verteilung und der Binomialverteilung zu erwarten.)

7.4. Die Poisson-Verteilung

Die Poisson-Verteilung ist eine diskrete Verteilung, die in vielen Anwendungsfällen bei Erfülltsein gewisser Bedingungen eingesetzt wird und oft eine überraschend gute Annäherung an die tatsächlich vorliegende — jedoch unbekannte — Verteilung liefert. Außerdem spielt die Poisson-Verteilung als Grenzverteilung der Binomialverteilung eine große Rolle, und zwar bei der zahlenmäßigen Berechnung der Binomialwahrscheinlichkeiten $b(k; n, p)$ für große n und kleine p. Wir geben zunächst die Definition der Poisson-Verteilung, klären danach die Rolle des dabei vorkommenden Parameters λ und skizzieren im Anschluß daran praktische Situationen, bei denen die Poisson-Verteilung besonders häufig angewendet wird.

⋈ DEFINITION der Poisson-Verteilung:

Es sei λ eine positive Zahl. Eine Zufallsgröße X, die die (abzählbar-unendlich vielen) Werte 0, 1, 2, ... annehmen kann, heißt **poissonverteilt mit dem Parameter λ**, wenn

$$P(X = k) = \frac{\lambda^k}{k!} e^{-\lambda} \qquad (k = 0, 1, 2, \ldots)$$

gilt. (Man sagt dann auch, X besitze eine **Poisson-Verteilung mit dem Parameter λ**.)

Die Zahlen $\frac{\lambda^k}{k!} e^{-\lambda}$ $(k = 0, 1, 2, \ldots)$ definieren tatsächlich für jede beliebige positive Zahl λ eine diskrete Wahrscheinlichkeitsverteilung, da $\sum\limits_{k=0}^{\infty} \frac{\lambda^k}{k!} e^{-\lambda} = 1$ für alle $\lambda > 0$ gilt.

(Der Beweis beruht auf der Beziehung $e^{\lambda} = 1 + \frac{\lambda}{1!} + \frac{\lambda^2}{2!} + \ldots = \sum\limits_{k=0}^{\infty} \frac{\lambda^k}{k!}$.)

Um die Abhängigkeit der Wahrscheinlichkeiten $\frac{\lambda^k}{k!} e^{-\lambda}$ von dem Parameter λ anzudeuten, benutzt man gelegentlich für diese Zahlen die Bezeichnung $p(k; \lambda)$. Die Poisson-Verteilung geht auf S. D. Poisson (1781—1840) zurück.
Bevor wir die Bedeutung des Parameters λ untersuchen, wollen wir uns an Hand zweier Beispiele einen zahlenmäßigen Eindruck von der Poisson-Verteilung verschaffen (↗ Tafel 2 des Anhangs) und beachten dabei den Einfluß des Parameters λ auf die Wahrscheinlichkeitsverteilung.

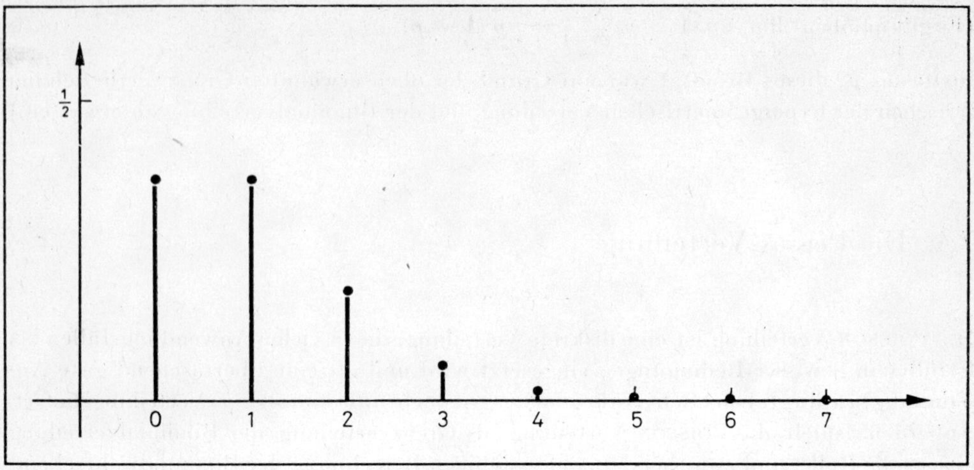

Bild 27

☐ BEISPIELE 7/16 und 17:

16. Es sei $\lambda = 1$ (Tabelle 8 und Bild 27)

k	$p(k; 1)$
0	0,3679
1	0,3679
2	0,1839
3	0,0613
4	0,0153
5	0,0031
6	0,0005
7	0,0001

Tabelle 8

17. Es sei $\lambda = 5$ (Tabelle 9 und Bild 28)

k	$p(k; 5)$	k	$p(k; 5)$
0	0,0067	12	0,0034
1	0,0337	13	0,0013
2	0,0842	14	0,0005
3	0,1404	15	0,0002
4	0,1755		
5	0,1755		
6	0,1462		
7	0,1044		
8	0,0653		
9	0,0363		
10	0,0181		
11	0,0082		

Tabelle 9

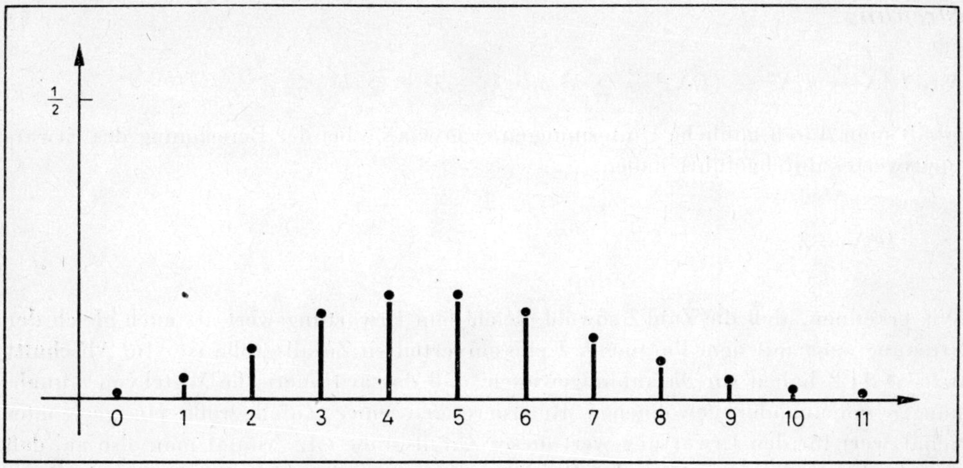

Bild 28

Die graphische Darstellung der Verteilungstabelle einer mit dem Parameter λ poissonverteilten Zufallsgröße ist nicht symmetrisch; sie ist aber dann nahezu symmetrisch, wenn der Parameter λ groß ist.
Wir wenden uns nun der Frage zu, welche Bedeutung der Parameter λ besitzt. Dazu berechnen wir Erwartungswert und Streuung einer mit dem Parameter λ poissonverteilten Zufallsgröße X.

Erwartungswert

$$EX = \sum_k x_k\, p_k = \sum_{k=0}^{\infty} k\, p(k;\lambda) = \sum_{k=0}^{\infty} k \cdot \frac{\lambda^k}{k!}\, e^{-\lambda}$$

Da der erste Summand den Wert Null hat, genügt es, die Summation mit $k = 1$ zu beginnen.

$$EX = \sum_{k=1}^{\infty} k \cdot \frac{\lambda^k}{k!}\, e^{-\lambda} = \sum_{k=1}^{\infty} \frac{\lambda^k}{(k-1)!}\, e^{-\lambda} = \lambda\, e^{-\lambda} \sum_{k=1}^{\infty} \frac{\lambda^{k-1}}{(k-1)!}$$

Wir setzen nun $k - 1 = j$, beachten, daß $\sum\limits_{j=0}^{\infty} \frac{\lambda^j}{j!} = e^{\lambda}$ gilt, und erhalten:

$\triangleright$ $$EX = \lambda\, e^{-\lambda} \sum_{j=0}^{\infty} \frac{\lambda^j}{j!} = \lambda\, e^{-\lambda}\, e^{\lambda} = \lambda$$

Streuung

Aus $D^2X = EX^2 - (EX)^2 = \sum_{k=0}^{\infty} k^2\, p(k;\lambda) - \lambda^2 = \sum_{k=0}^{\infty} k^2 \cdot \frac{\lambda^k}{k!}\, e^{-\lambda} - \lambda^2$ erhält man durch ähnliche Umformungen, wie wir sie bei der Berechnung des Erwartungswertes durchgeführt haben:

▷ $D^2X = \lambda$

Wir erkennen, daß die Zahl λ sowohl gleich dem Erwartungswert als auch gleich der Streuung einer mit dem Parameter λ poissonverteilten Zufallsgröße ist. Im Abschnitt 6.2. (↗ 112) haben wir darauf hingewiesen, daß das arithmetische Mittel von n unabhängig voneinander gewonnenen Realisierungen einer Zufallsgröße ein geeigneter Schätzwert für den Erwartungswert dieser Zufallsgröße ist. Nimmt man also an, daß eine praktisch beobachtbare Zufallsgröße poissonverteilt ist, so wird man als Parameter λ das arithmetische Mittel von n unabhängig voneinander gewonnenen Realisierungen der Zufallsgröße verwenden.

□ BEISPIEL 7/18:

An einem Sommerabend wird durchschnittlich alle zehn Minuten eine Sternschnuppe beobachtet. Wir nehmen an, daß die Zufallsgröße X, die die Anzahl der Sternschnuppen während einer Beobachtungszeit von 15 Minuten angibt, eine POISSON-Verteilung besitzt. Als Parameter λ verwenden wir auf Grund der Angabe, daß im Mittel alle zehn Minuten eine Sternschnuppe beobachtet wird, die Zahl $\lambda = \frac{15}{10} = \frac{3}{2}$. Wir setzen also

$$P(X = k) = \frac{\left(\frac{3}{2}\right)^k}{k!}\, e^{-\frac{3}{2}} \qquad (k = 0, 1, 2, \ldots)\,.$$

Zum Beispiel erhalten wir als Wahrscheinlichkeit dafür, daß in einer Viertelstunde mindestens zwei Sternschnuppen beobachtet werden:

$$\begin{aligned} P(X \geqq 2) &= 1 - P(X < 2) = 1 - P((X = 0) \cup (X = 1)) \\ &= 1 - (P(X = 0) + P(X = 1)) \\ &= 1 - \frac{\left(\frac{3}{2}\right)^0}{0!}\, e^{-\frac{3}{2}} - \frac{\left(\frac{3}{2}\right)^1}{1!}\, e^{-\frac{3}{2}} \\ &= 1 - 0{,}2231 - 0{,}3347 \approx 0{,}44 \end{aligned}$$

Allgemeiner wird man annehmen, daß die (zufällige) Anzahl X_t der Sternschnuppen während einer Beobachtungszeit von t Minuten eine POISSON-Verteilung mit dem Parameter $\frac{t}{10}$ besitzt. (Für $t = 10$ ergibt sich 1, für $t = 15$ ergibt sich $\frac{3}{2}$.) Die Menge $\{X_t : 0 \leqq t < \infty\}$ bildet einen sogenannten *zufälligen* (oder *stochastischen*) *Prozeß*. Die Untersuchung zufälliger Prozesse ist Inhalt eines weitausgebauten Teilgebiets der Wahrscheinlichkeitsrechnung, dessen Ergebnisse sich in der praktischen Anwendung als außerordentlich nützlich erwiesen haben und für das sich ständig neue Anwendungsgebiete ergeben. Wir können aber im Rahmen unserer Darstellung darauf nicht näher eingehen.

Wir beantworten nun die Frage, unter welchen Bedingungen man einer Zufallsgröße X, die die Werte 0, 1, 2, ... besitzt, modellmäßig eine POISSON-Verteilung unterstellen kann, ohne dabei einen allzu großen Fehler zu begehen:
Gibt die Zufallsgröße X die Anzahl des Eintretens eines Ereignisses A in einer sehr langen Serie von weitgehend untereinander unabhängigen Versuchen wieder, bei denen das Ereignis A stets eine sehr kleine und in allen Versuchen praktisch gleiche Wahrscheinlichkeit besitzt — oder kann man die Zufallsgröße X in dieser Weise interpretieren —, so darf mit guter Annäherung an die Wirklichkeit angenommen werden, daß X eine POISSON-Verteilung besitzt.
Im oben angegebenen Beispiel kann X auf eben diese Weise interpretiert werden: Dazu denken wir uns die Himmelskugel so in eine große Anzahl gleich großer Flächenelemente zerlegt, daß die Wahrscheinlichkeit des Auftretens einer Sternschnuppe in einem solchen Flächenelement (Ereignis A) sehr klein und das Auftreten zweier Sternschnuppen praktisch unmöglich ist. Der einzelne Versuch besteht in der Beobachtung eines Flächenelements im Hinblick auf das Eintreten oder Nichteintreten des Ereignisses A. Die Zufallsgröße X läßt sich dann auffassen als (zufällige) Anzahl des Eintretens von A in allen Flächenelementen der gedachten Zerlegung der Himmelskugel.
Auf ähnliche Weise lassen sich die folgenden Zufallsgrößen interpretieren:
- Anzahl der Atome einer bestimmten radioaktiven Substanz, die in einem vorgegebenen, relativ kurzen Zeitabschnitt zerfallen;
- Anzahl der Kunden, die an einem Werktag zwischen 15 und 17 Uhr einen bestimmten Frisiersalon betreten;
- Anzahl der in einer Telefonzentrale während einer bestimmten Zeitspanne ankommenden Anrufe;
- Anzahl der Fadenbrüche in einer Spinnerei bei einer bestimmten Garnsorte innerhalb eines vorgegebenen Zeitabschnittes.

Man wird also auch in diesen Fällen die tatsächlich vorliegende, aber im allgemeinen unbekannte Wahrscheinlichkeitsverteilung durch die POISSON-Verteilung ersetzen; wie man dabei den Parameter λ festlegt, haben wir bereits erörtert.

Zusammenhang zwischen Binomialverteilung und Poisson-Verteilung

Die oben gegebene Antwort auf die Frage, unter welchen Bedingungen man einer Zufallsgröße modellmäßig eine POISSON-Verteilung unterstellen kann, beinhaltet insbesondere, daß man die zufällige Anzahl X des Eintretens eines Ereignisses A in n unabhängig voneinander durchgeführten Wiederholungen ein und desselben Versuchs, in denen das Ereignis A stets die Wahrscheinlichkeit p besitzt, dann als poissonverteilte Zufallsgröße annehmen kann, wenn die Anzahl n der Versuche groß und die Erfolgswahrscheinlichkeit p klein ist. In diesem Falle wissen wir aber bereits, daß die exakte Verteilung von X eine Binomialverteilung mit den Parametern n und p ist. Dies bedeutet, daß man für großes n und kleines p die (in diesem Fall schwierig zu berechnenden) Einzelwahrscheinlichkeiten $b(k; n, p)$ einer mit den Parametern n und p binomialverteilten Zufallsgröße X ersetzen kann durch die (einfacher zu berechnenden) Einzelwahrscheinlichkeiten $p(k; np)$ einer mit dem Parameter $\lambda = np$ poissonverteilten Zufallsgröße, ohne einen allzu großen Fehler zu begehen. Die Festlegung des

Parameters λ in der Form $\lambda = np$ bewirkt, daß die Zufallsgröße X unabhängig davon, ob man sie als binomialverteilt oder als poissonverteilt ansieht, den Erwartungswert np besitzt. (Die mathematische Begründung für den angegebenen Sachverhalt ergibt sich aus der Grenzwertbeziehung

$$\lim_{\substack{n \to \infty \\ p \to 0 \\ np = \lambda = \text{const}.}} \binom{n}{k} p^k (1-p)^{n-k} = \frac{\lambda^k}{k!} e^{-\lambda}, \quad k = 0, 1, 2, \ldots)$$

Wir betrachten hierzu noch ein Beispiel.

□ BEISPIEL 7/19:

Es werden 500 Personen zufällig ausgewählt; X bezeichne die (zufällige) Anzahl derjenigen Personen, die an einem bestimmten Tag (z. B. am 14. 6.) Geburtstag haben (↗139f., Beispiel 7/5). Die Zufallsgröße X ist binomialverteilt mit den Parametern $n = 500$ und $p = \frac{1}{365}$. Wir vergleichen die Einzelwahrscheinlichkeiten $b\left(k; 500, \frac{1}{365}\right)$ von X mit den Einzelwahrscheinlichkeiten $p\left(k; 500 \cdot \frac{1}{365}\right)$ einer mit dem Parameter $\lambda = np = 500 \cdot \frac{1}{365} \approx 1{,}37$ poissonverteilten Zufallsgröße (Tabelle 10).

Tabelle 10

k	$b\left(k; 500, \frac{1}{365}\right)$	$p\left(k; 500 \cdot \frac{1}{365}\right)$
0	0,2537	0,2541
1	0,3484	0,3481
2	0,2385	0,2385
3	0,1089	0,1089
4	0,0372	0,0373
5	0,0101	0,0102
6	0,0023	0,0023

Wir stellen fest, daß die Übereinstimmung der Werte außerordentlich gut ist, und bemerken außerdem, daß die Berechnung der Zahlen $p\left(k; 500 \cdot \frac{1}{365}\right)$ wesentlich einfacher als die der Zahlen $b\left(k; 500, \frac{1}{365}\right)$ ist.

7.5. Aufgaben

1. Es seien X eine diskrete, auf den Werten $0, 1, 2, \ldots, n$ gleichmäßig verteilte Zufallsgröße und Y eine mit den Parametern n und p $(0 < p < 1)$ binomialverteilte Zufallsgröße. Man beweise, daß $D^2X \geqq D^2Y$ gilt und zeige, daß in dieser Beziehung genau dann das Gleichheitszeichen steht, wenn $n = 1$ und $p = \frac{1}{2}$ gilt. Insbesondere überlege man sich auch den Inhalt dieser Aussagen.

2. Es sei A ein zufälliges Ereignis, das im Rahmen eines bestimmten zufälligen Versuchs die Wahrscheinlichkeit $P(A) = p$ hat. Wir wiederholen diesen Versuch n-mal unabhängig voneinander und bezeichnen mit X bzw. Y die zufällige Anzahl der Erfolge (Erfolg = Eintreten des Ereignisses A) bzw. Mißerfolge in diesen n Versuchen.
   a) Welche Verteilungen besitzen die Zufallsgrößen X und Y?
   b) Man zeige, daß $EX + EY = n$ und $D^2X = D^2Y$ gilt.
   c) Man berechne die Wahrscheinlichkeit dafür, daß das Ereignis A in diesen n Versuchen mindestens einmal eintritt.

3. Man beweise die Beziehung $b(k; n, p) = b\,(n - k; n, 1 - p)$.

   Bemerkung: In der Tafel 1 des Anhangs (↗214) sind nur Zahlen $b(k; n, p)$ für $p \leqq \frac{1}{2}$ angegeben. Die obige Beziehung gibt die Möglichkeit, diese Zahlen auch für $p > \frac{1}{2}$ aus der Tafel 1 abzulesen.
   (Beispiel: $b(6; 10, 0{,}7) = b(10-6; 10, 1-0{,}7) = b(4; 10, 0{,}3) = 0{,}200$.)

4. Es werden Familien mit vier Kindern betrachtet. Wir nehmen an, daß Jungen- und Mädchengeburten unabhängig voneinander und gleichwahrscheinlich sind. Mit X bezeichnen wir die (zufällige) Anzahl der Jungen in einer Familie mit vier Kindern. Man berechne die Wahrscheinlichkeit dafür, daß
   a) zwei Jungen und zwei Mädchen,
   b) drei Jungen und ein Mädchen,
   c) vier Jungen
   geboren werden, indem man die entsprechenden Ereignisse mittels der Zufallsgröße X formuliert und deren Verteilung verwendet.

5. Eine Maschine produziert 20% Ausschußbleistifte. Wie groß ist die Wahrscheinlichkeit dafür, daß von vier der laufenden Produktion zufällig entnommenen Bleistiften
   a) kein Bleistift,
   b) ein Bleistift,
   c) höchstens zwei Bleistifte Ausschuß sind?

6. Erfahrungsgemäß keimen 5% der Zwiebeln einer bestimmten Blumenzwiebelsorte nicht. Diese Zwiebelsorte wird in Zehnerpackungen verkauft, und es wird eine Keimgarantie von 90% gegeben. Wie groß ist die Wahrscheinlichkeit dafür, daß eine zufällig herausgegriffene Packung dieses Garantieversprechen nicht erfüllt (Ereignis A)?

7. Zwei Schachspieler A und B wollen zwei Vergleichskämpfe unter folgenden Bedingungen austragen:
(1) Gewinnt A eine Partie, dann erhält A einen Punkt. Wird eine Partie remis oder gewinnt B, dann erhält B einen Punkt.
(2) Der erste Wettkampf wird über vier Partien ausgetragen, der zweite über sechs Partien.
(3) A hat einen Wettkampf gewonnen, wenn er mehr Punkte als B besitzt.
Unter der Annahme, daß A eine Partie gegen B mit der Wahrscheinlichkeit 0,6 gewinnt, berechne man die Wahrscheinlichkeit dafür, daß der Spieler A
a) den ersten Wettkampf gewinnt (Ereignis A_1),
b) den zweiten Wettkampf gewinnt (Ereignis A_2),
c) beide Wettkämpfe gewinnt (Ereignis A_3),
d) in beiden Wettkämpfen zusammen mehr als fünf Punkte erhält (Ereignis A_4).

8. Man berechne unter Verwendung der hypergeometrischen Verteilung die Wahrscheinlichkeiten der
a) in der Aufgabe 4 zum Kapitel 3 (↗ 59),
b) in der Aufgabe 5 zum Kapitel 3 (↗ 60)
beschriebenen Ereignisse.

9. Eine Ladung Saatgut wird in Päckchen zu je 0,5 kg verkauft. Jedes Päckchen enthält (rund) 1000 Samenkörner. Von früheren Prüfungen her sei bekannt, daß (etwa) 0,5% der Körner nicht der Sorte des Saatgutes angehören. Wie groß ist die Wahrscheinlichkeit dafür, daß in einem zufällig ausgewählten Päckchen mehr als fünf „fremde" Körner sind (Ereignis A)?
Hinweis: Man betrachte die zufällige Anzahl X der „fremden" Körner in einem Päckchen, überlege sich deren Verteilung und ersetze für die Berechnung der Wahrscheinlichkeit des Ereignisses A diese Verteilung durch die POISSON-Verteilung.

8. Stetige Zufallsgrößen und deren Wahrscheinlichkeitsverteilung

Bisher untersuchten wir Zufallsgrößen, die höchstens abzählbar-unendlich viele Werte annehmen können. Im Unterschied dazu können die sogenannten stetigen Zufallsgrößen, deren Betrachtung wir uns nun zuwenden, jeden Wert aus einem gewissen Intervall annehmen. Die Wahrscheinlichkeitsverteilung einer stetigen Zufallsgröße ist dadurch gekennzeichnet, daß sich die Wahrscheinlichkeit des Hineinfallens dieser Zufallsgröße in irgendein Intervall der reellen Achse als Flächeninhalt zwischen einer (niemals unterhalb der x-Achse verlaufenden) Kurve und der x-Achse in den durch dieses Intervall gegebenen Grenzen ergibt; diese Kurve ist die graphische Darstellung der sogenannten **Wahrscheinlichkeitsdichte** dieser Zufallsgröße. Mit der allgemeinen Beschreibung stetiger Zufallsgrößen beschäftigen wir uns im Abschnitt 8.1. (↗ 160). In den darauffolgenden beiden Abschnitten behandeln wir die zwei wichtigen Kenngrößen **Erwartungswert** und **Streuung** für den Fall der stetigen Zufallsgrößen. Die Zweckmäßigkeit der angegebenen Definitionen zeigt sich unter anderem darin, daß alle für den Fall diskreter Zufallsgrößen bewiesenen Rechenregeln gültig bleiben, nicht zuletzt aber aus dem Gesetz der großen Zahlen. Schließlich untersuchen wir im Abschnitt 8.4. (↗ 171) die speziellen Eigenschaften von **Verteilungsfunktionen** stetiger Zufallsgrößen.

Als mathematisches Hilfsmittel bei der Beschreibung stetiger Zufallsgrößen verwenden wir den Integralbegriff. Aus der Integralrechnung muß man aber eigentlich nicht viel mehr wissen, als daß für eine nichtnegative Funktion f und beliebige reelle Zahlen a und b mit $a \leqq b$ der Ausdruck $\int_a^b f(x)\,dx$ den Flächeninhalt zwischen der durch $y = f(x)$ in der x, y-Ebene gegebenen Kurve und der x-Achse in den Grenzen a bis b angibt. Für ein volles Verstehen der durchgeführten Rechnungen ist allerdings die Kenntnis einiger Integrationsregeln und -methoden (z. B. der Methode der partiellen Integration) erforderlich. Außerdem erweist es sich bei der Behandlung der stetigen Zufallsgrößen noch als zweckmäßig, auch Integrale der Form $\int_{-\infty}^{b} g(x)\,dx$, $\int_a^{\infty} g(x)\,dx$ und insbesondere Integrale der Form $\int_{-\infty}^{\infty} g(x)\,dx$ zu verwenden. Diese Integrale gehören wegen ihres unendlich langen Integrationsbereichs zur Klasse der sogenannten *uneigentlichen Integrale.* Wir verstehen die Integrale der aufgeführten Formen stets als Grenzwerte von entsprechenden bestimmten Integralen

$$\left(\int_{-\infty}^{b} g(x)\,dx = \lim_{a\to-\infty}\int_{a}^{b} g(x)\,dx,\ \int_{a}^{\infty} g(x)\,dx = \lim_{b\to\infty}\int_{a}^{b} g(x)\,dx,\ \int_{-\infty}^{\infty} g(x)\,dx = \lim_{\substack{a\to-\infty\\ b\to+\infty}}\int_{a}^{b} g(x)\,dx\right).$$

Bei der praktischen Berechnung von Integralen der letztgenannten Art verwenden wir die für eine beliebige reelle Zahl c gültige Beziehung $\int_{-\infty}^{\infty} g(x)\,dx = \int_{-\infty}^{c} g(x)\,dx + \int_{c}^{\infty} g(x)\,dx$. Schließlich weisen wir noch darauf hin, daß man im Falle einer nichtnegativen Funktion g das Integral $\int_{-\infty}^{\infty} g(x)\,dx$ als Flächeninhalt zwischen der durch $y = g(x)$ in der x,y-Ebene gegebenen Kurve und der x-Achse interpretiert. Diese Interpretation erweist sich in der Wahrscheinlichkeitsrechnung als besonders zweckmäßig. Mehr über uneigentliche Integrale der erwähnten Formen zu wissen — z. B. über Bedingungen für die Existenz solcher Integrale —, ist für unsere Belange nicht erforderlich; das nötige Vertrautsein mit diesen Integralen wird sich ganz zwangsläufig in den folgenden Kapiteln einstellen.

8.1. Allgemeine Beschreibung stetiger Zufallsgrößen

Ein äußeres Kennzeichen einer jeden Zufallsgröße ist die Menge der Werte, die sie annehmen kann. Die stetigen Zufallsgrößen sind in dieser Hinsicht dadurch gekennzeichnet, daß die Werte ein Intervall der Zahlengeraden ausfüllen, d. h., der Wertebereich einer stetigen Zufallsgröße ist ein Intervall. Die wichtigste Eigenschaft einer stetigen Zufallsgröße besteht aber darin, daß sich die Wahrscheinlichkeit des Hineinfallens dieser Zufallsgröße in irgendein Intervall der Zahlengeraden als bestimmtes Integral einer Funktion — der sogenannten **Wahrscheinlichkeitsdichte** dieser Zufallsgröße — in den durch das betrachtete Intervall gegebenen Grenzen ergibt. Den genauen Sachverhalt erklären wir in der folgenden Definition.

⋈ DEFINITION:

Eine Zufallsgröße X heißt **stetig** (oder **stetig verteilt**), wenn es eine (auf der Menge der reellen Zahlen definierte) nichtnegative Funktion f mit der Eigenschaft

$\int_{-\infty}^{\infty} f(x)\,dx = 1$ gibt,

so daß $P(a \leqq X \leqq b) = \int_{a}^{b} f(x)\,dx$

für beliebige reelle Zahlen a und b mit $a \leqq b$ gilt.

Die Funktion f heißt **Wahrscheinlichkeitsdichte** (auch **Verteilungsdichte** oder kurz **Dichte**) der Zufallsgröße X (Bild 29).

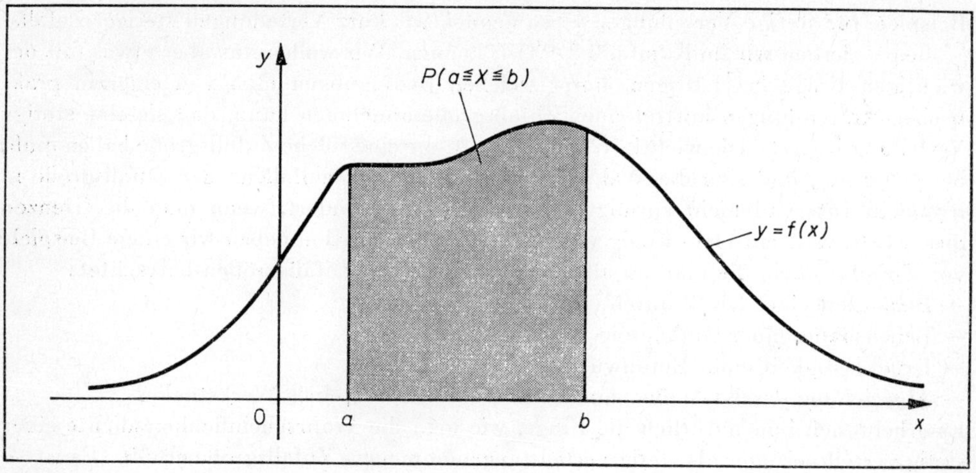

Bild 29

Hinweis: Um anzudeuten, daß f die Verteilungsdichte von X ist, schreibt man an Stelle von „f" auch „f_X". Die Bezeichnung „Wahrscheinlichkeitsdichte" verwendet man ganz allgemein für nichtnegative Funktionen, die die Eigenschaft $\int_{-\infty}^{\infty} f(x)\,dx = 1$ haben.

Bemerkungen:

1. Die Beziehung $P(a \leqq X \leqq b) = \int_a^b f(x)\,dx$ (a, b reell, $a \leqq b$) zeigt uns, daß die Wahrscheinlichkeitsverteilung einer stetigen Zufallsgröße durch deren Wahrscheinlichkeitsdichte bestimmt ist.

2. Der Definition entnehmen wir insbesondere, daß für jede stetige Zufallsgröße X und jede beliebige reelle Zahl a die Beziehung $P(X = a) = 0$ gilt. Eine stetige Zufallsgröße nimmt also auch jeden ihrer Werte nur mit der Wahrscheinlichkeit Null an. Hingegen kann die Wahrscheinlichkeit des Hineinfallens der Zufallsgröße in ein beliebiges Intervall positiv sein, selbst dann, wenn das Intervall sehr klein ist. Außerdem gilt für beliebige reelle Zahlen a und b mit $a < b$
$P(a \leqq X \leqq b) = P(a \leqq X < b) = P(a < X \leqq b) = P(a < X < b)$;
diese Wahrscheinlichkeiten sind also alle gleich, und zwar — entsprechend obiger Definition — gleich $\int_a^b f(x)\,dx$.

3. In der Definition haben wir vorausgesetzt, daß die Funktion f nicht negativ ist und der Bedingung $\int_{-\infty}^{\infty} f(x)\,dx = 1$ genügt. Man kann zeigen, daß diese Eigenschaften bereits aus der Beziehung $P(a \leqq X \leqq b) = \int_a^b f(x)\,dx$ (a, b reell, $a \leqq b$) folgen.
Der Beweis von $f(x) \geqq 0$ für alle reellen Zahlen x beruht inhaltlich darauf, daß Wahrscheinlichkeiten nichtnegative Zahlen sind; der Beweis von $\int_{-\infty}^{\infty} f(x)\,dx = 1$ beruht inhaltlich darauf, daß eine Zufallsgröße mit der Wahrscheinlichkeit Eins irgendeinen ihrer Werte annimmt, d. h., daß
$P(-\infty < X < +\infty) = P(\Omega) = 1$ gilt.

Beispiele für stetige Verteilungen — so nennen wir kurz Verteilungen stetiger Zufallsgrößen — lernen wir im Kapitel 9 (↗ 174) kennen. Wir wollen uns aber etwas mit der wichtigen Frage beschäftigen, unter welchen Bedingungen man von einer in praktischen Anwendungen auftretenden Zufallsgröße annehmen kann, daß sie eine stetige Verteilung besitzt. Die wichtigste Eigenschaft, die eine solche Zufallsgröße haben muß, besteht darin, daß sich die Wahrscheinlichkeit des Hineinfallens der Zufallsgröße in irgendein Intervall nicht sprunghaft, sondern stetig ändert, wenn man die Grenzen dieses Intervalls ein klein wenig verschiebt. Zur Illustration geben wir einige Beispiele von Zufallsgrößen, die man im allgemeinen als stetige Zufallsgrößen betrachtet:

— Beladezeit eines LKW durch einen Bagger
— Lebensdauer einer Glühlampe
— Druckfestigkeit eines Betonwürfels
— Abweichung des Ist-Maßes vom Soll-Maß der Größe eines Werkstückes

Es erhebt sich nun natürlich die Frage, wie man die Wahrscheinlichkeitsdichte einer stetig verteilten (oder als stetig verteilt angenommenen) Zufallsgröße erhält. Es ist — auch in Anbetracht obiger Beispiele — einleuchtend, daß es keine Formel zur Ermittlung der Wahrscheinlichkeitsdichte gibt. Die Aufgabenstellung ist daher vielmehr so zu verstehen, daß man unter allen Wahrscheinlichkeitsdichten eine solche auswählt, die die tatsächlich vorliegende — aber im allgemeinen unbekannte — Wahrscheinlichkeitsdichte gut wiedergibt und die mathematisch einfach zu handhaben ist.
Um zunächst eine Vorstellung von der Wahrscheinlichkeitsverteilung der Zufallsgröße zu bekommen, wird man sich eine — möglichst große — Anzahl von Realisierungen der Zufallsgröße verschaffen, den Wertebereich der Zufallsgröße in Intervalle gleicher Länge unterteilen und an Hand der gewonnenen Realisierungen die relative Häufigkeit des Hineinfallens der Zufallsgröße für jedes Intervall feststellen. Da wir wissen, daß die relative Häufigkeit eines zufälligen Ereignisses ein geeigneter Schätzwert für dessen Wahrscheinlichkeit ist (↗ 146 f., Abschnitt 7.2.), ergibt sich aus einer geeigneten graphischen Darstellung der berechneten relativen Häufigkeiten eine Vorstellung vom Kurvenverlauf der Wahrscheinlichkeitsdichte der betrachteten Zufallsgröße.

□ BEISPIEL 8/1:

Die Zufallsgröße X gebe die (zufällige) Zeitdifferenz zwischen den Abfahrtszeiten beladener Transportfahrzeuge von einem Bagger an. Es liegen 100 Realisierungen der Zufallsgröße X vor, die im Hinblick auf die spätere Verwendung schon auf ganze Minuten nach oben gerundet sind. Die Tabelle 11 enthält diese gerundeten Werte. (Z. B. bedeutet also „2“ in dieser Tabelle, daß die gemessene Zeitdifferenz größer als 1 Minute und nicht größer als 2 Minuten gewesen ist.)

Tabelle 11

1	3	1	3	3	2	1	2	1	2	6	1	1	2	2	1	2	2	1	1
1	1	1	1	2	1	1	2	1	1	2	2	2	2	2	1	1	1	2	1
1	1	1	5	1	1	2	2	2	2	2	2	1	1	1	1	1	2	1	1
1	3	1	1	1	1	1	1	1	2	1	1	1	1	2	1	1	3	1	1
5	2	3	6	2	3	3	1	4	1	5	1	4	2	1	4	4	1	1	2

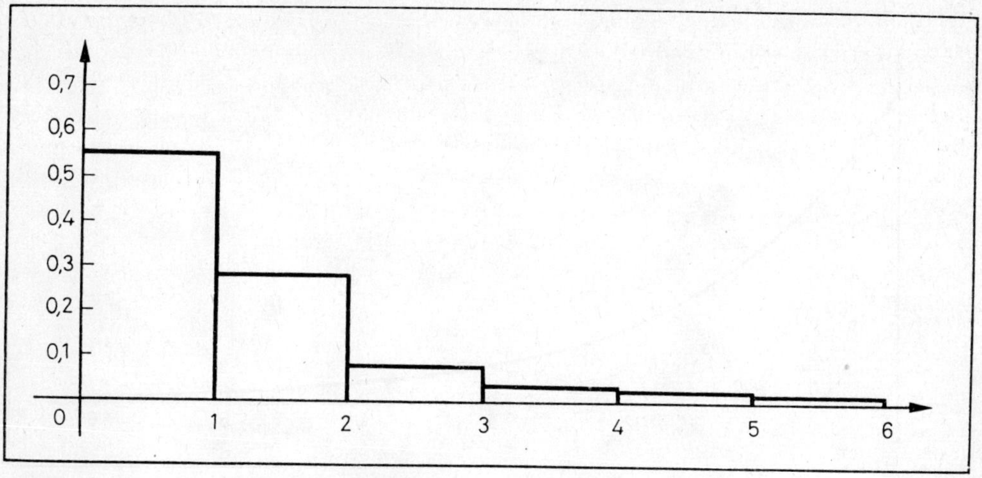

Bild 30

Die folgende Tabelle 12 zeigt die gewählte Einteilung des Wertebereichs der Zufallsgröße X (Intervalle der Länge Eins, beginnend bei Null) und weist die *relative Häufigkeit* und die *absolute Häufigkeit* des Hineinfallens der Zufallsgröße X in die einzelnen Intervalle aus.

Tabelle 12

Intervall	absolute Häufigkeit	relative Häufigkeit
0 bis 1	55	0,55
1 bis 2	28	0,28
2 bis 3	8	0,08
3 bis 4	4	0,04
4 bis 5	3	0,03
5 bis 6	2	0,02

Wir stellen nun die ermittelten relativen Häufigkeiten in Form eines *Säulendiagramms* graphisch dar (Bild 30). Aus diesem Säulendiagramm geht hervor, daß die graphische Darstellung der Wahrscheinlichkeitsdichte f_X der Zufallsgröße X etwa folgendes Aussehen besitzen wird (Bild 31).

Bild 31 zeigt die graphische Darstellung der durch

$$f(x) = \begin{cases} 0 & \text{für } x < 0 \\ \alpha\, e^{-\alpha x} & \text{für } x \geqq 0 \end{cases}$$

gegebenen Funktion für $\alpha = 0{,}7$ $\left(\alpha \text{ ist so gewählt, daß } f\left(\frac{1}{2}\right) \approx \frac{1}{2} \text{ gilt; diese Festsetzung ist durch Bild 30 nahegelegt}\right)$.

Da die durch

$$f(x) = \begin{cases} 0 & \text{für } x < 0 \\ 0{,}7\, e^{-0{,}7x} & \text{für } x \geqq 0 \end{cases}$$

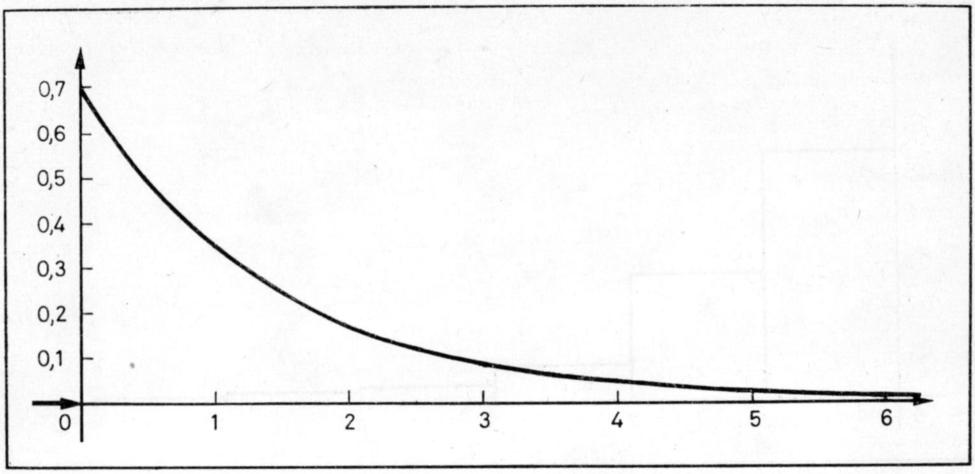

Bild 31

gegebene Funktion f nicht nur das obige Säulendiagramm der relativen Häufigkeiten gut wiedergibt, sondern überdies auch alle Eigenschaften einer Wahrscheinlichkeitsdichte erfüllt – es gilt

$f(x) \geqq 0$ für jede reelle Zahl x

und

$$\int_{-\infty}^{\infty} f(x)\,\mathrm{d}x = \int_{-\infty}^{0} 0 \cdot \mathrm{d}x + \int_{0}^{\infty} 0{,}7\, e^{-0{,}7\,x}\,\mathrm{d}x$$

$$= 0 + \lim_{b \to \infty} \int_{0}^{b} 0{,}7\, e^{-0{,}7\,x}\,\mathrm{d}x = \lim_{b \to \infty} \left(-e^{-0{,}7\,x}\right)\Big|_0^b$$

$$= \lim_{b \to \infty} \left(1 - e^{-0{,}7\,b}\right) = 1$$

–, wird man annehmen, daß die Wahrscheinlichkeitsdichte f_X der betrachteten Zufallsgröße X näherungsweise gleich der Funktion f ist.

8.2. Der Erwartungswert stetiger Zufallsgrößen

Das am Ende des vorigen Abschnitts behandelte Beispiel zeigt uns deutlich, daß es im allgemeinen ziemlich schwierig und zeitraubend sein wird, sich eine genaue Vorstellung von der Verteilungsdichte einer stetigen Zufallsgröße zu verschaffen. Außerdem ist zur Beantwortung vieler Fragestellungen die genaue Kenntnis der Wahrscheinlichkeitsverteilung der betrachteten Zufallsgröße gar nicht erforderlich. Oft genügt auch bei stetigen Zufallsgrößen die Angabe einiger weniger Kenngrößen zur Beurteilung eines Sachverhalts. In diesem Abschnitt wollen wir den **Erwartungswert** einer stetigen Zufallsgröße behandeln, der uns – wie im Falle diskreter Zufallsgrößen – einen durchschnittlichen Wert der Zufallsgröße angeben soll.

DEFINITION:

Es sei X eine stetige Zufallsgröße mit der Wahrscheinlichkeitsdichte f. Dann heißt die mit EX bezeichnete und durch

$$EX = \int_{-\infty}^{\infty} x\,f(x)\,\mathrm{d}x$$

definierte Zahl **Erwartungswert** der Zufallsgröße X.

Bemerkung: Allen in diesem Buch behandelten stetigen Zufallsgrößen ist mittels der angegebenen Formel ein Erwartungswert zugeordnet. Wir weisen aber darauf hin, daß es Wahrscheinlichkeitsdichten f gibt, für die $\int_{-\infty}^{\infty} x\,f(x)\,\mathrm{d}x$ nicht existiert. Allgemein ist es üblich, den Erwartungswert nur dann durch die oben angegebene Formel zu definieren, wenn $\int_{-\infty}^{\infty} |x|\,f(x)\,\mathrm{d}x$ existiert; da jedoch alle von uns betrachteten Wahrscheinlichkeitsdichten auch diese Eigenschaft besitzen, haben wir diese Bedingung in der obigen Definition nicht genannt.

Die Rechtfertigung der Bezeichnung von $\int_{-\infty}^{\infty} x\,f(x)\,\mathrm{d}x$ als Erwartungswert der mit der Wahrscheinlichkeitsdichte f verteilten Zufallsgröße ergibt sich — wie bei diskreten Zufallsgrößen — aus dem Gesetz der großen Zahlen (↗ 197 f., Abschnitt 10.3.). Es kann nämlich auf Grund dieses Gesetzes — anschaulich gesprochen — erwartet werden, daß auch im Falle einer stetigen Zufallsgröße das arithmetische Mittel von unabhängig voneinander gewonnenen Realisierungen dieser Zufallsgröße ungefähr gleich dem Erwartungswert ist, wobei diese Erwartung im allgemeinen um so besser erfüllt ist, je größer die Anzahl der Realisierungen ist.

BEISPIEL 8/2:

Wir nehmen an, daß die Wahrscheinlichkeitsdichte f der (zufälligen) Zeitdifferenz zwischen den Abfahrtszeiten beladener Transportfahrzeuge von einem Bagger durch

$$f(x) = \begin{cases} 0 & \text{für } x < 0 \\ 0{,}7\,e^{-0{,}7\,x} & \text{für } x \geqq 0 \end{cases}$$

gegeben ist (↗ 162 ff., Beispiel 8/1). Dann gilt:

$$\begin{aligned} EX &= \int_{-\infty}^{\infty} x\,f(x)\,\mathrm{d}x = \int_{-\infty}^{0} x\,f(x)\,\mathrm{d}x + \int_{0}^{\infty} x\,f(x)\,\mathrm{d}x \\ &= \int_{-\infty}^{0} x\cdot 0\,\mathrm{d}x + \int_{0}^{\infty} x\cdot 0{,}7\,e^{-0{,}7\,x}\,\mathrm{d}x \\ &= 0 + \lim_{b\to\infty} \int_{0}^{b} x\cdot 0{,}7\,e^{-0{,}7\,x}\,\mathrm{d}x = \lim_{b\to\infty} \left(-x\,e^{-0{,}7\,x}\,\Big|_0^b + \int_0^b e^{-0{,}7\,x}\,\mathrm{d}x\right) \\ &= \lim_{b\to\infty} \left(-b\,e^{-0{,}7\,b} - \frac{1}{0{,}7}\,e^{-0{,}7\,x}\,\Big|_0^b\right) = \lim_{b\to\infty} \left(-b\,e^{-0{,}7\,b} - \frac{1}{0{,}7}\,e^{-0{,}7\,b} + \frac{1}{0{,}7}\right) \\ &= 0 + 0 + \frac{1}{0{,}7} = \frac{1}{0{,}7} \approx 1{,}43 \end{aligned}$$

(In dieser Rechnung haben wir die Methode der partiellen Integration verwendet und die Beziehung $\lim_{b\to\infty} b\,e^{-0{,}7\,b} = 0$ eingesetzt.)

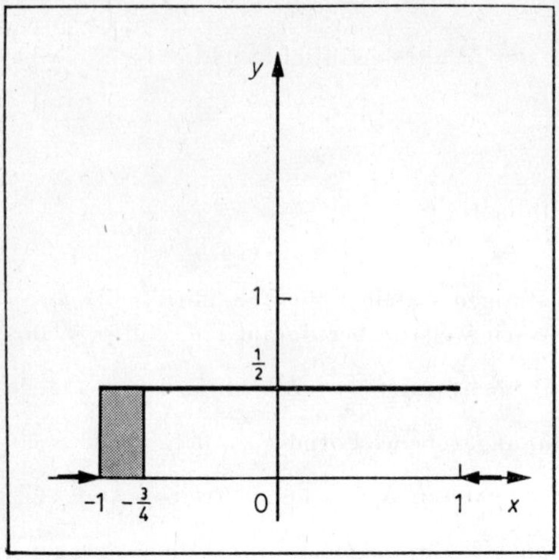

Bild 32

Unter Bezugnahme auf das Gesetz der großen Zahlen interpretieren wir den oben berechneten Erwartungswert $EX \approx 1{,}43$ dahingehend, daß im Mittel etwa aller 1,4 Minuten ein beladenes Transportfahrzeug vom Bagger abfährt.

Weitere Beispiele zur Berechnung des Erwartungswerts stetiger Zufallsgrößen enthält das Kapitel 9 (↗ 174).

Wir beschließen diesen Abschnitt mit der Angabe einiger Rechenregeln für Erwartungswerte stetiger Zufallsgrößen, die wir in den Abschnitten 9.3. und 10.3. benötigen. Dabei zeigt sich, daß für Erwartungswerte stetiger Zufallsgrößen genau die gleichen Rechenregeln bestehen wie für Erwartungswerte diskreter Zufallsgrößen, die wir im Abschnitt 6.2. (↗ 112 ff.) bewiesen haben; wir verzichten hier auf die Beweise.

▷ RECHENREGELN FÜR ERWARTUNGSWERTE:

(1) Es seien X eine stetige Zufallsgröße und a eine beliebige reelle Zahl. Dann gilt:
$E(aX) = aEX$

(2) Es seien X und Y stetige Zufallsgrößen. Dann gilt:
$E(X + Y) = EX + EY$
Allgemein ist der Erwartungswert einer Summe von n Zufallsgrößen $X_1, X_2, \ldots, X_n$ gleich der Summe der Erwartungswerte dieser Zufallsgrößen:
$E(X_1 + X_2 + \ldots + X_n) = EX_1 + EX_2 + \ldots + EX_n$

(3) Es seien X eine stetige Zufallsgröße und a und b beliebige reelle Zahlen. Dann gilt:
$E(a\,X + b) = aEX + b$
Setzt man in (3) speziell $a = 1$ und $b = -EX$, so erhält man:
$E(X - EX) = 0$
Wie bei diskreten Zufallsgrößen nennt man auch bei stetigen Zufallsgrößen den Übergang von X zu $X - EX$ **Zentrieren.**

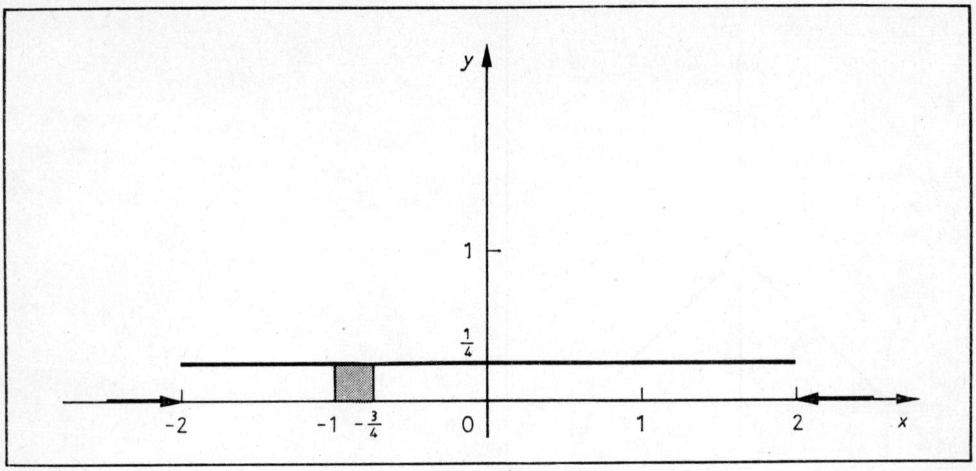

Bild 33

8.3. Die Streuung stetiger Zufallsgrößen

In diesem Abschnitt behandeln wir die Streuung einer stetigen Zufallsgröße. Wie bei diskreten Zufallsgrößen besteht ein Anlaß zur Betrachtung einer — neben dem Erwartungswert— weiteren Kenngröße darin, daß stetige Zufallsgrößen, die den gleichen Erwartungswert besitzen, sich noch sehr wesentlich in ihren Wahrscheinlichkeitsverteilungen unterscheiden können. So besitzen z. B. die durch die Wahrscheinlichkeitsdichten

$$f_X(x) = \begin{cases} 0 & \text{für } x < -1 \\ \frac{1}{2} & \text{für } -1 \leqq x \leqq 1 \\ 0 & \text{für } x > 1 \end{cases} \qquad \text{(Bild 32)},$$

$$f_Y(x) = \begin{cases} 0 & \text{für } x < -2 \\ \frac{1}{4} & \text{für } -2 \leqq x \leqq 2 \\ 0 & \text{für } x > 2 \end{cases} \qquad \text{(Bild 33)}$$

und

$$f_Z(x) = \begin{cases} 0 & \text{für } x \leqq -1 \\ 1+x & \text{für } -1 \leqq x \leqq 0 \\ 1-x & \text{für } 0 \leqq x \leqq 1 \\ 0 & \text{für } x \geqq 1 \end{cases} \qquad \text{(Bild 34)}$$

gekennzeichneten stetigen Zufallsgrößen X, Y bzw. Z alle den Erwartungswert Null (den Nachweis hierfür überlassen wir dem Leser als Aufgabe), obwohl sie sich offenbar wesentlich unterscheiden (so gilt z. B.

$$P\left(-1 \leqq X \leqq -\frac{3}{4}\right) = \frac{1}{8}, \quad P\left(-1 \leqq Y \leqq -\frac{3}{4}\right) = \frac{1}{16}, \quad P\left(-1 \leqq Z \leqq -\frac{3}{4}\right) = \frac{1}{32}\right).$$

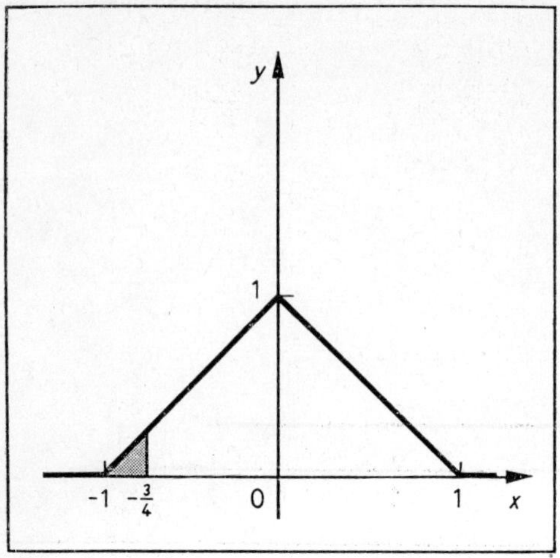

Bild 34

Der Erwartungswert liefert also auch bei stetigen Zufallsgrößen keinerlei Information darüber, wie stark die Zufallsgröße um ihren Erwartungswert schwankt. Die nachfolgend definierte Streuung einer stetigen Zufallsgröße vermittelt nun darüber eine Vorstellung.

DEFINITION:

Es sei X eine stetige Zufallsgröße mit der Wahrscheinlichkeitsdichte f. Dann heißt die mit D^2X bezeichnete und durch

$$D^2X = \int_{-\infty}^{\infty} (x - EX)^2 f(x)\,dx$$

definierte Zahl **Streuung** der Zufallsgröße X. Die Wurzel aus der Streuung, d. h. $\sqrt{D^2X}$ nennen wir **Standardabweichung** der Zufallsgröße X.

Bemerkung: Bei dieser Definition ist die Existenz des uneigentlichen Integrals

$$\int_{-\infty}^{\infty} (x - EX)^2 f(x)\,dx$$

vorausgesetzt. Wir haben dies in der Definition der Streuung nur deshalb nicht besonders hervorgehoben, da für alle von uns betrachteten Wahrscheinlichkeitsdichten f dieses Integral existiert. Hingegen werden wir es bei allgemeinen Untersuchungen ausdrücklich vermerken, wenn die Existenz der Streuung eine wesentliche Voraussetzung ist.

Meist ist es vorteilhaft, die Streuung nach einer Formel zu berechnen, die sich aus der Definitionsgleichung der Streuung durch die nachfolgend wiedergegebenen Umformungen ergibt.

$$D^2X = \int_{-\infty}^{\infty} (x - EX)^2 f(x)\,dx = \int_{-\infty}^{\infty} \left(x^2 - 2\,x\,EX + (EX)^2\right) f(x)\,dx$$

$$= \int_{-\infty}^{\infty} x^2 f(x)\,dx - 2\,EX \int_{-\infty}^{\infty} x\,f(x)\,dx + (EX)^2 \int_{-\infty}^{\infty} f(x)\,dx$$

Berücksichtigen wir in dieser Beziehung, daß definitionsgemäß $\int_{-\infty}^{\infty} x\,f(x)\,dx = EX$ und außerdem $\int_{-\infty}^{\infty} f(x)\,dx = 1$ gilt, so erhalten wir:

▷ $$D^2X = \int_{-\infty}^{\infty} x^2 f(x)\,dx - (EX)^2 = \int_{-\infty}^{\infty} x^2 f(x)\,dx - \left(\int_{-\infty}^{\infty} x\,f(x)\,dx\right)^2$$

□ BEISPIEL 8/3:

Wir nehmen — wie im Beispiel 8/2 (↗ 165) — an, daß die Wahrscheinlichkeitsdichte f der (zufälligen) Zeitdifferenz X zwischen den Abfahrtszeiten beladener Transportfahrzeuge von einem Bagger durch

$$f(x) = \begin{cases} 0 & \text{für } x < 0 \\ 0{,}7\,e^{-0{,}7\,x} & \text{für } x \geqq 0 \end{cases}$$

gegeben ist. Dann gilt mit $EX = \frac{1}{0{,}7}$ (↗ 165, Abschnitt 8.2.):

$$D^2X = \int_{-\infty}^{\infty} x^2 f(x)\,dx - (EX)^2$$

$$= \int_{-\infty}^{0} x^2 \cdot 0 \cdot dx + \int_{0}^{\infty} x^2 \cdot 0{,}7\,e^{-0{,}7\,x}\,dx - \left(\frac{1}{0{,}7}\right)^2$$

$$= \lim_{b\to\infty} \int_{0}^{b} x^2 \cdot 0{,}7\,e^{-0{,}7\,x}\,dx - \left(\frac{1}{0{,}7}\right)^2$$

Wir benutzen nun wiederum die Methode der partiellen Integration und verwenden außerdem $\lim\limits_{b\to\infty} b^2\,e^{-0{,}7\,b} = 0$ und die im Beispiel 8/2 hergeleitete Beziehung

$$\lim_{b\to\infty} \int_{0}^{b} x \cdot 0{,}7\,e^{-0{,}7\,x}\,dx = \frac{1}{0{,}7}.$$

Es ergibt sich:

$$D^2X = \lim_{b\to\infty} \left(-x^2\,e^{-0{,}7\,x}\Big|_0^b + 2\int_{0}^{b} x\,e^{-0{,}7\,x}\,dx\right) - \left(\frac{1}{0{,}7}\right)^2$$

$$= \lim_{b\to\infty} \left(-b^2\,e^{-0{,}7\,b} + \frac{2}{0{,}7}\int_{0}^{b} x \cdot 0{,}7\,e^{-0{,}7\,x}\,dx\right) - \left(\frac{1}{0{,}7}\right)^2$$

$$= 0 + \frac{2}{0{,}7}\cdot\frac{1}{0{,}7} - \left(\frac{1}{0{,}7}\right)^2$$

$$= \left(\frac{1}{0{,}7}\right)^2 \approx 2{,}04$$

Weitere Beispiele zur Berechnung der Streuung enthält das Kapitel 9.
Schließlich wollen wir einige bei späteren Betrachtungen benötigte wichtige Rechenregeln für Streuungen stetiger Zufallsgrößen zusammenstellen.

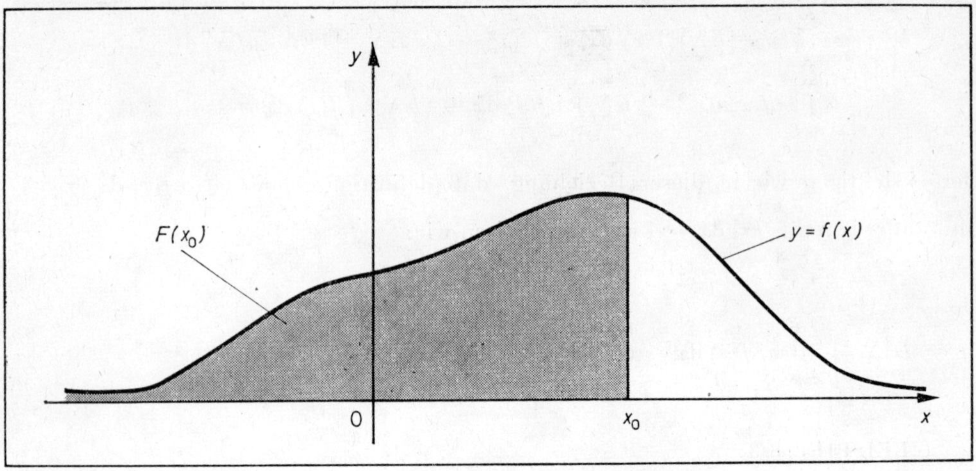

Bild 35

▷ RECHENREGELN FÜR STREUUNGEN:

(1) Es seien X eine stetige Zufallsgröße und a eine beliebige reelle Zahl. Dann gilt: $D^2(aX) = a^2 D^2 X$

Insbesondere gilt also: $D^2(-X) = D^2X$ und $D^2\left(\frac{X}{\sqrt{D^2X}}\right) = 1$

Im Zusammenhang mit der zuletzt angegebenen Beziehung vermerken wir, daß man auch bei stetigen Zufallsgrößen den Übergang von X zu $\frac{X}{\sqrt{D^2X}}$ **Normieren** nennt.

(2) Es seien X eine stetige Zufallsgröße und b eine beliebige reelle Zahl. Dann gilt: $D^2(X + b) = D^2X$

(3) Es sei X eine stetige Zufallsgröße mit dem Erwartungswert EX und der Streuung D^2X.

Dann besitzt die Zufallsgröße $Z = \frac{X - EX}{\sqrt{D^2X}}$

den Erwartungswert Null ($EZ = 0$) und die Streuung Eins ($D^2Z = 1$).

Den Übergang von X zu $\frac{X - EX}{\sqrt{D^2X}}$ nennt man wie bei diskreten Zufallsgrößen **Standardisieren.**

(4) Es seien X und Y unabhängige Zufallsgrößen. Dann gilt: $D^2(X + Y) = D^2X + D^2Y$

Allgemein ist die Streuung der Summe von n paarweise unabhängigen Zufallsgrößen $X_1, X_2, \ldots, X_n$ gleich der Summe der Streuungen dieser Zufallsgrößen: $D^2(X_1 + X_2 + \ldots + X_n) = D^2X_1 + D^2X_2 + \ldots + D^2X_n$

Im Vergleich mit den entsprechenden Formeln für diskrete Zufallsgrößen stellen wir fest, daß für Streuungen stetiger Zufallsgrößen genau die gleichen Rechenregeln wie für Streuungen diskreter Zufallsgrößen gelten.

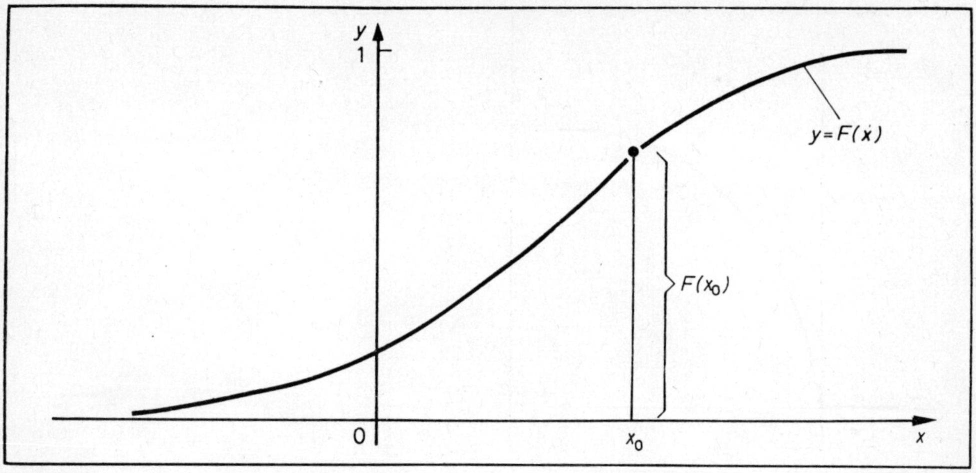

Bild 36

8.4. Die Verteilungsfunktion stetiger Zufallsgrößen

Im Abschnitt 6.4. haben wir den Begriff der Verteilungsfunktion für beliebige Zufallsgrößen kennengelernt (↗ 125). Der Wert $F(x)$ der Verteilungsfunktion F einer Zufallsgröße X an der Stelle x gibt uns definitionsgemäß die Wahrscheinlichkeit dafür an, daß die Zufallsgröße X einen Wert kleiner als x annimmt $(F(x) = P(X < x))$. Wir haben im Abschnitt 6.4. bewiesen, daß für jede reelle Zahl x

$0 \leqq F(x) \leqq 1$ gilt,

aus $x \leqq y$ stets $F(x) \leqq F(y)$ folgt

und daß die Grenzwertbeziehungen $\lim\limits_{x \to -\infty} F(x) = 0$ und $\lim\limits_{x \to +\infty} F(x) = 1$ bestehen (↗ 127 f.).

In diesem Abschnitt wollen wir uns kurz mit den speziellen Eigenschaften von Verteilungsfunktionen stetiger Zufallsgrößen beschäftigen.

Es sei X eine stetige Zufallsgröße mit der Wahrscheinlichkeitsdichte f.

▷ BEHAUPTUNG:

Für jede beliebige reelle Zahl x_0 gilt:

$$F(x_0) = P(X < x_0) = \int_{-\infty}^{x_0} f(x)\,\mathrm{d}x$$

In Worten: Der Wert der Verteilungsfunktion F der Zufallsgröße X an der Stelle x_0 ist gleich dem Flächeninhalt zwischen der durch $y = f(x)$ in der x, y-Ebene gegebenen Kurve und der x-Achse in den Grenzen $-\infty$ bis x_0 (Bild 35 und 36).

BEWEIS:

Es gilt allgemein $P(a \leqq X < x_0) = F(x_0) - F(a)$ für beliebige reelle Zahlen a und x_0 mit $a < x_0$ (↗ 127, Abschnitt 6.4.). Da X stetig ist, gilt $P(a \leqq X < x_0) = P(a \leqq X \leqq x_0)$ (↗ 161, Abschnitt 8.1.) und somit

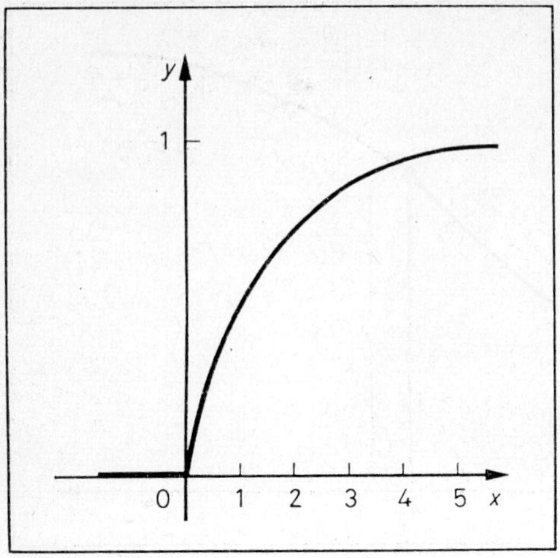

Bild 37

$F(x_0) - F(a) = P(a \leqq X \leqq x_0) = \int_a^{x_0} f(x)\,dx$, woraus wir durch den Grenzübergang $a \to -\infty$ unter Beachtung von $\lim_{a \to -\infty} F(a) = 0$ schließlich

$$F(x_0) = \lim_{a \to -\infty} \int_a^{x_0} f(x)\,dx = \int_{-\infty}^{x_0} f(x)\,dx$$

erhalten, w. z. b. w.

(Wegen $\lim_{x_0 \to +\infty} F(x_0) = 1$ folgt hieraus noch $\int_{-\infty}^{\infty} f(x)\,dx = 1$; vgl. Bemerkung 3 im Abschnitt 8.1., ↗ 161.)

Außerdem kann man zeigen, daß die Verteilungsfunktion F einer stetigen Zufallsgröße X eine stetige Funktion ist, und daß F in allen Punkten x, in denen die Wahrscheinlichkeitsdichte f von X stetig ist, differenzierbar ist mit $F'(x) = f(x)$. Wir gehen auf diesen Sachverhalt nicht weiter ein.
Zum Abschluß betrachten wir noch ein Beispiel; weitere Beispiele enthält das Kapitel 9 (↗ 174).

□ BEISPIEL 8/4:

Wir bezeichnen mit X die (zufällige) Zeitdifferenz zwischen den Abfahrtszeiten beladener Transportfahrzeuge von einem Bagger und legen zugrunde, daß X eine stetige Zufallsgröße mit der folgenden Wahrscheinlichkeitsdichte f ist (Bild 31):

$$f(x) = \begin{cases} 0 & \text{für } x < 0 \\ 0{,}7\, e^{-0{,}7\,x} & \text{für } x \geqq 0 \end{cases}$$

Für die Verteilungsfunktion F dieser Zufallsgröße erhalten wir (Bild 37):

$$F(x) = \int_{-\infty}^{x} f(t)\,dt = \begin{cases} 0 & \text{für } x \leqq 0 \\ \int_0^x 0{,}7\, e^{-0{,}7\,t}\,dt = -e^{-0{,}7\,t}\big|_0^x = 1 - e^{-0{,}7\,x} & \text{für } x \geqq 0 \end{cases}$$

Wir erkennen, daß F stetig und für alle $x \neq 0$ differenzierbar ist.
Hieraus ergibt sich z. B. als Wahrscheinlichkeit dafür, daß X einen Wert zwischen 1 und 2 annimmt:

$$P(1 \leqq X \leqq 2) = F(2) - F(1) = 1 - e^{-0,7 \cdot 2} - (1 - e^{-0,7 \cdot 1})$$
$$= e^{-0,7} - e^{-1,4} \approx 0,25$$

8.5. Aufgaben

1. Welche Bedingungen müssen die Zahlen a und b erfüllen, damit die durch
$$f(x) = \begin{cases} a\,e^{-b x} & \text{für } x \geqq 0 \\ 0 & \text{für } x < 0 \end{cases}$$
gegebene Funktion f eine Wahrscheinlichkeitsdichte ist?

2. Man überlege sich, daß die am Anfang des Abschnitts 8.3. (↗ 167) angeführten Funktionen f_X, f_Y, f_Z Wahrscheinlichkeitsdichten sind und zeige, daß die stetigen Zufallsgrößen X, Y, Z, deren Wahrscheinlichkeitsdichten die Funktionen f_X, f_Y, f_Z sind, sämtlich den Erwartungswert Null besitzen.

3. Man berechne die Streuungen der Zufallsgrößen X, Y, Z aus Aufgabe 2.

4. Man bestimme die Verteilungsfunktionen der Zufallsgrößen X, Y, Z aus Aufgabe 2.

5. Die Verteilungsfunktion F einer stetigen Zufallsgröße X habe die Form
$$F(x) = \begin{cases} 0 & \text{für } x \leqq 0 \\ x & \text{für } 0 \leqq x \leqq 1 \\ 1 & \text{für } x \geqq 1 \end{cases}$$
Man bestimme die Wahrscheinlichkeitsdichte f dieser Zufallsgröße und überlege sich, durch welche wahrscheinlichkeitstheoretische Eigenschaft die Zufallsgröße X gekennzeichnet ist.

9. Spezielle stetige Verteilungen

Wie wir im Abschnitt 8.1. (↗ 160) festgestellt haben, wird die Wahrscheinlichkeitsverteilung einer stetigen Zufallsgröße zweckmäßig durch die Wahrscheinlichkeitsdichte charakterisiert; insbesondere lassen sich an Hand der Wahrscheinlichkeitsdichte einer stetigen Zufallsgröße alle interessierenden Wahrscheinlichkeiten berechnen. Sehr häufig kennt man aber die Wahrscheinlichkeitsdichte nicht oder nicht in allen Einzelheiten; das ist oft dann der Fall, wenn die Zufallsgröße im Rahmen einer praktischen Fragestellung auftritt. In solchen Fällen kommt es darauf an, eine Wahrscheinlichkeitsdichte zu finden, die die tatsächlich vorliegende Wahrscheinlichkeitsdichte und damit die Wahrscheinlichkeitsverteilung der betrachteten Zufallsgröße recht gut wiedergibt. Wie man beispielsweise an Hand von Realisierungen der Zufallsgröße zu einer solchen Dichte gelangt, haben wir bereits im Abschnitt 8.1. (↗ 160) erörtert. Es gibt aber auch andere — und oft weniger aufwendige — Möglichkeiten, eine Wahrscheinlichkeitsdichte zu finden, die man modellmäßig einer betrachteten Zufallsgröße zugrunde legen kann. Diese Möglichkeiten beruhen auf tiefliegenden theoretischen Untersuchungen, die im sogenannten *Zentralen Grenzwertsatz* einen gewissen Höhepunkt besitzen. Dieser Satz beinhaltet — sehr grob gesprochen —, daß jede Zufallsgröße, die sich aus der Überlagerung einer großen Anzahl voneinander praktisch unabhängiger und etwa gleichstarker zufälliger Effekte ergibt, näherungsweise eine sogenannte **Normalverteilung** besitzt. Ein solcher Sachverhalt kann nun für viele in den praktischen Anwendungen auftretende Zufallsgrößen als erfüllt angesehen werden. Daher nimmt die Untersuchung normalverteilter Zufallsgrößen in diesem Kapitel auch einen zentralen Platz ein (↗ 181, Abschnitt 9.3.). Außerdem besprechen wir die sogenannte **gleichmäßige stetige Verteilung** (Abschnitt 9.1.) — eine Verteilung, die bei geometrischen Betrachtungen oft eine wichtige Rolle spielt — und die sogenannte **Exponentialverteilung** (↗ 178, Abschnitt 9.2.); letztere tritt speziell bei Untersuchungen zufallsabhängiger Zeiten und Zeitdifferenzen und insbesondere bei Lebensdauerproblemen auf.

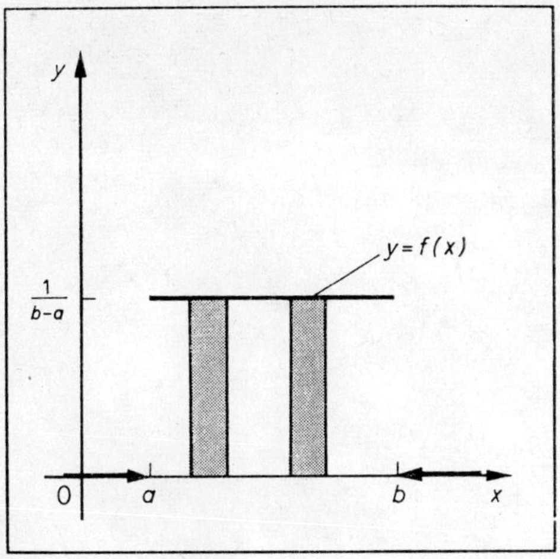

Bild 38

9.1. Die gleichmäßige stetige Verteilung

Eine gleichmäßige Verteilung liegt für eine stetige Zufallsgröße dann vor, wenn sie in Teilintervalle gleicher Länge ihres Wertebereichs mit gleicher Wahrscheinlichkeit hineinfällt. Die folgende Definition enthält die mathematische Beschreibung dieses Sachverhalts.

⋈ DEFINITION:

Eine stetige Zufallsgröße heißt **gleichmäßig verteilt über dem Intervall** $[a,b]$, $a < b$, wenn die Wahrscheinlichkeitsdichte f dieser Zufallsgröße die folgende Form hat (Bild 38):

$$f(x) = \begin{cases} 0 & \text{für } x < a \\ \frac{1}{b-a} & \text{für } a \leqq x \leqq b \\ 0 & \text{für } x > b \end{cases}$$

Bemerkung: Man erkennt sofort, daß f die charakteristischen Eigenschaften einer Wahrscheinlichkeitsdichte — $f(x) \geqq 0$ für jede reelle Zahl x, $\int\limits_{-\infty}^{\infty} f(x)\,dx = 1$ — besitzt. Außerdem überlegt man sich leicht, daß eine mit der angegebenen Wahrscheinlichkeitsdichte f verteilte stetige Zufallsgröße tatsächlich in Teilintervalle gleicher Länge des Intervalls $[a, b]$ mit der gleichen Wahrscheinlichkeit fällt (Bild 38).

Wir bestimmen nun die Verteilungsfunktion F, den Erwartungswert und die Streuung einer über dem Intervall $[a, b]$ gleichmäßig verteilten stetigen Zufallsgröße X.

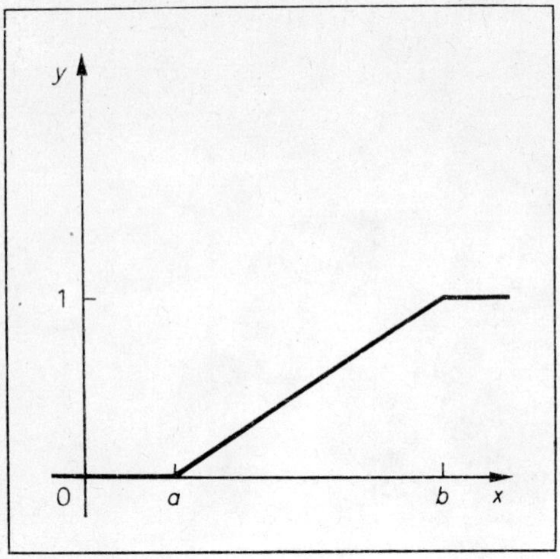

Bild 39

Verteilungsfunktion

Ausgehend von der Formel $F(x) = \int\limits_{-\infty}^{x} f(t)\,dt$ (↗ **171, Abschnitt 8.4.**) erhalten wir

$$\text{für } x < a: \quad F(x) = \int\limits_{-\infty}^{x} 0 \cdot dt = 0$$

$$\text{für } a \leqq x \leqq b: \quad F(x) = \int\limits_{-\infty}^{a} 0 \cdot dt + \int\limits_{a}^{x} \frac{1}{b-a}\,dt$$

$$= 0 + \left.\frac{t}{b-a}\right|_a^x = \frac{x-a}{b-a}$$

$$\text{für } x > b: \quad F(x) = \int\limits_{-\infty}^{a} 0 \cdot dt + \int\limits_{a}^{b} \frac{1}{b-a}\,dt + \int\limits_{b}^{x} 0 \cdot dt$$

$$= 0 + \left.\frac{t}{b-a}\right|_a^b + 0 = 1$$

▷ Es gilt also (Bild 39):

$$F(x) = \begin{cases} 0 & \text{für } x < a \\ \frac{x-a}{b-a} & \text{für } a \leqq x \leqq b \\ 1 & \text{für } x > b \end{cases}$$

Erwartungswert

Ausgehend von der Formel $EX = \int_{-\infty}^{\infty} x\,f(x)\,\mathrm{d}x$ (↗ 165, Abschnitt 8.2.) erhalten wir:

$$EX = \int_{-\infty}^{\infty} x\,f(x)\,\mathrm{d}x = \int_{-\infty}^{a} x \cdot 0 \cdot \mathrm{d}x + \int_{a}^{b} x \cdot \frac{1}{b-a}\,\mathrm{d}x + \int_{b}^{\infty} x \cdot 0 \cdot \mathrm{d}x$$

$$= 0 + \frac{1}{b-a} \cdot \frac{x^2}{2}\bigg|_a^b + 0 = \frac{b^2-a^2}{2\,(b-a)} = \frac{a+b}{2}$$

▷ Es gilt also: $EX = \dfrac{a+b}{2}$

Der Erwartungswert einer über dem Intervall $[a, b]$ gleichmäßig verteilten stetigen Zufallsgröße ist also gleich dem Mittelpunkt dieses Intervalls.

Streuung

Ausgehend von der Formel $D^2X = \int_{-\infty}^{\infty} x^2 f(x)\,\mathrm{d}x - (EX)^2$ (↗ 169, Abschnitt 8.3.) erhalten wir:

$$D^2X = \int_{-\infty}^{\infty} x^2\,f(x)\,\mathrm{d}x - (EX)^2 = \int_{a}^{b} x^2 \frac{1}{b-a}\,\mathrm{d}x - \left(\frac{a+b}{2}\right)^2$$

$$= \frac{x^3}{3\,(b-a)}\bigg|_a^b - \left(\frac{a+b}{2}\right)^2$$

$$= \frac{b^3-a^3}{3\,(b-a)} - \left(\frac{a+b}{2}\right)^2 = \frac{b^2+ab+a^2}{3} - \frac{a^2+2ab+b^2}{4} = \frac{(b-a)^2}{12}$$

▷ Es gilt also: $D^2X = \dfrac{(b-a)^2}{12}$

Die Streuung einer über dem Intervall $[a, b]$ gleichmäßig verteilten stetigen Zufallsgröße ist proportional dem Quadrat der Länge dieses Intervalls.

In Anwendungsfällen wird man eine stetige Zufallsgröße dann als über ihrem Wertebereich gleichmäßig verteilt annehmen, wenn Grund zu der Annahme besteht, daß die Zufallsgröße — anschaulich gesprochen — unter irgendwelchen Teilintervallen gleicher Länge ihres Wertebereichs keines bevorzugt.

□ BEISPIEL 9/1:

Eine Dame sagt, daß sie zwischen 8 und 9 Uhr an einen bestimmten Ort käme; genauere Angaben hinsichtlich ihrer Ankunftszeit könne sie aber nicht machen (↗ 55, Beispiel 3/12). Wir bezeichnen mit X die (als stetige Zufallsgröße aufgefaßte) Zeit, die nach 8 Uhr bis zur Ankunft der Dame vergeht. Entsprechend obigen Angaben — insbesondere also unter der Annahme, daß die Dame auch wirklich zwischen 8 und 9 Uhr und nicht etwa erst nach 9 Uhr eintrifft — wird man X als über dem Intervall $[0, 1]$ gleichmäßig verteilt annehmen, d. h., man wird annehmen, daß die durch

$$f(x) = \begin{cases} 0 & \text{für } x < 0 \\ 1 & \text{für } 0 \leqq x \leqq 1 \\ 0 & \text{für } x > 1 \end{cases}$$

definierte Funktion die Wahrscheinlichkeitsdichte der Zufallsgröße X ist. Damit ergibt sich z. B. als Wahrscheinlichkeit dafür, daß die Dame zwischen 8.03 Uhr und 8.23 Uhr eintrifft, d. h. dafür, daß $X \geqq \frac{3}{60}$ und $X \leqq \frac{23}{60}$ gilt,

$P\left(\frac{3}{60} \leqq X \leqq \frac{23}{60}\right) = F\left(\frac{23}{60}\right) - F\left(\frac{3}{60}\right) = \frac{23}{60} - \frac{3}{60} = \frac{20}{60} = \frac{1}{3}$.

Dieses Ergebnis befindet sich in Übereinstimmung mit dem im Abschnitt 3.5. mittels der geometrischen Definition der Wahrscheinlichkeit (↗ 55) erhaltenen Resultat.

9.2. Die Exponentialverteilung

Die Exponentialverteilung ist eine stetige Verteilung, die in Anwendungsfällen häufig eingesetzt wird — insbesondere bei der Betrachtung von zufallsabhängigen Zeiten und Zeitdifferenzen (z. B. Zeitdifferenz zwischen den Abfahrtszeiten beladener Transportfahrzeuge von einem Bagger) — und dabei oft eine recht gute Annäherung an die tatsächlich vorliegende Verteilung liefert. Mathematisch zeichnet sich die Exponentialverteilung noch dadurch aus, daß sie im Vergleich zu anderen stetigen Verteilungen sehr einfach zu handhaben ist.

⋈ DEFINITION der Exponentialverteilung:

Eine stetige Zufallsgröße X heißt **exponentialverteilt mit dem Parameter $\alpha > 0$**, wenn die Wahrscheinlichkeitsdichte f von X die folgende Form hat:

$$f(x) = \begin{cases} 0 & \text{für } x < 0 \\ \alpha\, e^{-\alpha x} & \text{für } x \geqq 0 \end{cases}$$

(Bild 40 zeigt die graphischen Darstellungen dieser Funktion für $\alpha = 1$ und $\alpha = 2$.)

Bemerkung: Es gilt $f(x) \geqq 0$ für jede reelle Zahl x und außerdem

$$\int_{-\infty}^{\infty} f(x)\,dx = \int_{-\infty}^{0} 0 \cdot dx + \int_{0}^{\infty} \alpha\, e^{-\alpha x}\,dx = 0 + \lim_{b \to \infty} \int_{0}^{b} \alpha\, e^{-\alpha x}\,dx$$

$$= \lim_{b \to \infty} \left(-e^{-\alpha x}\right)\Big|_0^b = \lim_{b \to \infty} \left(1 - e^{-\alpha b}\right) = 1\,,$$

d. h., f besitzt für jede positive Zahl α alle Eigenschaften einer Wahrscheinlichkeitsdichte.

Wir bestimmen nun die Verteilungsfunktion F, den Erwartungswert und die Streuung einer mit dem Parameter $\alpha > 0$ exponentialverteilten Zufallsgröße und beachten dabei auch Einfluß und Bedeutung des Parameters α.

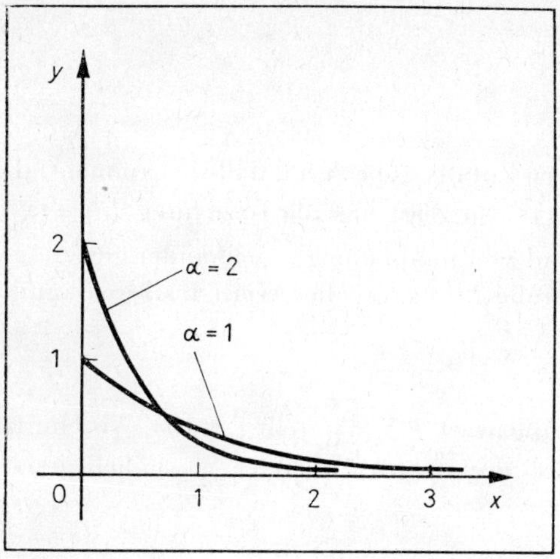

Bild 40

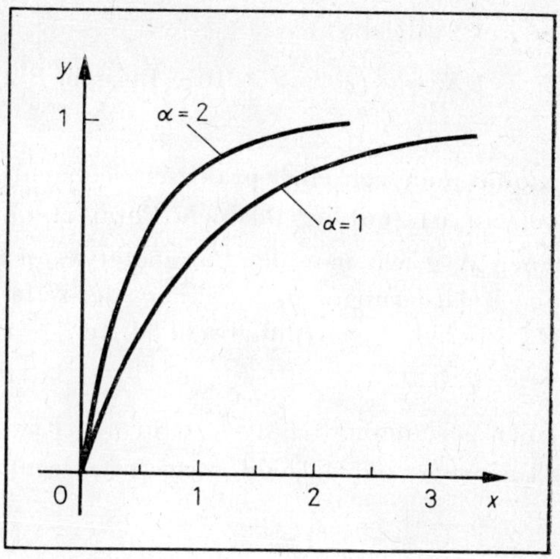

Bild 41

Verteilungsfunktion

Ausgehend von der Formel $F(x) = \int_{-\infty}^{x} f(t)\,dt$ (↗ 171, Abschnitt 8.4.) erhalten wir

für $x < 0$: $F(x) = \int_{-\infty}^{x} 0 \cdot dt = 0$ und

für $x \geqq 0$: $F(x) = \int_{-\infty}^{0} 0 \cdot dt + \int_{0}^{x} \alpha\, e^{-\alpha t}\,dt = 0 + (-e^{-\alpha t})\big|_0^x = 1 - e^{-\alpha x}$.

▷ Es gilt also:

$$F(x) = \begin{cases} 0 & \text{für } x < 0 \\ 1 - e^{-\alpha x} & \text{für } x \geqq 0 \end{cases}$$

(Bild 41 zeigt die graphischen Darstellungen dieser Funktion für $\alpha = 1$ und $\alpha = 2$.)

Erwartungswert

$$EX = \int_{-\infty}^{\infty} x\, f(x)\,dx = \int_{-\infty}^{0} x \cdot 0\,dx + \int_{0}^{\infty} x \alpha\, e^{-\alpha x}\,dx$$

$$= 0 + \lim_{b \to \infty} \int_{0}^{b} x \alpha\, e^{-\alpha x}\,dx = \lim_{b \to \infty} \left(-x\, e^{-\alpha x}\big|_0^b + \int_{0}^{b} e^{-\alpha x}\,dx \right)$$

$$= \lim_{b \to \infty} \left(-b\, e^{-\alpha b} - \frac{1}{\alpha} e^{-\alpha x}\Big|_0^b \right)$$

$$= \lim_{b \to \infty} \left(-b\, e^{-\alpha b} - \frac{1}{\alpha} e^{-\alpha b} + \frac{1}{\alpha} \right)$$

$$= 0 + 0 + \frac{1}{\alpha}$$

▷ Es gilt also:

$EX = \frac{1}{\alpha}$ (↗ 165, Beispiel 8/2)

Nimmt man von einer praktisch beobachtbaren Zufallsgröße X an, daß sie exponentialverteilt ist (mit irgendeinem Parameter $\alpha > 0$), so zeigt uns die Beziehung $EX = \frac{1}{\alpha}$ einen Weg, wie man den Parameter α an Hand von unabhängig voneinander gewonnenen Realisierungen $y_1, y_2, \ldots, y_n$ der Zufallsgröße X in sinnvoller Weise festlegen kann. Da nämlich das arithmetische Mittel

$$\bar{y} = \frac{y_1 + y_2 + \ldots + y_n}{n}$$

einen geeigneten Schätzwert für den Erwartungswert EX darstellt (↗ 165, Abschnitt 8.2.), ist es naheliegend, α so festzulegen, daß $\bar{y} = \frac{1}{\alpha}$ gilt, d. h., es ist naheliegend,

$$\alpha = \frac{1}{\bar{y}} = \frac{n}{y_1 + y_2 + \ldots + y_n}$$

zu setzen.

Streuung

$$D^2X = \int_{-\infty}^{\infty} x^2 f(x)\,dx - (EX)^2 = \int_{-\infty}^{0} x^2 \cdot 0 \cdot dx + \int_{0}^{\infty} x^2 \alpha e^{-\alpha x}\,dx - (EX)^2$$

$$= 0 + \lim_{b\to\infty} \int_0^b x^2 \alpha e^{-\alpha x}\,dx - \left(\frac{1}{\alpha}\right)^2$$

$$= \lim_{b\to\infty} \left(-x^2 e^{-\alpha x}\Big|_0^b + 2\int_0^b x e^{-\alpha x}\,dx \right) - \left(\frac{1}{\alpha}\right)^2$$

$$= \lim_{b\to\infty} \left(-b^2 e^{-\alpha b} + \frac{2}{\alpha}\int_0^b x e^{-\alpha x}\,dx \right) - \left(\frac{1}{\alpha}\right)^2 = 0 + \frac{2}{\alpha}\cdot\frac{1}{\alpha} - \left(\frac{1}{\alpha}\right)^2$$

▷ Es gilt also:

$D^2X = \left(\frac{1}{\alpha}\right)^2$ (↗ 169, Beispiel 8/3)

Sind also X_1 und X_2 mit den Parametern α_1 bzw. α_2 exponentialverteilte Zufallsgrößen, so bestehen im Falle $\alpha_1 < \alpha_2$ die Ungleichungen $D^2X_1 > D^2X_2$ und $EX_1 > EX_2$. Diese qualitativen Aussagen über Erwartungswert und Streuung exponentialverteilter Zufallsgrößen stimmen gut mit der Vorstellung überein, die man an Hand der graphischen Darstellung der Wahrscheinlichkeitsdichte von der Exponentialverteilung gewinnt (Bild 40, ↗ 179).

Ein Beispiel zur Exponentialverteilung haben wir bereits in aller Ausführlichkeit im Kapitel 8 (↗ 162) behandelt. An Hand von 100 Meßwerten erkannten wir nämlich dort, daß man die Wahrscheinlichkeitsverteilung der als Zufallsgröße aufgefaßten Zeitdifferenz zwischen den Abfahrtszeiten beladener Transportfahrzeuge von einem Bagger recht gut durch die Wahrscheinlichkeitsdichte f,

$$f(x) = \begin{cases} 0 & \text{für } x < 0 \\ 0{,}7\, e^{-0{,}7\,x} & \text{für } x \geqq 0\,, \end{cases}$$

d. h. also durch eine Exponentialverteilung mit dem Parameter $\alpha = 0{,}7$ beschreiben kann.

Zum Abschluß nennen wir einige weitere Beispiele von Zufallsgrößen, die eine Exponentialverteilung besitzen bzw. deren Wahrscheinlichkeitsverteilung häufig näherungsweise durch eine Exponentialverteilung beschrieben wird:

— Zeitdauer von Telefongesprächen, die in einer Telefonzentrale registriert werden
— Zeitdifferenz zwischen dem Auftreten von Sternschnuppen an einem Sommerabend
— Zeitdifferenz zwischen dem Auftreten von Störungen an einem Maschinenpark
— Zeitdauer der Reparatur eines Autos in einem Autoreparaturwerk
— Lebensdauer einer Glühlampe (eines Werkstücks)
— Lebensdauer eines Lebewesens.

Die Annäherung der Exponentialverteilung an die tatsächlich vorliegende Wahrscheinlichkeitsverteilung ist bei Erfülltsein gewisser — theoretisch genau formulierbarer und praktisch auch nachprüfbarer — Voraussetzungen sehr gut; wir gehen aber darauf nicht näher ein.

9.3. Die Normalverteilung

Die in den Anwendungsgebieten der Wahrscheinlichkeitsrechnung am häufigsten auftretende stetige Verteilung ist die Normalverteilung. Der Grund ist darin zu sehen, daß sich viele in praktischen Anwendungen auftretende Zufallsgrößen als Ergebnis der Überlagerung einer Vielzahl unabhängiger und in ihrer Wirkung etwa gleichstarker zufälliger Einflüsse interpretieren lassen und solche Zufallsgrößen — zumindest näherungsweise — normalverteilt sind. Hierauf beruht auch eine relativ bequeme Methode zur (näherungsweisen) Berechnung von Wahrscheinlichkeiten zufälliger Ereignisse, die mit der Binomialverteilung im Zusammenhang stehen. Bevor wir aber diese wichtigen Fragestellungen behandeln, wollen wir uns ausführlich mit der die Normalverteilung kennzeichnenden Wahrscheinlichkeitsdichte beschäftigen; insbesondere werden wir Einfluß und Bedeutung der dabei auftretenden Parameter μ und σ^2 klären sowie auch das zahlenmäßige Verhalten einer Normalverteilung untersuchen.

⋈ DEFINITION der Normalverteilung:

Eine stetige Zufallsgröße X heißt **normalverteilt mit den Parametern** μ und σ^2 (μ reell, σ positive Zahl), wenn die Wahrscheinlichkeitsdichte f von X die folgende Form hat (Bild 42):

$$f(x) = \frac{1}{\sqrt{2\pi}\,\sigma}\, e^{-\frac{(x-\mu)^2}{2\sigma^2}}$$

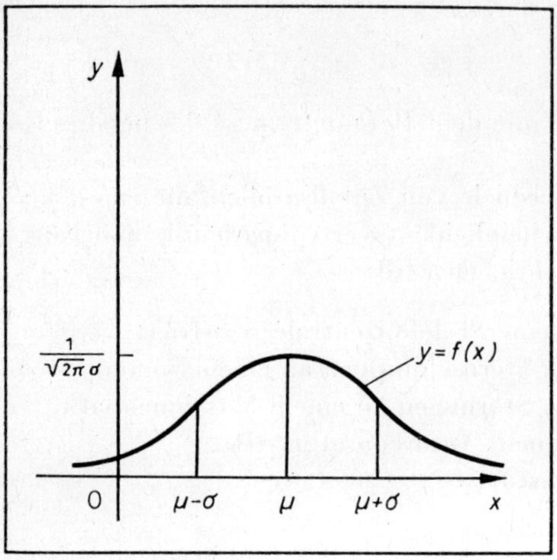

Bild 42

Ist X mit den Parametern μ und σ^2 normalverteilt, so schreiben wir auch: X ist $N(\mu, \sigma^2)$-verteilt. Um uns einer in der Literatur üblichen Schreibweise anzuschließen, die auch die Abhängigkeit der Wahrscheinlichkeitsdichte einer $N(\mu, \sigma^2)$-verteilten Zufallsgröße von den Parametern μ und σ^2 zum Ausdruck bringt, schreiben wir an Stelle von $f(x)$ hier stets $\varphi(x; \mu, \sigma^2)$.

Die im Bild 42 dargestellte Kurve nennt man *Glockenkurve* oder auch GAUSS*sche Fehlerkurve*. C. F. GAUSS (1777—1855) hat diese Kurve im Zusammenhang mit seiner Theorie der Beobachtungsfehler 1809 entdeckt. Vorher waren aber schon A. DE MOIVRE (1733) und P. LAPLACE (1780) bei Untersuchungen im Zusammenhang mit Münzwürfen und Glücksspielen auf diese Kurve gestoßen.

Wir stellen nun einige Eigenschaften der durch

$$y = \varphi(x; \mu, \sigma^2) = \frac{1}{\sqrt{2\pi}\,\sigma} e^{-\frac{(x-\mu)^2}{2\sigma^2}} \qquad (-\infty < x < \infty)$$

gegebenen Funktion zusammen.

▷ EIGENSCHAFTEN DER NORMALVERTEILUNGSDICHTE:

(1) $\varphi(x; \mu, \sigma^2) \geqq 0$ für jede reelle Zahl x.

(2) $\int_{-\infty}^{\infty} \varphi(x; \mu; \sigma^2)\, dx = 1$.

(3) $\lim_{x \to -\infty} \varphi(x; \mu, \sigma^2) = \lim_{x \to +\infty} \varphi(x; \mu, \sigma^2) = 0$.

(4) Die durch $y = \varphi(x; \mu, \sigma^2)$ gegebene Funktion besitzt genau ein Maximum. Dieses Maximum liegt an der Stelle $x = \mu$; der Funktionswert an dieser Stelle beträgt $\frac{1}{\sqrt{2\pi}\,\sigma}$.

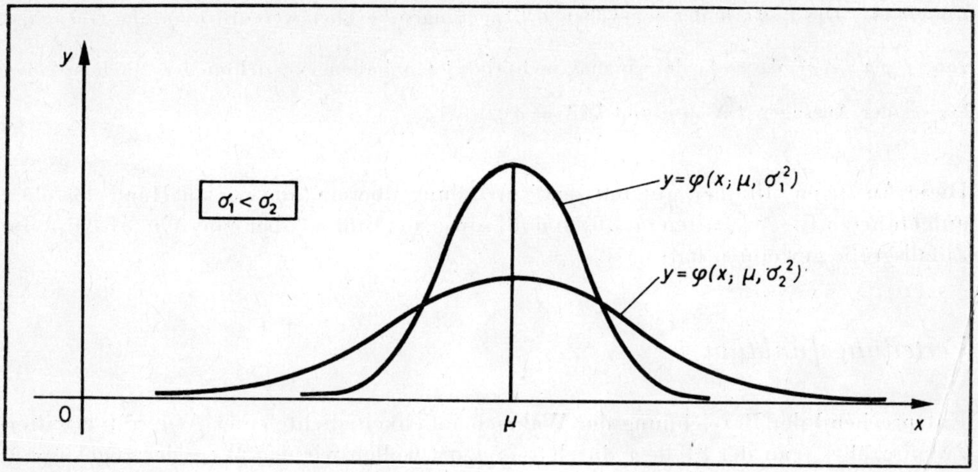

Bild 43

(5) Es gilt $\varphi(\mu - x; \mu, \sigma^2) = \varphi(\mu + x; \mu, \sigma^2)$ für jede reelle Zahl x. Also verläuft die graphische Darstellung dieser Funktion symmetrisch zu der durch $x = \mu$ beschriebenen Geraden.

(6) Die durch $y = \varphi(x; \mu, \sigma^2)$ gegebene Funktion besitzt an den Stellen $\mu - \sigma$ und $\mu + \sigma$ (ihre einzigen) Wendepunkte.

Die Eigenschaften (1), (2) und (3) sind Eigenschaften, die jede Wahrscheinlichkeitsdichte besitzen muß; dabei ist hier die Gültigkeit von (1) und (3) offensichtlich, während wir auf den Beweis von (2) verzichten, da die dazu erforderlichen mathematischen Hilfsmittel nicht als allgemein bekannt vorausgesetzt werden. Aus den Eigenschaften (4), (5) und (6) — deren Beweise wir dem Leser überlassen — erkennen wir den Einfluß der Parameter μ und σ^2 auf Form und Lage der durch $y = \varphi(x; \mu, \sigma^2)$ gegebenen Kurve und damit auf die Wahrscheinlichkeitsverteilung einer $N(\mu, \sigma^2)$-verteilten Zufallsgröße (Bild 43).

Erwartungswert und Streuung

Die Bedeutung der Parameter μ und σ^2 ergibt sich aus den Beziehungen

$$\triangleright \quad EX = \int_{-\infty}^{\infty} x\,\varphi(x; \mu, \sigma^2)\,\mathrm{d}x = \int_{-\infty}^{\infty} x \cdot \frac{1}{\sqrt{2\pi}\,\sigma} e^{-\frac{(x-\mu)^2}{2\sigma^2}}\,\mathrm{d}x = \mu$$

und

$$D^2X = \int_{-\infty}^{\infty} (x - EX)^2\,\varphi(x; \mu, \sigma^2)\,\mathrm{d}x = \int_{-\infty}^{\infty} (x - \mu)^2 \cdot \frac{1}{\sqrt{2\pi}\,\sigma} e^{-\frac{(x-\mu)^2}{2\sigma^2}}\,\mathrm{d}x = \sigma^2\,.$$

Der Erwartungswert bzw. die Streuung einer mit den Parametern μ und σ^2 normalverteilten Zufallsgröße ist also gleich μ bzw. σ^2.

Bemerkung: Die Beweise der angegebenen Beziehungen beruhen wesentlich auf der Gültigkeit von $\int_{-\infty}^{\infty} \varphi(x; \mu, \sigma^2)\, dx = 1$; da wir dies nicht bewiesen haben, verzichten wir auch auf den Beweis der Aussagen $EX = \mu$ und $D^2X = \sigma^2$.

Diese Aussagen stimmen gut mit der Vorstellung überein, die wir an Hand der oben aufgeführten Eigenschaften (4), (5) und (6) sowie aus Bild 43 über eine $N(\mu, \sigma^2)$-verteilte Zufallsgröße gewonnen haben.

Verteilungsfunktion

Entsprechend der Bezeichnung der Wahrscheinlichkeitsdichte einer $N(\mu, \sigma^2)$-verteilten Zufallsgröße X an der Stelle x durch $\varphi(x; \mu, \sigma^2)$ wollen wir den Wert der zugehörigen Verteilungsfunktion an der Stelle x mit $\Phi(x; \mu, \sigma^2)$ bezeichnen.
Es gilt also:

$$\Phi(x; \mu, \sigma^2) = P(X < x) = \int_{-\infty}^{x} \varphi(t; \mu, \sigma^2)\, dt = \frac{1}{\sqrt{2\pi}\,\sigma} \int_{-\infty}^{x} e^{-\frac{(t-\mu)^2}{2\sigma^2}}\, dt$$

Das rechtsstehende Integral ist nun nicht in einer Form explizit auswertbar, wie wir es bei der gleichmäßigen Verteilung und bei der Exponentialverteilung kennengelernt haben. Es gibt aber Methoden, bei festem μ und σ^2 und beliebig vorgegebenem x das obige Integral und damit den Wert $\Phi(x; \mu, \sigma^2)$ der Verteilungsfunktion einer $N(\mu, \sigma^2)$-verteilten Zufallsgröße zahlenmäßig ebenso genau auszurechnen wie z. B. bei exponentialverteilten Zufallsgrößen.
Eine besondere Bedeutung kommt der Verteilungsfunktion einer mit den Parametern $\mu = 0$ und $\sigma^2 = 1$ normalverteilten Zufallsgröße zu; insbesondere kann man an Hand der Werte dieser Funktion die Werte der Verteilungsfunktion einer mit beliebigen Parametern μ und σ^2 normalverteilten Zufallsgröße berechnen.

Die N(0,1)-Verteilung

Wir bezeichnen mit $\varphi(x)$ bzw. $\Phi(x)$ den Wert der Wahrscheinlichkeitsdichte bzw. den der Verteilungsfunktion einer mit den Parametern $\mu = 0$ und $\sigma^2 = 1$ normalverteilten Zufallsgröße Z an der Stelle x.
Es gilt also:

$$\left.\begin{aligned} \varphi(x) &= \varphi(x; 0, 1) = \frac{1}{\sqrt{2\pi}}\, e^{-\frac{x^2}{2}} \\ \Phi(x) &= \Phi(x; 0, 1) = \int_{-\infty}^{x} \varphi(t)\, dt = \frac{1}{\sqrt{2\pi}} \int_{-\infty}^{x} e^{-\frac{t^2}{2}}\, dt \end{aligned}\right\} -\infty < x < \infty$$

Die Bilder 44 und 45 zeigen die graphischen Darstellungen der Funktionen φ bzw. Φ. Diese Bilder lassen insbesondere die Gültigkeit der folgenden Beziehungen erkennen:

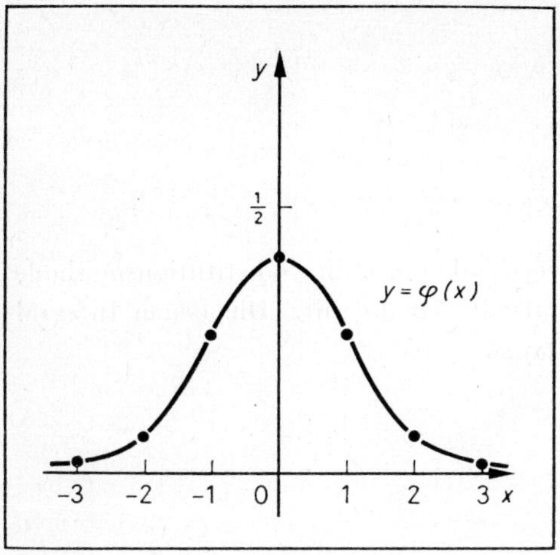

Bild 44

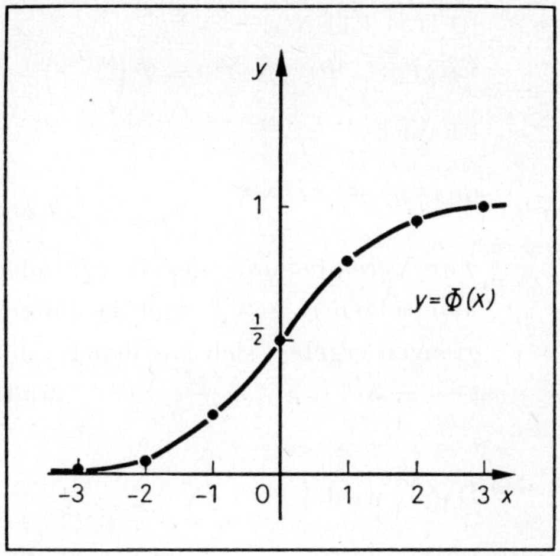

Bild 45

▷ $\varphi(-x) = \varphi(x)\,, \qquad \Phi(-x) = 1 - \Phi(x)\,, \qquad (-\infty < x < \infty)\,,$

die man auch leicht an Hand der oben angegebenen analytischen Darstellungen der Funktionen φ und Φ bestätigen kann.

Eine Wertetabelle der Funktionen φ und Φ findet man im Anhang dieses Buches (Tafel 3 und 4). Diese Tafeln enthalten nur Werte der Funktionen φ und Φ für nichtnegative Argumente; die Werte dieser Funktionen für negative Argumente werden an Hand der Formeln

$$\varphi(-x) = \varphi(x), \qquad \Phi(-x) = 1 - \Phi(x)$$

daraus berechnet. Wir erhalten für eine $N(0, 1)$-verteilte Zufallsgröße Z (unter Verwendung der für eine beliebige stetige Zufallsgröße X mit der Verteilungsfunktion F im Abschnitt 8.4. (↗ 172) angegebenen Beziehung $P(a \leqq X \leqq b) = F(b) - F(a)$, a, b reell, $a \leqq b$) beispielsweise

$$P(-1 \leqq Z \leqq 1) = \Phi(1) - \Phi(-1) = \Phi(1) - (1 - \Phi(1)) = 2\,\Phi(1) - 1$$
$$= 2 \cdot 0{,}841345 - 1 = 0{,}682690 \approx 0{,}683 = 68{,}3\%$$

und entsprechend

$$P(-2 \leqq Z \leqq 2) = 2\,\Phi(2) - 1 = 2 \cdot 0{,}977250 - 1 \approx 0{,}955 = 95{,}5\%\,,$$
$$P(-3 \leqq Z \leqq 3) = 2\,\Phi(3) - 1 = 2 \cdot 0{,}998650 - 1 \approx 0{,}997 = 99{,}7\%\,.$$

Wie die letzte Beziehung zeigt, ist es also praktisch sicher, daß eine mit den Parametern $\mu = 0$ und $\sigma^2 = 1$ normalverteilte Zufallsgröße nur Werte annimmt, die zwischen -3 und $+3$ liegen. In diesem Zusammenhang wollen wir aber darauf hinweisen, daß eine mit beliebigen Parametern μ und σ^2 — speziell also auch eine mit den Parametern $\mu = 0$ und $\sigma^2 = 1$ — normalverteilte Zufallsgröße theoretisch jeden Wert zwischen $-\infty$ und $+\infty$ annehmen kann.

Wir zeigen nun, wie man die Werte $\Phi(x; \mu, \sigma^2)$ der Verteilungsfunktion einer mit den Parametern μ und σ^2 normalverteilten Zufallsgröße X an Hand der Werte der Verteilungsfunktion Φ einer $N(0, 1)$-verteilten Zufallsgröße berechnen kann.

▷ BEHAUPTUNG:

Es gilt: $\Phi(x; \mu, \sigma^2) = \Phi\left(\frac{x-\mu}{\sigma}\right)$

BEWEIS:

$$\Phi(x; \mu, \sigma^2) = P(X < x) = \int_{-\infty}^{x} \varphi(t; \mu, \sigma^2)\,dt = \frac{1}{\sqrt{2\pi}\,\sigma} \int_{-\infty}^{x} e^{-\frac{(t-\mu)^2}{2\sigma^2}}\,dt$$

Zur Vereinfachung des Integranden verwenden wir die Substitutionsmethode. Wir setzen $u = \frac{t-\mu}{\sigma}$ und beachten, daß $dt = \sigma\, du$ gilt. Die neuen Integralgrenzen ergeben sich aus den Implikationen

$t \to -\infty \quad \Rightarrow \quad u \to -\infty$ und

$t = x \quad \Rightarrow \quad u = \frac{x-\mu}{\sigma}$.

Damit wird

$$\Phi(x; \mu, \sigma^2) = \frac{1}{\sqrt{2\pi}\,\sigma} \int_{-\infty}^{\frac{x-\mu}{\sigma}} e^{-\frac{u^2}{2}}\,\sigma\,du = \frac{1}{\sqrt{2\pi}} \int_{-\infty}^{\frac{x-\mu}{\sigma}} e^{-\frac{u^2}{2}}\,du$$

$$= \Phi\left(\frac{x-\mu}{\sigma}\right),$$

w. z. b. w.

Wir erhalten hieraus unmittelbar die in der folgenden Behauptung formulierte Aussage.

▷ BEHAUPTUNG:

Ist X eine $N(\mu, \sigma^2)$-verteilte Zufallsgröße, so ist die Zufallsgröße $\frac{X-\mu}{\sigma}$ $N(0, 1)$-verteilt.

(Wir beachten dabei, daß wegen $EX = \mu$ und $D^2X = \sigma^2$ die Zufallsgröße $\frac{X-\mu}{\sigma}$ durch Standardisieren aus der Zufallsgröße X hervorgeht. Diese Zufallsgröße besitzt also stets den Erwartungswert Null und die Streuung Eins. Die wesentliche Aussage besteht folglich darin, daß mit X auch $\frac{X-\mu}{\sigma}$ normalverteilt ist.)

BEWEIS:

$$F_{\frac{X-\mu}{\sigma}}(x) = P\left(\frac{X-\mu}{\sigma} < x\right) = P(X - \mu < x\,\sigma) = P(X < x\,\sigma + \mu)$$

$$= F_X(x\,\sigma + \mu) = \Phi(x\,\sigma + \mu; \mu, \sigma^2) = \Phi\left(\frac{x\,\sigma + \mu - \mu}{\sigma}\right)$$

$$= \Phi(x),$$

w. z. b. w.

Mit diesen Aussagen können wir in einfacher Weise unter Verwendung von Tafel 4 des Anhangs die Wahrscheinlichkeit des Hineinfallens einer $N(\mu, \sigma^2)$-verteilten Zufallsgröße X in ein beliebiges Intervall $[a, b]$, $a < b$ berechnen:

▷ $$P(a \leqq X \leqq b) = P\left(\frac{a-\mu}{\sigma} \leqq \frac{X-\mu}{\sigma} \leqq \frac{b-\mu}{\sigma}\right) = \Phi\left(\frac{b-\mu}{\sigma}\right) - \Phi\left(\frac{a-\mu}{\sigma}\right)$$

So erhalten wir z. B.

$$P(\mu-\sigma \leqq X \leqq \mu+\sigma) = \Phi(1)-\Phi(-1) = 2\,\Phi(1)-1 \approx 68{,}3\%\,,$$
$$P(\mu-2\sigma \leqq X \leqq \mu+2\sigma) = \Phi(2)-\Phi(-2) = 2\,\Phi(2)-1 \approx 95{,}5\%\,,$$
$$P(\mu-3\sigma \leqq X \leqq \mu+3\sigma) = \Phi(3)-\Phi(-3) = 2\,\Phi(3)-1 \approx 99{,}7\%\,.$$

▷ Es ist also praktisch sicher, daß eine $N(\mu, \sigma^2)$-verteilte Zufallsgröße nur Werte annimmt, die im Intervall $[\mu-3\sigma, \mu+3\sigma]$ liegen, d. h., daß sie vom Erwartungswert μ einen kleineren Abstand haben als das Dreifache der Standardabweichung σ. Diese Aussage wird häufig als **3 σ-Regel** bezeichnet.

□ BEISPIEL 9/2:

In einem Betonwerk werden von Zeit zu Zeit Betonwürfel von 20 cm Kantenlänge hergestellt, und nach einer Lagerungsdauer von 28 Tagen wird deren Druckfestigkeit bestimmt. Die Sollfestigkeit beträgt bei der Betongüte B 300 nach dieser Lagerungszeit 300 $\mathrm{kp \cdot cm^{-2}}$. An Hand einer großen Anzahl von Meßergebnissen hat man festgestellt, daß die Zufallsgröße X, die die Druckfestigkeit nach 28 Tagen Lagerung angibt, näherungsweise normalverteilt ist mit den Parametern $\mu = 380$ $(\mathrm{kp \cdot cm^{-2}})$ und $\sigma^2 = 50^2$ $((\mathrm{kp \cdot cm^{-2}})^2)$. Wir berechnen die Wahrscheinlichkeit dafür, daß die Druckfestigkeit kleiner als die Sollfestigkeit ist, d. h. die Zahl $P(X < 300)$:

$$P(X<300) = P\left(\frac{X-380}{50} < \frac{300-380}{50}\right) = P\left(\frac{X-380}{50} < -1{,}6\right)$$
$$\approx \Phi(-1{,}6) = 1-\Phi(1{,}6) = 1-0{,}945201 \approx 0{,}055 = 5{,}5\%$$

Mit einer Wahrscheinlichkeit von nur etwa 0,055 liegt also die (zufällige) Druckfestigkeit unterhalb der geforderten. Daß dieses Ereignis überhaupt eine nennenswerte positive Wahrscheinlichkeit besitzt, obwohl der Erwartungswert wesentlich größer als der Sollwert ist, liegt an der relativ großen Streuung.

Vorkommen der Normalverteilung

Bei vielen in praktischen Anwendungen auftretenden Zufallsgrößen zeigt sich — z. B. an Hand von Realisierungen der im speziellen Falle betrachteten Zufallsgrößen —, daß die tatsächlich zugrunde liegende — jedoch im allgemeinen unbekannte — Wahrscheinlichkeitsverteilung sehr gut durch eine Normalverteilung beschrieben werden kann. Ein gemeinsames Merkmal solcher Zufallsgrößen besteht darin, daß sie sich durch Überlagerung einer großen Anzahl weitgehend voneinander unabhängiger zufälliger Effekte ergeben, wobei jedoch jeder dieser Effekte nur einen — im Verhältnis zur Summe der anderen — unbedeutenden Einfluß auf die betrachtete Zufallsgröße besitzt. Mathematisch werden diese zufälligen Effekte durch Zufallsgrößen beschrieben. Es ist folglich ein besonderes Anliegen der Wahrscheinlichkeitsrechnung, Bedingungen dafür anzugeben, daß eine Zufallsgröße, die sich als Summe einer großen Anzahl von Zufallsgrößen ergibt, zumindest näherungsweise normalverteilt ist. Im sogenannten *Zentralen Grenzwertsatz* werden nun notwendige und gleichzeitig auch hinreichende Bedingungen für die Gültigkeit dieses Sachverhalts angegeben. Diese Bedingungen beinhalten insbesondere, daß die als Summanden auftretenden Zufallsgrößen (vollständig) unabhängig sind und Streuungen besitzen, die klein sind im Verhältnis zur Streuung der Summe; sie beinhalten jedoch nicht, daß alle Summanden identisch verteilt sein müssen oder daß man die Wahrscheinlichkeitsverteilungen der Summanden exakt kennen muß. Zur mathematisch genauen Formulierung und zum Beweis dieses Satzes benötigt man Hilfsmittel, die hier nicht zur Verfügung stehen. Wir wollen aber einige praktisch vorkommende Zufallsgrößen aufzählen, die auf Grund dieses Satzes als normalverteilt angesehen werden können (der Leser überlege sich dabei jeweils selbst eine Reihe zufälliger Effekte, die Einfluß auf die genannte Zufallsgröße besitzen):

— Beobachtungsfehler bei Messungen (z. B. Längenmessungen)
— Äußerer Durchmesser von Antriebswellen, die auf einer automatischen Drehmaschine hergestellt werden
— Druckfestigkeit von Betonwürfeln mit 20 cm Kantenlänge nach 28 Tagen Lagerung
— Inhalt von automatisch gefüllten Flaschen, die 0,7 l enthalten sollen

Schließlich formulieren wir noch einen für unsere Betrachtungen wichtigen Spezialfall des oben erwähnten Zentralen Grenzwertsatzes, den sogenannten **Grenzwertsatz von Moivre-Laplace**, der uns eine relativ bequeme Möglichkeit gibt, Wahrscheinlichkeiten zu berechnen, die mit der Binomialverteilung in Zusammenhang stehen.

Grenzwertsatz von Moivre-Laplace

Es sei A ein zufälliges Ereignis, das im Rahmen eines bestimmten zufälligen Versuchs mit der Wahrscheinlichkeit $P(A) = p$, $0 < p < 1$ eintritt. Wir wiederholen diesen Versuch n-mal unabhängig voneinander und beobachten jedesmal, ob das Ereignis A eintritt oder nicht. Wie wir bereits wissen, besitzt die (zufällige) Anzahl X des Eintretens von A in diesen n Versuchen eine Binomialverteilung mit den Parametern n und p (↗ 138, Abschnitt 7.2.). Es gilt also

$$P(X = k) = b(k; n, p) = \binom{n}{k} p^k (1 - p)^{n-k} \quad (k = 0, 1, 2, \ldots, n)$$

und folglich

$$P(a \leqq X \leqq b) = \sum_{k:\ a \leqq k \leqq b} \binom{n}{k} p^k (1 - p)^{n-k} \qquad (a, b \text{ reell}, a \leqq b)\,.$$

Solche Wahrscheinlichkeiten sind speziell für große Zahlen n außerordentlich schwer zu berechnen. Hier gilt nun die folgende

▷ NÄHERUNGSFORMEL:

$$P(a \leqq X \leqq b) \approx \Phi\left(\frac{b - np}{\sqrt{np(1-p)}}\right) - \Phi\left(\frac{a - np}{\sqrt{np(1-p)}}\right)$$

Diese für große Zahlen n gültige Beziehung ist eine anwendungsbereite Formulierung des sogenannten **Grenzwertsatzes von Moivre-Laplace**, die wir etwas begründen wollen, bevor wir sie in zwei Beispielen anwenden. Dazu führen wir die durch

$$X_k = \begin{cases} 1, & \text{falls im } k\text{-ten Versuch das Ereignis } A \text{ eintritt} \\ 0, & \text{falls im } k\text{-ten Versuch das Ereignis } \overline{A} \text{ eintritt} \end{cases}$$

definierten Zufallsgrößen X_k, $k = 1, 2, \ldots, n$ ein (↗ 144, Abschnitt 7.2.). Diese Zufallsgrößen sind vollständig unabhängig und identisch verteilt. Die die Wahrscheinlichkeitsverteilung dieser Zufallsgrößen kennzeichnende Verteilungstabelle lautet

1	0
p	$1-p$

woraus sich $EX_k = p$ und $D^2X_k = p\,(1-p)$, $k = 1, 2, \ldots, n$, ergibt. Nun gilt

$$X = X_1 + X_2 + \ldots + X_n\,,$$

d. h., die Zufallsgröße X ist darstellbar als eine Summe von (vollständig) unabhängigen Zufallsgrößen X_k, deren Streuungen $(D^2X_k = p\,(1-p))$ im Falle einer großen Zahl n klein sind gegenüber der Streuung von X $(D^2X = n\,p\,(1-p))$. Auf Grund des Zentralen Grenzwertsatzes ist also die Zufallsgröße X im Falle einer großen Zahl n näherungsweise normalverteilt mit den Parametern

$$\mu = EX = np \quad \text{und} \quad \sigma^2 = D^2X = n\,p\,(1-p)\,.$$

Hieraus ergibt sich

$$P(a \leqq X \leqq b) \approx \Phi(b; np, np(1-p)) - \Phi(a; np, np(1-p));$$

unter Verwendung der Beziehung (↗ 186) $\Phi(x; \mu, \sigma^2) = \Phi\left(\frac{x-\mu}{\sigma}\right)$ wird daraus

$$P(a \leqq X \leqq b) \approx \Phi\left(\frac{b-n\,p}{\sqrt{n\,p\,(1-p)}}\right) - \Phi\left(\frac{a-n\,p}{\sqrt{n\,p\,(1-p)}}\right).$$

▷ Speziell gilt also:

$$P\left(np - \sqrt{np\,(1-p)} \leqq X \leqq np + \sqrt{n\,p\,(1-p)}\right) \approx \Phi(1) - \Phi(-1) \approx 68{,}3\%$$
$$P\left(np - 2\sqrt{np\,(1-p)} \leqq X \leqq np + 2\sqrt{np\,(1-p)}\right) \approx \Phi(2) - \Phi(-2) \approx 95{,}5\%$$
$$P\left(np - 3\sqrt{np\,(1-p)} \leqq X \leqq np + 3\sqrt{np\,(1-p)}\right) \approx \Phi(3) - \Phi(-3) \approx 99{,}7\%$$

Die letzte Beziehung besagt, daß eine mit den Parametern n und p binomialverteilte Zufallsgröße praktisch nur Werte aus dem Intervall

$$\left(np - 3\sqrt{np\,(1-p)}\,,\; np + 3\sqrt{np\,(1-p)}\right)$$

annimmt, wenn n eine große Zahl ist, d. h., für die Binomialverteilung gilt im Falle eines großen Parameters n eine der $3\,\sigma$-Regel bei der Normalverteilung entsprechende Aussage (mit $\sigma = \sqrt{np(1-p)}$).

□ BEISPIEL 9/3:

Ein Betrieb liefert Glühlämpchen in Kartons zu je 1000 Stück. Es ist bekannt, daß der Betrieb im Mittel 3% Ausschuß (d. h. defekte Lämpchen) produziert. Man wird also erwarten, daß in einem Karton mit 1000 Lämpchen etwa 30 defekt sind. Wir interessieren uns für die Wahrscheinlichkeit dafür, daß sich in einem Karton zwischen 20 und 40 defekte Glühlämpchen befinden. Dazu bezeichnen wir mit X die (zufällige) Anzahl der defekten Lämpchen in einem Karton mit 1000 Stück. Die Zufallsgröße X ist binomialverteilt mit den Parametern $n = 1000$ und $p = 3\% = 0{,}03$; insbesondere gilt also

$EX = np = 1000 \cdot 0{,}03 = 30$ und
$D^2X = np(1-p) = 1000 \cdot 0{,}03 \cdot (1 - 0{,}03) = 29{,}1$.
Für die gesuchte Wahrscheinlichkeit ergibt sich

$$P(20 \leqq X \leqq 40) = \sum_{k=20}^{40} P(X = k) = \sum_{k=20}^{40} \binom{1000}{k} \cdot 0{,}03^k \cdot (1 - 0{,}03)^{1000-k}.$$

Mit dieser Formel läßt sich aber diese Wahrscheinlichkeit praktisch nicht berechnen. Wir verwenden die oben angegebene Näherungsformel (↗ 188) (mit $a = 20$, $b = 40$, $n = 1000$, $p = 0{,}03$, $1 - p = 0{,}97$) und erhalten

$$\begin{aligned} P(20 \leqq X \leqq 40) &\approx \Phi\left(\frac{40 - 1000 \cdot 0{,}03}{\sqrt{1000 \cdot 0{,}03 \cdot 0{,}97}}\right) - \Phi\left(\frac{20 - 1000 \cdot 0{,}03}{\sqrt{1000 \cdot 0{,}03 \cdot 0{,}97}}\right) \\ &= \Phi\left(\frac{10}{\sqrt{29{,}1}}\right) - \Phi\left(\frac{-10}{\sqrt{29{,}1}}\right) = 2\,\Phi\left(\frac{10}{\sqrt{29{,}1}}\right) - 1 \\ &\approx 2\,\Phi\,(1{,}85) - 1 \approx 2 \cdot 0{,}97 - 1 = 0{,}94 = 94\%\,. \end{aligned}$$

Also beträgt die gesuchte Wahrscheinlichkeit etwa 0,94.
Die nachstehend formelmäßig wiedergegebenen Überlegungen bestätigen die folgende Interpretation dieses Ergebnisses: Die (als Zufallsgröße aufgefaßte) relative Häufigkeit des Auftretens eines defekten Lämpchens in einem Karton mit 1000 Stück weicht von 0,03 — der Wahrscheinlichkeit dieses Ereignisses — um mehr als 0,01 nur mit einer Wahrscheinlichkeit ab, die etwa gleich 0,06 ist.

$$\begin{aligned} P\left(\left|\frac{X}{1000} - 0{,}03\right| > 0{,}01\right) &= 1 - P\left(\left|\frac{X}{1000} - 0{,}03\right| \leqq 0{,}01\right) \\ &= 1 - P\left(-0{,}01 \leqq \frac{X}{1000} - 0{,}03 \leqq 0{,}01\right) \\ &= 1 - P(-10 \leqq X - 30 \leqq 10) \\ &= 1 - P(20 \leqq X \leqq 40) \approx 1 - 0{,}94 = 0{,}06 \end{aligned}$$

□ BEISPIEL 9/4:

Die Wahrscheinlichkeit dafür, daß bei einer Geburt ein Knabe geboren wird, beträgt etwa $p = 0{,}514$. Die (zufällige) Anzahl X der Knabengeburten bei insgesamt 100000 Geburten ist eine mit den Parametern $n = 100000$ und $p = 0{,}514$ binomialverteilte Zufallsgröße. Wir berechnen die Wahrscheinlichkeit dafür, daß diese Zufallsgröße X von ihrem Erwartungswert $EX = np = 100000 \cdot 0{,}514 = 51400$ um mehr als 400 abweicht, unter Verwendung der oben angegebenen Näherungsformel (↗ 188):

$$\begin{aligned} P(|X - EX| > 400) &= 1 - P(|X - EX| \leqq 400) \\ &= 1 - P(-400 \leqq X - 51400 \leqq 400) \\ &= 1 - P(51000 \leqq X \leqq 51800) \\ &\approx 1 - \left(\Phi\left(\frac{51800 - 51400}{\sqrt{100000 \cdot 0{,}514 \cdot 0{,}486}}\right) - \Phi\left(\frac{51000 - 51400}{\sqrt{100000 \cdot 0{,}514 \cdot 0{,}486}}\right)\right) \\ &= 1 - (\Phi\,(2{,}53) - \Phi\,(-2{,}53)) \\ &= 2\,(1 - \Phi\,(2{,}53)) = 2\,(1 - 0{,}9943) \\ &= 0{,}0114 \approx 1\% \end{aligned}$$

Das betrachtete Ereignis — Abweichung der Anzahl der Knabengeburten unter 100000 Geburten von der Zahl 51400 um mehr als 400 — besitzt also eine sehr kleine Wahrscheinlichkeit. Folglich ist es praktisch sicher, daß bei 100000 Geburten zwischen 51000 und 51800 Knaben geboren werden.

9.4. Aufgaben

1. Man berechne die Wahrscheinlichkeit dafür, daß eine mit dem Parameter $\alpha > 0$ exponentialverteilte Zufallsgröße einen Wert annimmt, der kleiner als der Erwartungswert ist.

2. In einer Werkstatt werden Kraftfahrzeuge repariert. Die zufällige Reparaturzeit X (gemessen in Stunden und Bruchteilen von Stunden) besitze eine Exponentialverteilung mit dem Parameter $\alpha = 0{,}25$ ([Stunden]$^{-1}$).
   a) Man berechne den Erwartungswert der Zufallsgröße X und beantworte damit die Frage nach der durchschnittlichen Reparaturzeit.
   b) Wie groß ist die Wahrscheinlichkeit dafür, daß die Reparaturzeit höchstens sechs Stunden beträgt?

3. Ein Betrieb stellt Luftpostumschläge her. Die (als Zufallsgröße aufgefaßte) Masse X eines Luftpostumschlags ist erfahrungsgemäß normalverteilt mit den Parametern $\mu = 1{,}95$ g und $\sigma^2 = (0{,}05\text{ g})^2$.
   a) Wie groß ist die Wahrscheinlichkeit dafür, daß ein zufällig herausgegriffener Umschlag zwischen 1,8 g und 2,1 g wiegt?
   b) Man berechne die Wahrscheinlichkeit dafür, daß ein zufällig herausgegriffener Umschlag mindestens 2 g wiegt und beantworte damit die Frage, wieviel solche Umschläge man in einem Päckchen von 100 Stück etwa in Kauf nehmen muß.

4. Wir nehmen an, daß der (als Zufallsgröße aufgefaßte) Milchfettgehalt X von Kühen normalverteilt sei, und zwar mit den Parametern $\mu = 3{,}7$ (%) und $\sigma^2 = (0{,}3)^2$. Um einen züchterischen Fortschritt zu erreichen, werden nur solche Tiere zur Zucht verwendet, deren Milchfettgehalt über 3,5% liegt. Wie groß ist der Prozentsatz der Kühe, die nicht zur Zucht verwendet werden?

5. Eine Metallhobelmaschine stellt Platten her, deren Dicke X untersucht wird. Es kann angenommen werden, daß X normalverteilt ist und bei einer bestimmten Maschineneinstellung den Erwartungswert $EX = \mu = 10$ mm und die Streuung $D^2X = \sigma^2 = (0{,}02\text{ mm})^2$ besitzt. Wieviel Prozent Ausschuß sind zu erwarten, wenn die Platten
   a) mindestens 9,97 mm stark sein sollen,
   b) höchstens 10,05 mm stark sein dürfen,
   c) um maximal $\pm$ 0,03 mm vom Sollwert 10 mm abweichen dürfen?
   d) Wie muß man die Toleranzgrenzen $10 - c$ und $10 + c$ wählen, damit man nicht mehr als 5% Ausschuß erhält?

6. Wir werfen 10000mal ein Geldstück und nehmen an, daß die Ereignisse „Wappen oben" und „Bild oben" gleichwahrscheinlich sind. Man wird also erwarten, daß etwa 5000 mal das Wappen oben liegt. Mit X bezeichnen wir die zufällige Anzahl des Eintretens des Ereignisses „Wappen oben". Man berechne die Wahrscheinlichkeit dafür, daß sich diese Anzahl von der Zahl 5000 dem Betrage nach um weniger als 100 (d. h. um weniger als 2%) unterscheidet.

   Hinweis: Man verwende die im Zusammenhang mit dem Grenzwertsatz von MOIVRE-LAPLACE angegebene Näherungsformel (↗ 188, Abschnitt 9.3.).

10. Über das Gesetz der großen Zahlen

In diesem Kapitel befassen wir uns mit dem sogenannten *Gesetz der großen Zahlen*. Die im Abschnitt 10.2. (↗ 196) bewiesene Aussage über den Zusammenhang der relativen Häufigkeit eines zufälligen Ereignisses (in einer Serie von n unabhängig voneinander durchgeführten Wiederholungen ein und desselben Versuchs) und der Wahrscheinlichkeit dieses Ereignisses ist eine weitere mathematische Bestätigung dafür, daß die relative Häufigkeit (im Falle einer hinreichend großen Zahl n) ein geeigneter Schätzwert für die Wahrscheinlichkeit ist. Es ist klar, daß eine solche Aussage für die praktische Anwendbarkeit der Wahrscheinlichkeitsrechnung von größter Wichtigkeit ist. Eine entsprechende Bedeutung besitzt die im Abschnitt 10.3. (↗ 197) bewiesene Aussage über den Zusammenhang zwischen dem arithmetischen Mittel von (n unabhängig voneinander gewonnenen) Realisierungen einer Zufallsgröße und dem Erwartungswert dieser Zufallsgröße; sie zeigt nämlich, daß das arithmetische Mittel (im Falle einer genügend großen Zahl n) ein geeigneter Schätzwert für den Erwartungswert ist. Mit diesen beiden — hier nur grob formulierten — Aussagen wollen wir unsere Darstellung der Wahrscheinlichkeitsrechnung in gewisser Weise abrunden. Einen einfachen Zugang zu diesen Aussagen liefert die sogenannte **Tschebyschewsche Ungleichung**, die wir im Abschnitt 10.1. ausführlich behandeln.

10.1. Die Tschebyschewsche Ungleichung

Im Abschnitt 6.3. (↗ 118) bzw. 8.3. (↗ 167) haben wir den Begriff der Streuung einer diskreten bzw. stetigen Zufallsgröße eingeführt. Wir verfolgten dabei das Ziel, eine Maßzahl für das Schwanken einer Zufallsgröße um ihren Erwartungswert zu gewinnen, und die angegebenen Eigenschaften und Rechenregeln zeigten uns auch, daß die Streuung tatsächlich eine Kenngröße ist, die die Abweichungen der Werte einer Zufallsgröße von ihrem Erwartungswert in vernünftiger Weise wiedergibt. Eine weitere Bestätigung dafür entnehmen wir der nachfolgend angegebenen TSCHEBYSCHEWschen Ungleichung; diese Ungleichung ermöglicht es, allein an Hand der Streuung einer Zufallsgröße die Wahrscheinlichkeit dafür (nach oben) abzuschätzen, daß die betrachtete Zufallsgröße von ihrem Erwartungswert um mehr als eine beliebige vorgegebene positive Zahl abweicht. Bei der nun folgenden Formulierung dieser Ungleichung — die auf den russischen Mathematiker P. L. TSCHEBYSCHEW (1821—1894) zurückgeht — ist es überdies vollkommen gleichgültig, ob X eine diskrete oder eine stetige Zufallsgröße ist.

▷ TSCHEBYSCHEWsche UNGLEICHUNG:

Es seien X eine Zufallsgröße mit dem Erwartungswert EX und der Streuung D^2X und ε eine beliebige positive Zahl. Dann gilt die Ungleichung:

$$P(|X - EX| > \varepsilon) \leqq \frac{D^2X}{\varepsilon^2}$$

In Worten: Die Wahrscheinlichkeit dafür, daß die Zufallsgröße X von ihrem Erwartungswert EX (dem Betrage nach) um mehr als eine beliebige positive Zahl ε abweicht, ist nicht größer als $\frac{D^2X}{\varepsilon^2}$, oder — in äquivalenter Formulierung —

$$P(|X - EX| \leqq \varepsilon) \geqq 1 - \frac{D^2X}{\varepsilon^2}.$$

BEWEIS:

Wir bemerken zuerst, daß auf Grund der Beziehung

$$P(|X - EX| > \varepsilon) = 1 - P(|X - EX| \leqq \varepsilon)$$

die beiden angegebenen Ungleichungen gleichwertig sind; es genügt also, z. B. die Ungleichung

$$P(|X - EX| > \varepsilon) \leqq \frac{D^2X}{\varepsilon^2}$$

zu beweisen.

Wir führen den Beweis getrennt für diskrete und stetige Zufallsgrößen durch; der Leser beachte aber die Analogien im Vorgehen innerhalb der angegebenen Beweise.

a) Es sei X eine diskrete Zufallsgröße, die die Werte $x_1, x_2, \ldots$ mit den Wahrscheinlichkeiten $p_1, p_2, \ldots$ annimmt. Dann gilt definitionsgemäß

$$D^2X = \sum_k (x_k - EX)^2 p_k.$$

Der Wert dieser Summe wird höchstens verkleinert, wenn wir nur über diejenigen Zahlen k summieren, für die $|x_k - EX| > \varepsilon$ gilt, da alle Summanden nichtnegative Zahlen sind:

$$D^2X = \sum_k (x_k - EX)^2 p_k \geqq \sum_{k:\,|x_k - EX| > \varepsilon} (x_k - EX)^2 p_k$$

Wenn wir in der letzten Summe bei jedem Summanden den Faktor $(x_k - EX)^2$ durch die kleinere Zahl ε^2 ersetzen, kann sich der Wert dieser Summe wiederum höchstens verkleinern:

$$D^2X \geqq \sum_{k:\,|x_k - EX| > \varepsilon} (x_k - EX)^2 p_k \geqq \sum_{k:\,|x_k - EX| > \varepsilon} \varepsilon^2 p_k = \varepsilon^2 \sum_{k:\,|x_k - EX| > \varepsilon} p_k$$

Die ganz rechts stehende Summe gibt nach der Additionsregel für Wahrscheinlichkeiten unvereinbarer Ereignisse (↗ 65, Abschnitt 4.1., Axiom 4) gerade die Wahrscheinlichkeit dafür an, daß die Zufallsgröße X irgendeinen Wert x_k annimmt, für den $|x_k - EX| > \varepsilon$ gilt, d. h., diese Summe ist gleich der Wahrscheinlichkeit $P(|X - EX| > \varepsilon)$:

$$D^2X \geqq \varepsilon^2 \sum_{k:\, |x_k - EX| > \varepsilon} p_k = \varepsilon^2 P(|X - EX| > \varepsilon)$$

Hieraus erhalten wir $P(|X - EX| > \varepsilon) \leqq \frac{D^2X}{\varepsilon^2}$, womit die TSCHEBYSCHEWsche Ungleichung für den Fall diskreter Zufallsgrößen bewiesen ist.

b) Es sei X eine stetige, durch die Wahrscheinlichkeitsdichte f gekennzeichnete Zufallsgröße. Dann gilt definitionsgemäß $D^2X = \int\limits_{-\infty}^{\infty} (x - EX)^2 f(x)\, dx$. Der Wert dieses Integrals wird höchstens verkleinert, wenn wir nur über diejenigen Zahlen x integrieren, für die $|x - EX| > \varepsilon$ gilt, da der Integrand eine nichtnegative Funktion ist:

$$D^2X = \int\limits_{-\infty}^{\infty} (x - EX)^2 f(x)\, dx \geqq \int\limits_{-\infty}^{EX-\varepsilon} (x - EX)^2 f(x)\, dx + \int\limits_{EX+\varepsilon}^{\infty} (x - EX)^2 f(x)\, dx$$

Wenn wir in den beiden rechtsstehenden Integralen den als Faktor bei den Integranden auftretenden Ausdruck $(x - EX)^2$ durch die in beiden Integrationsbereichen kleinere Zahl ε^2 ersetzen, kann sich der Wert jedes dieser Integrale höchstens verkleinern:

$$\begin{aligned} D^2X &= \int\limits_{-\infty}^{EX-\varepsilon} (x - EX)^2 f(x)\, dx + \int\limits_{EX+\varepsilon}^{\infty} (x - EX)^2 f(x)\, dx \\ &\geqq \varepsilon^2 \left(\int\limits_{-\infty}^{EX-\varepsilon} f(x)\, dx + \int\limits_{EX+\varepsilon}^{\infty} f(x)\, dx \right) \end{aligned}$$

Nun gilt unter Beachtung von $\int\limits_{-\infty}^{\infty} f(x)\, dx = 1$ und der Beziehung $P(\overline{A}) = 1 - P(A)$:

$$\begin{aligned} \int\limits_{-\infty}^{EX-\varepsilon} f(x)\, dx + \int\limits_{EX+\varepsilon}^{\infty} f(x)\, dx &= \int\limits_{-\infty}^{\infty} f(x)\, dx - \int\limits_{EX-\varepsilon}^{EX+\varepsilon} f(x)\, dx \\ &= 1 - P(EX - \varepsilon \leqq X \leqq EX + \varepsilon) \\ &= 1 - P(-\varepsilon \leqq X - EX \leqq \varepsilon) \\ &= 1 - P(|X - EX| \leqq \varepsilon) \\ &= P(|X - EX| > \varepsilon) \end{aligned}$$

Damit ergibt sich für D^2X insgesamt die Abschätzung

$$D^2X \geqq \varepsilon^2 \left(\int\limits_{-\infty}^{EX-\varepsilon} f(x)\, dx + \int\limits_{EX+\varepsilon}^{\infty} f(x)\, dx \right) = \varepsilon^2 P(|X - EX| > \varepsilon),$$

womit die TSCHEBYSCHEWsche Ungleichung auch im Fall stetiger Zufallsgrößen bewiesen ist.

Bemerkungen:

1. Die TSCHEBYSCHEWsche Ungleichung hat offensichtlich nur für solche Zufallsgrößen einen Sinn, die Erwartungswert und Streuung besitzen (vgl. dazu die Bemerkungen in den Abschnitten 6.2., 6.3., 8.2. und 8.3.).

2. Die TSCHEBYSCHEWsche Ungleichung ist nur für positive Zahlen ε von Interesse, die größer als die Standardabweichung $\sqrt{D^2X}$ der betrachteten Zufallsgröße X sind. (Im Falle $\varepsilon \leqq \sqrt{D^2X}$ gilt $\frac{D^2X}{\varepsilon^2} \geqq 1$; da aber die Wahrscheinlichkeit jedes zufälligen Ereignisses nicht größer als Eins ist, liefert die TSCHEBYSCHEWsche Ungleichung $P(|X - EX| > \varepsilon) \leqq \frac{D^2X}{\varepsilon^2}$ im Falle $\varepsilon \leqq \sqrt{D^2X}$ keinerlei zusätzliche Information.)

Die große Bedeutung der TSCHEBYSCHEWschen Ungleichung liegt darin, daß man die Wahrscheinlichkeit einer Abweichung der Zufallsgröße von ihrem Erwartungswert um mehr als eine vorgegebene positive Zahl allein an Hand der Streuung dieser Zufallsgröße nach oben abschätzen kann, ohne irgendwelche weiteren Einzelheiten der Wahrscheinlichkeitsverteilung der betrachteten — diskreten oder stetigen — Zufallsgröße zu kennen.

Setzen wir in der TSCHEBYSCHEWschen Ungleichung speziell $\varepsilon = 3\sqrt{D^2X}$, so erhalten wir die folgende interessante Aussage:

▷ $$P(|X - EX| \leqq 3\sqrt{D^2X}) \geqq 1 - \frac{D^2X}{(3\sqrt{D^2X})^2} = 1 - \frac{1}{9} = \frac{8}{9} \approx 0{,}89\,,$$

d. h., die Wahrscheinlichkeit dafür, daß eine beliebige Zufallsgröße X von ihrem Erwartungswert um nicht mehr als das Dreifache der Standardabweichung abweicht, beträgt mindestens 0,89;

oder — anschaulich gesprochen — für jede beliebige Zufallsgröße X entfallen auf das Intervall $[EX - 3\sqrt{D^2X},\ EX + 3\sqrt{D^2X}]$ mindestens 89% der Gesamtwahrscheinlichkeitsmasse.

Es liegt in der Natur der Sache, daß eine so allgemeine Aussage wie die TSCHEBYSCHEWsche Ungleichung — die also von der Wahrscheinlichkeitsverteilung der betrachteten Zufallsgröße nicht mehr als Erwartungswert und Streuung in Anspruch nimmt — in Spezialfällen sehr grob sein kann.

□ BEISPIEL 10/1:

Besitzt die Zufallsgröße X eine Normalverteilung mit den Parametern μ und σ^2, so erhält man (↗ 181, Abschnitt 9.3.):

$$P(|X - EX| \leqq 3\sqrt{D^2X}) = P(|X - \mu| \leqq 3\sigma)$$
$$= P(\mu - 3\sigma \leqq X \leqq \mu + 3\sigma) \approx 0{,}997$$

Die TSCHEBYSCHEWsche Ungleichung liefert hingegen nur die Aussage, daß die betrachtete Wahrscheinlichkeit mindestens 0,89 beträgt.

Diese letzte Bemerkung und das damit zusammenhängende Beispiel schmälern aber nicht die Bedeutung, die der TSCHEBYSCHEWschen Ungleichung insbesondere bei theoretischen Untersuchungen zukommt. So werden wir in den folgenden zwei Abschnitten unter wesentlicher Verwendung dieser Ungleichung zwei wichtige Spezialfälle des sogenannten Gesetzes der großen Zahlen beweisen, die von größter Bedeutung sind.

10.2. Relative Häufigkeit und Wahrscheinlichkeit

Wir knüpfen an die im Abschnitt 7.2. (↗ 146 f.) durchgeführten Überlegungen hinsichtlich des Zusammenhangs zwischen der relativen Häufigkeit und der Wahrscheinlichkeit eines zufälligen Ereignisses an.
Ausgangspunkt dieser Überlegungen war ein beliebiges zufälliges Ereignis A, das im Rahmen eines zufälligen Versuchs die Wahrscheinlichkeit $P(A) = p$ $(0 < p < 1)$ besitzt. Die in einer konkreten Versuchsreihe von n unabhängig voneinander durchgeführten Wiederholungen dieses Versuchs ermittelte relative Häufigkeit des Ereignisses A interpretierten wir als Realisierung einer Zufallsgröße Y_n, die mit der (zufälligen) Anzahl X_n des Eintretens von A in diesen n Versuchen über die Beziehung $Y_n = \frac{X_n}{n}$ zusammenhängt. Hieraus gewannen wir unter Beachtung der Tatsache, daß X_n eine mit den Parametern n und p binomialverteilte Zufallsgröße ist und demzufolge $EX_n = np$ und $D^2X_n = np\,(1 - p)$ gilt, die Beziehungen

$$EY_n = p \quad \text{und}$$
$$D^2Y_n = \frac{p\,(1-p)}{n}.$$

Die Interpretation dieser Beziehungen machte plausibel, daß die in einer konkreten Versuchsreihe ermittelte relative Häufigkeit ein geeigneter Schätzwert für die Wahrscheinlichkeit ist und daß dieser Schätzwert einen um so besseren Näherungswert für die Wahrscheinlichkeit darstellen wird, je größer die Anzahl n der durchgeführten Versuche ist. Die folgenden Überlegungen sollen nun diese Aussagen mathematisch begründen.
Dazu schreiben wir die TSCHEBYSCHEWsche Ungleichung (↗ 193, Abschnitt 10.1.) für die Zufallsgröße Y_n auf:

$$P(|Y_n - EY_n| > \varepsilon) \leqq \frac{D^2 Y_n}{\varepsilon^2},$$

oder — in äquivalenter Formulierung —

$$P(|Y_n - EY_n| \leqq \varepsilon) \geqq 1 - \frac{D^2 Y_n}{\varepsilon^2}.$$

Setzen wir nun die oben angegebenen Beziehungen $EY_n = p$ und $D^2Y_n = \frac{p\,(1-p)}{n}$ in diese Ungleichungen ein, so erhalten wir

$$P(|Y_n - p| > \varepsilon) \leqq \frac{p\,(1-p)}{n\,\varepsilon^2}$$

bzw.

$$P(|Y_n - p| \leqq \varepsilon) \geqq 1 - \frac{p\,(1-p)}{n\,\varepsilon^2}.$$

Hieraus gewinnen wir durch den Grenzübergang $n \to \infty$ die folgenden gleichwertigen — für jede positive Zahl ε gültigen — Aussagen:

▷ $$\lim_{n\to\infty} P(|Y_n - p| > \varepsilon) = 0$$
und
$$\lim_{n\to\infty} P(|Y_n - p| \leqq \varepsilon) = 1$$

Die Wahrscheinlichkeit dafür, daß die (als Zufallsgröße aufgefaßte) relative Häufigkeit des Ereignisses A in n Versuchen von der Wahrscheinlichkeit p dieses Ereignisses um mehr als eine beliebig vorgegebene positive Zahl ε abweicht, konvergiert also mit wachsender Versuchszahl n ($n \to \infty$) gegen Null. Dies bedeutet, daß eine solche Abweichung — unabhängig davon, wie ε vorgegeben wird — praktisch unmöglich ist, wenn die Anzahl n der durchgeführten Versuche genügend groß ist; mit anderen Worten, es ist praktisch sicher, daß die relative Häufigkeit in ein symmetrisch um die Wahrscheinlichkeit p des Ereignisses A liegendes Intervall beliebiger — insbesondere beliebig kleiner — Länge fällt, wenn nur n genügend groß ist.

Die angegebenen Grenzwertbeziehungen, die einen wichtigen Spezialfall des sogenannten Gesetzes der großen Zahlen beinhalten, zeigen, in welcher Weise die Folge (Y_n) der als Zufallsgrößen aufgefaßten relativen Häufigkeiten eines Ereignisses A in n Versuchen mit wachsender Versuchsanzahl n ($n \to \infty$) gegen die Wahrscheinlichkeit p des Ereignisses A konvergiert und rechtfertigen die Verwendung der relativen Häufigkeit als Schätzwert für die Wahrscheinlichkeit; sie zeigen überdies, daß die relative Häufigkeit im allgemeinen ein um so besserer Schätzwert für die Wahrscheinlichkeit sein wird, je größer die Anzahl der durchgeführten Versuche ist.
Abschließend wollen wir noch darauf hinweisen, daß man die obigen Grenzwertbeziehungen — und darüber hinaus auch diesbezügliche quantitative Aussagen — auch aus der im Zusammenhang mit dem Grenzwertsatz von MOIVRE-LAPLACE angegebenen Näherungsformel (für die Wahrscheinlichkeit des Hineinfallens einer binomialverteilten Zufallsgröße in irgendein Intervall $[a, b]$, vgl. Abschnitt 9.3., ↗ 188) gewinnen kann. Von dieser Möglichkeit haben wir aber deshalb keinen Gebrauch gemacht, weil die erwähnte Näherungsformel nicht bewiesen wurde.

10.3. Arithmetisches Mittel und Erwartungswert

Im Zusammenhang mit der Definition des Erwartungswertes einer Zufallsgröße (↗ 112, Abschnitt 6.2., und ↗ 165, Abschnitt 8.2.) haben wir darauf hingewiesen, daß das arithmetische Mittel $\frac{y_1 + y_2 + \ldots + y_n}{n}$ von n unabhängig voneinander gewonnenen Realisierungen $y_1, y_2, \ldots, y_n$ einer Zufallsgröße X ein geeigneter Schätzwert für den Erwartungswert EX dieser Zufallsgröße ist und daß dieser Schätzwert ein um so besserer Näherungswert für den Erwartungswert sein wird, je größer die Anzahl n der verwendeten Realisierungen dieser Zufallsgröße ist. Die folgenden Überlegungen werden nun diese Aussagen mathematisch begründen.
Es sei X eine Zufallsgröße mit dem Erwartungswert EX und der Streuung D^2X. (Die Existenz der Größen EX und D^2X ist hierbei vorausgesetzt; hingegen kommt es nicht darauf an, ob diese Größen im konkreten Fall zahlenmäßig bekannt sind oder nicht. Dabei ist es auch gleichgültig, ob X eine diskrete oder eine stetige Zufallsgröße ist.) Weiter seien $y_1, y_2, \ldots, y_n$ unabhängig voneinander gewonnene Realisierungen der Zufallsgröße X.

Wir fassen die Zahlen y_k als Realisierungen unabhängiger und identisch wie X verteilter Zufallsgrößen X_k auf ($k = 1, 2, \ldots, n$). Insbesondere gelten dann die Beziehungen $EX_k = EX$ und $D^2X_k = D^2X$ ($k = 1, 2, \ldots, n$). Wir betrachten nun das arithmetische Mittel dieser Zufallsgrößen, d. h. die Zufallsgröße

$$\overline{X}_n = \frac{X_1 + X_2 + \ldots + X_n}{n},$$

und erkennen speziell, daß $\frac{y_1 + y_2 + \ldots + y_n}{n}$ eine Realisierung dieser Zufallsgröße ist. (Die folgenden Überlegungen gelten ganz allgemein für das arithmetische Mittel von n identisch (wie X) verteilten unabhängigen Zufallsgrößen $X_1, X_2, \ldots, X_n$, sind also unabhängig davon, wie man zu diesen Zufallsgrößen gelangt.)
Unter Verwendung bekannter Rechenregeln für Erwartungswerte (↗112 ff., Abschnitt 6.2., und ↗ 166, Abschnitt 8.3.) erhalten wir

▷ $$E\,\overline{X}_n = \frac{1}{n}\,E(X_1 + \ldots + X_n) = \frac{1}{n}\,(EX_1 + \ldots + EX_n) = \frac{1}{n}\cdot n\,EX = EX,$$

d. h., der Erwartungswert des arithmetischen Mittels von n identisch verteilten Zufallsgrößen ist — unabhängig von der Anzahl n der Summanden — gleich dem gemeinsamen Erwartungswert dieser Zufallsgrößen.

Für die Streuung der Zufallsgröße $\overline{X}_n$ ergibt sich auf Grund der Unabhängigkeit der Zufallsgrößen $X_1, X_2, \ldots, X_n$ unter Verwendung entsprechender Rechenregeln (↗121 ff., Abschnitt 6.3., und ↗ 170, Abschnitt 8.3.):

▷ $$\begin{aligned} D^2\overline{X}_n &= \frac{1}{n^2}\,D^2(X_1 + \ldots + X_n) \\ &= \frac{1}{n^2}\,(D^2X_1 + \ldots + D^2X_n) \\ &= \frac{1}{n^2}\cdot n\,D^2X \\ &= \frac{D^2X}{n} \end{aligned}$$

In Worten: Die Streuung des arithmetischen Mittels von n identisch verteilten unabhängigen Zufallsgrößen ist um den Faktor $\frac{1}{n}$ kleiner als die gemeinsame Streuung dieser Zufallsgrößen.

Mit Hilfe der TSCHEBYSCHEWschen Ungleichung gelangen wir auf Grund dieser Beziehungen zu der Aussage

$$P(|\overline{X}_n - EX| > \varepsilon) \leqq \frac{D^2X}{n\,\varepsilon^2} \quad \text{bzw.} \quad P(|\overline{X}_n - EX| \leqq \varepsilon) \geqq 1 - \frac{D^2X}{n\,\varepsilon^2}.$$

Hieraus erhalten wir durch den Grenzübergang $n \to \infty$ die folgende — für jedes positive ε gültige — Gleichung:

▷ $$\lim_{n\to\infty} P(|\overline{X}_n - EX| > \varepsilon) = 0 \quad \text{bzw.} \quad \lim_{n\to\infty} P(|\overline{X}_n - EX| \leqq \varepsilon) = 1.$$

Die Wahrscheinlichkeit dafür, daß das arithmetische Mittel $\overline{X}_n$ der identisch wie X verteilten und unabhängigen Zufallsgrößen $X_1, X_2, \ldots, X_n$ vom Erwartungswert EX der Zufallsgröße X um mehr als eine beliebige positive Zahl ε abweicht, konvergiert also mit wachsender Anzahl n ($n \to \infty$) gegen Null. Dies bedeutet, daß eine solche Abweichung — unabhängig davon, wie ε vorgegeben wird — praktisch unmöglich ist, wenn die Anzahl n der zur Bildung des arithmetischen Mittels verwendeten Summanden genügend groß ist; mit anderen Worten, es ist praktisch sicher, daß das arithmetische Mittel in ein symmetrisch um den Erwartungswert EX liegendes Intervall beliebiger — insbesondere beliebig kleiner — Länge fällt, wenn nur n genügend groß ist.

Man formuliert diesen Sachverhalt gern auch in der folgenden besonders *anschaulichen* Form:
Das arithmetische Mittel einer Folge identisch verteilter und unabhängiger Zufallsgrößen hört mit zunehmender Anzahl der Summanden mehr und mehr auf, eine „echte" Zufallsgröße zu sein.
Dieses soeben anschaulich formulierte spezielle Gesetz der großen Zahlen rechtfertigt offenbar auch, den Erwartungswert EX einer Zufallsgröße X durch das arithmetische Mittel $\frac{y_1 + y_2 + \ldots + y_n}{n}$ von n unabhängig voneinander gewonnenen Realisierungen der Zufallsgröße X zu schätzen; es zeigt überdies, daß das arithmetische Mittel im allgemeinen ein um so besserer Näherungswert für den Erwartungswert sein wird, je größer die Anzahl der bei der Bildung des arithmetischen Mittels verwendeten Realisierungen ist.
Wir weisen noch darauf hin, daß sich die im Abschnitt 10.2. (↗ 196) bewiesene Aussage über den Zusammenhang zwischen der relativen Häufigkeit und der Wahrscheinlichkeit eines zufälligen Ereignisses auch als Spezialfall der oben bewiesenen Aussage herleiten läßt. Dies beruht darauf, daß eine mit den Parametern n und p binomialverteilte Zufallsgröße als Summe von n identisch verteilten unabhängigen Zufallsgrößen mit dem gemeinsamen Erwartungswert p darstellbar ist (↗ 144, Abschnitt 7.2.) und sich demzufolge die (als Zufallsgröße aufgefaßte) relative Häufigkeit als arithmetisches Mittel identisch verteilter unabhängiger Zufallsgrößen interpretieren läßt.
Die in den letzten beiden Abschnitten bewiesenen wichtigen Aussagen haben wir als Spezialfälle des Gesetzes der großen Zahlen bezeichnet. Wir wollen schließlich noch bemerken, daß man jede mathematische Aussage über das Verhalten des arithmetischen Mittels einer großen Anzahl von Zufallsgrößen ein Gesetz der großen Zahlen nennt.

Kapitel 1

1. a) $A \cap B$ ... Die ausgewählte Person ist männlichen Geschlechts und raucht nicht.

   $A \cap \bar{C}$ ... Die ausgewählte Person ist männlichen Geschlechts und wohnt nicht in einem Internat.

   $B \setminus A$ ... Die ausgewählte Person ist eine Nichtraucherin.

   $A \setminus B$ ... Die ausgewählte Person ist ein Raucher.

   $A \triangle B$ ... Die ausgewählte Person ist entweder ein Raucher oder eine Nichtraucherin.

   b) $A \cap B \cap C = A$ gilt genau dann, wenn alle männlichen Vorlesungsteilnehmer nicht rauchen und im Internat wohnen $(A \subset (B \cap C))$.

   c) $\bar{C} \subset B$ gilt genau dann, wenn alle Vorlesungsteilnehmer, die nicht im Internat wohnen, nicht rauchen, d. h., wenn alle Vorlesungsteilnehmer, die rauchen, im Internat wohnen $(\bar{B} \subset C)$.

   d) $\bar{A} = B$ gilt genau dann, wenn alle weiblichen Vorlesungsteilnehmer nicht rauchen $(\bar{A} \subset B)$ und alle männlichen Vorlesungsteilnehmer rauchen $(A \subset \bar{B})$.

2. Wegen $r_1 < r_2 < \cdots < r_{10}$ gilt $A_1 \subset A_2 \subset \cdots \subset A_{10}$.

   a) B ... Treffer im Kreis mit dem Radius r_6 $(B = A_6)$.

   b) C ... Treffer im Kreis mit dem Radius r_1 $(C = A_1)$.

   c) D ... Treffer im Kreisring, der von den Kreisen mit den Radien r_1 und r_2 begrenzt wird.

3. $D = \bar{A}\,, \quad E = \bar{C}\,, \quad F = A \cap B\,, \quad G = \overline{A \cup B} = \bar{A} \cap \bar{B}\,.$

4. $A = \bar{A}_1 \cap \bar{A}_2 \cap \bar{A}_3\,, \quad B = A_1 \cup A_2 \cup A_3 \quad (= \bar{A})\,,$

   $C = (A_1 \cap \bar{A}_2 \cap \bar{A}_3) \cup (\bar{A}_1 \cap A_2 \cap \bar{A}_3) \cup (\bar{A}_1 \cap \bar{A}_2 \cap A_3)\,.$

5. $C = A \cap (B_1 \cup B_2)$, $\quad \bar{C} = \bar{A} \cup (\bar{B}_1 \cap \bar{B}_2)$.

6. a) $A = A_1 \cup A_2 \cup \ldots \cup A_n$, $\quad \bar{A} = \overline{A_1 \cup A_2 \cup \ldots \cup A_n} = \bar{A}_1 \cap \bar{A}_2 \cap \ldots \cap \bar{A}_n$.
b) $A = A_1 \cap A_2 \cap \ldots \cap A_n$, $\quad \bar{A} = \overline{A_1 \cap A_2 \cap \ldots \cap A_n} = \bar{A}_1 \cup \bar{A}_2 \cup \ldots \cup \bar{A}_n$.

Kapitel 2

2. a) Es gilt $\emptyset \cup \emptyset = \emptyset$ und demzufolge $h_n(\emptyset \cup \emptyset) = h_n(\emptyset)$.
Wegen $\emptyset \cap \emptyset = \emptyset$ gilt nach (3) $h_n(\emptyset \cup \emptyset) = h_n(\emptyset) + h_n(\emptyset)$.
Wir erhalten $h_n(\emptyset) = h_n(\emptyset) + h_n(\emptyset)$, woraus a) folgt.
b) Es gilt $A \cup \bar{A} = \Omega$ und also nach (2) $h_n(A \cup \bar{A}) = h_n(\Omega) = 1$.
Wegen $A \cap \bar{A} = \emptyset$ gilt $h_n(A \cup \bar{A}) = h_n(A) + h_n(\bar{A})$ nach (3).
Wir erhalten $1 = h_n(A) + h_n(\bar{A})$, woraus b) folgt.
c) Aus $A \subset B$ folgt $B = A \cup (B \cap \bar{A})$ mit $A \cap (B \cap \bar{A}) = \emptyset$.
Wegen (3) gilt somit $h_n(B) = h_n(A \cup (B \cap \bar{A})) = h_n(A) + h_n(B \cap \bar{A})$. Aus $h_n(B \cap \bar{A}) \geqq 0$ (nach (1)) folgt $h_n(A) \leqq h_n(B)$.

Kapitel 3

1. $P(A) = \frac{1}{2}$, $P(B) = \frac{1}{3}$, $P(C) = \frac{1}{6}$, $P(D) = \frac{1}{2}$, $P(E) = \frac{5}{6}$, $P(F) = \frac{1}{6}$, $P(G) = \frac{1}{3}$.

2. $P(A) = \frac{3}{36} = \frac{1}{12}$, $\quad P(B) = \frac{9}{36} = \frac{1}{4}$, $\quad P(C) = \frac{11}{36}$.

3. Es gibt $\binom{5}{3} = \frac{5 \cdot 4 \cdot 3}{1 \cdot 2 \cdot 3} = 10$ Möglichkeiten, aus den fünf Strecken drei auszuwählen. Für das betrachtete Ereignis gibt es drei günstige Möglichkeiten. (Man beachte, daß sich aus drei Strecken genau dann ein Dreieck bilden läßt, wenn die Summe der beiden kleineren Strecken größer als die größte Strecke ist.) Damit ergibt sich für die gesuchte Wahrscheinlichkeit $\frac{3}{10}$.

4. $P(A) = \dfrac{\binom{2}{1}\binom{8}{4}}{\binom{10}{5}} = \dfrac{5}{9}$, $\quad P(B) = \dfrac{\binom{2}{2}\binom{8}{3}}{\binom{10}{5}} = \dfrac{2}{9}$.
Wegen $C = A \cup B$ mit $A \cap B = \emptyset$ gilt $P(C) = P(A) + P(B) = \frac{7}{9}$.

5. $P(A) = \dfrac{\binom{3}{0}\binom{7}{2}}{\binom{10}{2}} = \dfrac{7}{15}$.

6. $P(A) = \dfrac{2!2!2!}{10!} = \dfrac{2 \cdot 2 \cdot 2}{1 \cdot 2 \cdot 3 \cdot 4 \cdot 5 \cdot 6 \cdot 7 \cdot 8 \cdot 9 \cdot 10} = \dfrac{1}{453\,600} \approx 0{,}000002$.

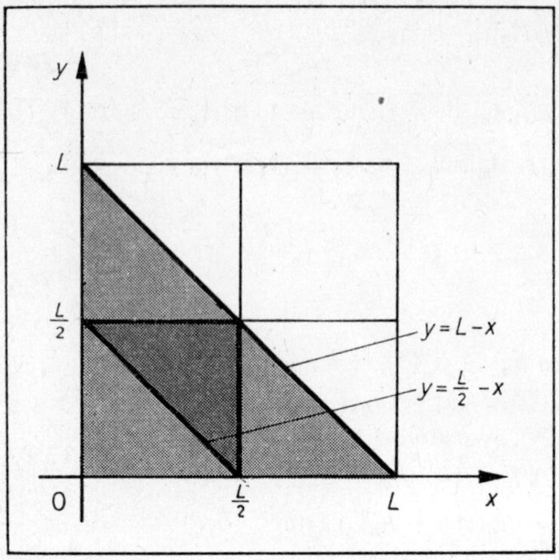

Bild 46

7. $P(A) = \frac{5}{6} = 0{,}833$, $h_{100}(A) = 0{,}830$,
$P(B) = \frac{1}{2} = 0{,}500$, $h_{100}(B) = 0{,}490$,
$P(A \cap B) = \frac{2}{6} = 0{,}333$, $h_{100}(A \cap B) = 0{,}320$,
$P(A/B) = \frac{2}{3} = 0{,}667$, $h_{100}(A/B) = 0{,}653$,
$P(B/A) = \frac{2}{5} = 0{,}400$, $h_{100}(B/A) = 0{,}386$.

8. Längen der Teilstücke: $x, y, L - (x + y)$.
Es gilt $0 \leqq x \leqq L$, $0 \leqq y \leqq L$, $0 \leqq L - (x + y) \leqq L$. Aus den drei Teilstücken mit den Längen $x, y, L - (x + y)$ kann genau dann ein Dreieck gebildet werden, wenn keines der Teilstücke $\geqq \frac{L}{2}$ ist und jedes der Teilstücke eine positive Länge besitzt, d. h. wenn

$$0 < x < \frac{L}{2},$$
$$0 < y < \frac{L}{2},$$
$$0 < L - (x + y) < \frac{L}{2}$$

gilt. Stellen wir die Längen x und y als Punkte in der Ebene dar, so liegen alle diese Punkte (x, y) im schwach gerasterten Bereich; die für das betrachtete Ereignis günstigen Punkte (x, y) liegen im stark gerasterten Bereich (Bild 46). Mittels der geometrischen Definition der Wahrscheinlichkeit in der Ebene erhalten wir für die gesuchte Wahrscheinlichkeit

$$\frac{\frac{1}{2} \cdot \frac{L}{2} \cdot \frac{L}{2}}{\frac{L \cdot L}{2}} = \frac{1}{4}.$$

Kapitel 4

1. Es gilt $\bigcup_{i=1}^{n} A_i = \Omega$ und also nach Axiom 2 die Beziehung $P(\bigcup_{i=1}^{n} A_i) = P(\Omega) = 1$. Wegen $A_i \cap A_j = \emptyset$ $(i \neq j)$ folgt auf Grund der im Anschluß an Axiom 3 bewiesenen Aussage $P(\bigcup_{i=1}^{n} A_i) = \sum_{i=1}^{n} P(A_i)$. Damit ergibt sich

   $\sum_{i=1}^{n} P(A_i) = 1$, w. z. b. w.

2. Es gilt $(A \cap B) \subset A$ und $A \subset (A \cup B)$, woraus sich mit Eigenschaft (4) aus Abschnitt 4.2. $P(A \cap B) \leqq P(A)$ und $P(A) \leqq P(A \cup B)$ ergibt. Wegen
   $P(A \cup B) = P(A) + P(B) - P(A \cap B)$ (Eigenschaft (3) aus Abschnitt 4.2.)
   und
   $P(A \cap B) \geqq 0$ (Axiom 1)
   folgt
   $P(A \cup B) \leqq P(A) + P(B)$.
   Damit ergibt sich insgesamt die zu beweisende Ungleichungskette.

3. Voraussetzungsgemäß gilt $(A \cap B) \subset C$ und demzufolge $P(A \cap B) \leqq P(C)$ (Eigenschaft (4) aus Abschnitt 4.2.). Wegen
   $P(A \cup B) = P(A) + P(B) - P(A \cap B)$ (Eigenschaft (3) aus Abschnitt 4.2.)
   und
   $P(A \cup B) \leqq 1$ (Axiom 1)
   folgt
   $1 \geqq P(A) + P(B) - P(A \cap B)$,
   d. h.,
   $P(A \cap B) \geqq P(A) + P(B) - 1$.
   Insgesamt ergibt sich also
   $P(A) + P(B) - 1 \leqq P(C)$, w. z. b. w.

4. Es gilt $A \cup B = (A \cap \bar{B}) \cup B$ mit $(A \cap \bar{B}) \cap B = \emptyset$ und demzufolge
   $P(A \cup B) = P(A \cap \bar{B}) + P(B)$ (Axiom 3),
   woraus
   $P(A \cap \bar{B}) = P(A \cup B) - P(B) = q - p$ folgt.
   Es gilt $\bar{A} \cap \bar{B} = \overline{A \cup B}$ (↗ 28, Abschnitt 1.3.) und somit auf Grund von Eigenschaft (2) aus Abschnitt 4.2. die Beziehung
   $P(\bar{A} \cap \bar{B}) = P(\overline{A \cup B}) = 1 - P(A \cup B) = 1 - q$.

5. $P(A) = p_4 + p_5 + p_6 = \frac{7}{12}$
   $P(B) = 1 - p_2 - p_5 = \frac{29}{42}$
   $P(C) = p_1 + p_2 + p_3 = \frac{5}{12}$.

Kapitel 5

1. A_k ... Es wird bei der k-ten Ziehung ein As gezogen. $(k = 1, 2)$
Gesucht: $P(A_1 \cap A_2)$
a) mit Zurücklegen: $P(A_1 \cap A_2) = P(A_1)\, P(A_2) = \frac{4}{32} \cdot \frac{4}{32} = \frac{1}{64} \approx 0{,}016$,
b) ohne Zurücklegen: $P(A_1 \cap A_2) = P(A_2/A_1)\, P(A_1) = \frac{3}{31} \cdot \frac{4}{32} = \frac{3}{248} \approx 0{,}012$.

2. A_k ... Verbesserung beim k-ten Versuch. $(k = 1, 2)$
Gesucht: $P(A_1 \cup A_2)$

$$\begin{aligned} P(A_1 \cup A_2) &= P(A_1) + P(A_2) - P(A_1 \cap A_2) \\ &= P(A_1) + P(A_2) - P(A_1) \cdot P(A_2) \\ &= p + p - p \cdot p = p\,(2 - p). \end{aligned}$$

3. A_k ... Ausfall von B_k im gegebenen Zeitraum. $(k = 1, 2, 3)$
A ... Ausfall des Systems im gegebenen Zeitraum.
Gesucht: $P(A)$

a) $$\begin{aligned} P(A) &= P(A_1 \cup A_2 \cup A_3) = 1 - P(\overline{A_1 \cup A_2 \cup A_3}) \\ &= 1 - P(\bar{A}_1 \cap \bar{A}_2 \cap \bar{A}_3) \\ &= 1 - P(\bar{A}_1)\, P(\bar{A}_2)\, P(\bar{A}_3) \\ &= 1 - (1 - p_1)\,(1 - p_2)\,(1 - p_3) = 0{,}1621\,. \end{aligned}$$

b) $P(A) = P(A_1 \cap A_2 \cap A_3) = P(A_1)\, P(A_2)\, P(A_3) = p_1 \cdot p_2 \cdot p_3 = 0{,}0001\,.$

4. $p = 1 - \left(1 - \frac{1}{10}\right)^{10} = 0{,}65$ (vgl. dazu Abschnitt 5.3., ↗ 89).

5. A_k ... Es wird mit dem k-ten Gewehr geschossen. $(k = 1, 2, 3)$
B ... Das Ziel wird getroffen.
Entsprechend der Aufgabenstellung gilt $P(A_1) = P(A_2) = P(A_3) = \frac{1}{3}$,
$P(B/A_1) = \frac{3}{4}$, $P(B/A_2) = \frac{17}{20}$, $P(B/A_3) = \frac{1}{20}$.

a) *Gesucht:* $P(B)$

$$P(B) = \sum_{k=1}^{3} P(B/A_k)\, P(A_k) = \frac{1}{3} \cdot \left(\frac{3}{4} + \frac{17}{20} + \frac{1}{20}\right) = \frac{11}{20}\,.$$

(Formel der totalen Wahrscheinlichkeit)

b) *Gesucht:* $P(A_k/B)$ $(k = 1, 2, 3)$

Mit $P(A_k/B) = \frac{P(B/A_k)\, P(A_k)}{P(B)}$ (Bayessche Formel) erhält man

$$P(A_1/B) = \frac{15}{33} = \frac{5}{11}, \qquad P(A_2/B) = \frac{17}{33}, \qquad P(A_3/B) = \frac{1}{33}\,.$$

6. A_k ... Es wird das Fernsehgerät Nr. k ausgewählt. $(k = 1, 2, 3, 4)$
B ... Es ist keine Reparatur in der Garantiezeit erforderlich.
Entsprechend der Aufgabenstellung gilt $P(A_k) = \frac{1}{4}$ $(k = 1, 2, 3, 4)$,
$P(B/A_1) = 0{,}80$, $P(B/A_2) = 0{,}85$, $P(B/A_3) = 0{,}90$, $P(B/A_4) = 0{,}95$.

Gesucht: $P(B)$

$$P(B) = \sum_{k=1}^{4} P(B/A_k)\, P(A_k) = \tfrac{1}{4} \cdot (0{,}80 + 0{,}85 + 0{,}90 + 0{,}95) = 0{,}875\,.$$

(Formel der totalen Wahrscheinlichkeit)

7. A ... Die ausgewählte Person ist Tbc-krank.
B ... Die Röntgen-Untersuchung liefert Tbc-Verdacht.

Gesucht: $P(A/B)$

Bekannt: $P(B/A) = 0{,}90$ ($\Rightarrow P(\bar{B}/A) = 0{,}10$),
$P(\bar{B}/\bar{A}) = 0{,}99$ ($\Rightarrow P(B/\bar{A}) = 0{,}01$), $P(A) = 0{,}001$ ($\Rightarrow P(\bar{A}) = 0{,}999$).

Nun gilt

$$P(A/B) = \frac{P(B/A)\,P(A)}{P(B)} = \frac{P(B/A)\,P(A)}{P(B/A)\,P(A) + P(B/\bar{A})\,P(\bar{A})}$$

(Bayessche Formel, Formel der totalen Wahrscheinlichkeit).

Damit ergibt sich

$$P(A/B) = \frac{0{,}90 \cdot 0{,}001}{0{,}90 \cdot 0{,}001 + 0{,}01 \cdot 0{,}999} \approx 0{,}083 = 8{,}3\%.$$

(Nur wenig mehr als 8% der Personen, bei denen die Röntgen-Untersuchung einen Tbc-Verdacht liefert, sind also wirklich Tbc-krank.)

Kapitel 6

1. A_k ... Das k-te Gerät ist defekt. ($k = 1, 2, 3, 4, 5$)
Die Ereignisse A_k sind unabhängig, und es gilt $P(A_k) = 0{,}1$.
Werte von X: 1, 2, 3, 4, 5.

$P(X = 1) = P(A_1) = 0{,}1$

$P(X = 2) = P(\bar{A}_1 \cap A_2) = P(\bar{A}_1)\, P(A_2) = 0{,}9 \cdot 0{,}1 = 0{,}09$

$P(X = 3) = P(\bar{A}_1 \cap \bar{A}_2 \cap A_3) = 0{,}9 \cdot 0{,}9 \cdot 0{,}1 = 0{,}081$

$P(X = 4) = P(\bar{A}_1 \cap \bar{A}_2 \cap \bar{A}_3 \cap A_4) = 0{,}9 \cdot 0{,}9 \cdot 0{,}9 \cdot 0{,}1 = 0{,}0729$

$P(X = 5) = P(\bar{A}_1 \cap \bar{A}_2 \cap \bar{A}_3 \cap \bar{A}_4) = 0{,}9 \cdot 0{,}9 \cdot 0{,}9 \cdot 0{,}9 = 0{,}6561\,.$

Verteilungstabelle von X:

1	2	3	4	5
0,1	0,09	0,081	0,0729	0,6561

2. A_k ... Die k-te Ampel steht auf „grün“. ($k = 1, 2, 3$)
Die Ereignisse A_k sind unabhängig, und es gilt $P(A_k) = \frac{1}{2}$.
Werte von X: 0, 1, 2, 3.

$P(X = 0) = P(\bar{A}_1) = 0{,}5$

$P(X = 1) = P(A_1 \cap \bar{A}_2) = 0{,}5 \cdot 0{,}5 = 0{,}25$

$P(X = 2) = P(A_1 \cap A_2 \cap \bar{A}_3) = 0{,}5 \cdot 0{,}5 \cdot 0{,}5 = 0{,}125$

$P(X = 3) = P(A_1 \cap A_2 \cap A_3) = 0{,}5 \cdot 0{,}5 \cdot 0{,}5 = 0{,}125\,.$

Verteilungstabelle von X:

0	1	2	3
0,5	0,25	0,125	0,125

3. a) $EX = 1 \cdot 0{,}1 + 2 \cdot 0{,}09 + 3 \cdot 0{,}081 + 4 \cdot 0{,}0729 + 5 \cdot 0{,}6561 = 4{,}0951$

b) $EX = 0 \cdot 0{,}5 + 1 \cdot 0{,}25 + 2 \cdot 0{,}125 + 3 \cdot 0{,}125 = 0{,}875$.

4. a)

1	2	3	4	5	6	8	9	10
$\frac{1}{36}$	$\frac{2}{36}$	$\frac{2}{36}$	$\frac{3}{36}$	$\frac{2}{36}$	$\frac{4}{36}$	$\frac{2}{36}$	$\frac{1}{36}$	$\frac{2}{36}$
12	15	16	18	20	24	25	30	36
$\frac{4}{36}$	$\frac{2}{36}$	$\frac{1}{36}$	$\frac{2}{36}$	$\frac{2}{36}$	$\frac{2}{36}$	$\frac{1}{36}$	$\frac{2}{36}$	$\frac{1}{36}$

b) $$\begin{aligned} E(X \cdot Y) &= \tfrac{1}{36} \cdot (1 \cdot 1 + 2 \cdot 2 + 3 \cdot 2 + 4 \cdot 3 + 5 \cdot 2 + 6 \cdot 4 + 8 \cdot 2 + 9 \cdot 1 \\ &\quad + 10 \cdot 2 + 12 \cdot 4 + 15 \cdot 2 + 16 \cdot 1 + 18 \cdot 2 + 20 \cdot 2 \\ &\quad + 24 \cdot 2 + 25 \cdot 1 + 30 \cdot 2 + 36 \cdot 1) \\ &= \tfrac{441}{36} = \tfrac{49}{4}. \end{aligned}$$

c) $E(X \cdot Y) = \frac{49}{4} = \frac{7}{2} \cdot \frac{7}{2} = (EX)\,(EY)$.
(Da die Zufallsgrößen X und Y unabhängig sind, gilt auf Grund von Rechenregel (6) im Abschnitt 6.2. (↗ 117) die Beziehung $E(X \cdot Y) = (EX)\,(EY)$. Bei Verwendung dieser Rechenregel hätte man sich zur Ermittlung von $E(X \cdot Y)$ die unter a) und b) angegebenen Rechnungen ersparen können.)

5. $EX = EY = EZ = 0$

$D^2X = \frac{2}{100}$, $\quad D^2Y = \frac{2}{3}$, $\quad D^2Z = 50$.

6. $g(c) = E(X - c)^2 = E(X^2 - 2\,c\,X + c^2) = EX^2 - 2\,c\,(EX) + c^2$

$\frac{dg(c)}{dc} = -\,2\,EX + 2\,c$, $\qquad \frac{dg(c)}{dc} = 0 \Leftrightarrow c = EX$

$\frac{d^2g(c)}{dc^2} = 2 > 0$ (unabhängig von c).

Diese Beziehungen zeigen, daß die Funktion g genau ein Minimum besitzt. Dieses Minimum liegt an der Stelle EX; der Funktionswert an dieser Stelle ist gleich $E(X - EX)^2 = D^2X$. (Damit ist erneut die in der Eigenschaft (2), Abschnitt 6.3. (↗ 122), formulierte Behauptung bewiesen.)

7. a) 0, 1, 2.

b) Wir denken uns die Kinder einer Familie mit zwei Kindern entsprechend ihrem Alter numeriert.

A_k ... Das k-te Kind ist ein Mädchen. ($k = 1, 2$)

Die Ereignisse A_k sind unabhängig und es gilt

$P(A_k) = \frac{1}{2}$ und demzufolge $P(\bar{A}_k) = \frac{1}{2}$, $\quad k = 1, 2.$

$$P(X=0) = P(\bar{A}_1 \cap \bar{A}_2) = P(\bar{A}_1)\,P(\bar{A}_2) = \frac{1}{2}\cdot\frac{1}{2} = 0{,}25;$$

$$\begin{aligned} P(X=1) &= P((A_1 \cap \bar{A}_2) \cup (\bar{A}_1 \cap A_2)) \\ &= P(A_1 \cap \bar{A}_2) + P(\bar{A}_1 \cap A_2) \\ &= P(A_1)\,P(\bar{A}_2) + P(\bar{A}_1)\,P(A_2) \\ &= \frac{1}{2}\cdot\frac{1}{2} + \frac{1}{2}\cdot\frac{1}{2} = 0{,}50; \end{aligned}$$

$$\begin{aligned} P(X=2) &= P(A_1 \cap A_2) = P(A_1)\,P(A_2) \\ &= \frac{1}{2}\cdot\frac{1}{2} = 0{,}25. \end{aligned}$$

Verteilungstabelle von X:

0	1	2
0,25	0,50	0,25

c) $EX = 0 \cdot 0{,}25 + 1 \cdot 0{,}50 + 2 \cdot 0{,}25 = 1.$

d) $D^2X = (0-1)^2 \cdot 0{,}25 + (1-1)^2 \cdot 0{,}50 + (2-1)^2 \cdot 0{,}25 = 0{,}50.$

Kapitel 7

1. $$D^2X = \frac{1}{n+1}\sum_{k=0}^{n} k^2 - \left(\frac{1}{n+1}\sum_{k=0}^{n} k\right)^2 = \frac{n\,(n+1)\left(n+\frac{1}{2}\right)}{3\,(n+1)} - \left(\frac{n\,(n+1)}{2\,(n+1)}\right)^2 = \frac{n\,(n+2)}{12}.$$

$D^2Y = n\,p\,(1-p) \leqq n \cdot \frac{1}{2} \cdot \frac{1}{2} = \frac{n}{4}$, „=“ genau dann, wenn $p = \frac{1}{2}$ gilt. Nun gilt $\frac{n}{4} = \frac{3\,n}{12} \leqq \frac{n^2+2\,n}{12} = \frac{n\,(n+2)}{12}$, „=“ genau dann, wenn $n = 1$. Damit: $D^2Y = n\,p\,(1-p) \leqq \frac{n}{4} \leqq \frac{n\,(n+2)}{12} = D^2X$, also $D^2Y \leqq D^2X$. $D^2Y = D^2X$ gilt somit genau dann, wenn $p = \frac{1}{2}$ und $n = 1$ gilt. In diesem Falle sind die Zufallsgrößen X und Y identisch verteilt.

2. a) X ... Binomialverteilung mit den Parametern n und $P(A) = p$.

Y ... Binomialverteilung mit den Parametern n und $P(\bar{A}) = 1 - p$.

b) $EX + EY = np + n(1-p) = n$,

$D^2X = np(1-p) = n(1-p)\,p = D^2Y$.

c) $$\begin{aligned} P(X \geqq 1) &= 1 - P(X < 1) = 1 - P(X=0) = 1 - \binom{n}{0} p^0 (1-p)^{n-0} \\ &= 1 - (1-p)^n \end{aligned}$$

(in Übereinstimmung mit der am Ende des Abschnitts 5.3. (↗ 89) formulierten und bewiesenen Aussage).

3. Wegen $\binom{n}{k} = \binom{n}{n-k}$ gilt

$$b(k; n, p) = \binom{n}{k} p^k (1-p)^{n-k} = \binom{n}{n-k} (1-p)^{n-k} p^{n-(n-k)} = b(n-k; n, 1-p).$$

4. X ist binomialverteilt mit den Parametern $n = 4$ und $p = \frac{1}{2}$.

a) $P(X = 2) = b(2; 4, 0{,}5) = 0{,}375$
b) $P(X = 3) = b(3; 4, 0{,}5) = 0{,}250$
c) $P(X = 4) = b(4; 4, 0{,}5) = 0{,}062$

(↗ Tafel 1 des Anhangs)

5. X ... zufällige Anzahl der Ausschußbleistifte, binomialverteilt mit den Parametern $n = 4$ und $p = 0{,}20$.

a) $P(X = 0) = b(0; 4, 0{,}20) = 0{,}410$
b) $P(X = 1) = b(1; 4, 0{,}20) = 0{,}410$
c) $P(X \leqq 2) = P(X = 0) + P(X = 1) + P(X = 2)$
$= b(0; 4, 0{,}20) + b(1; 4, 0{,}20) + b(2; 4, 0{,}20)$
$= 0{,}410 + 0{,}410 + 0{,}154$
$= 0{,}974$.

6. X ... zufällige Anzahl der nichtkeimenden Zwiebeln, binomialverteilt mit den Parametern $n = 10$ und $p = 0{,}05$.

$$\begin{aligned} P(A) &= P(X > 1) = 1 - P(X \leqq 1) = 1 - P(X = 0) - P(X = 1) \\ &= 1 - b(0; 10, 0{,}05) - b(1; 10, 0{,}05) \\ &= 1 - 0{,}599 - 0{,}315 \\ &= 0{,}086 \approx 9\% . \end{aligned}$$

7. a) X_1 ... zufällige Anzahl der von A im ersten Wettkampf gewonnenen Partien, binomialverteilt mit den Parametern $n = 4$ und $p = 0{,}6$.

$$\begin{aligned} P(A_1) &= P(X_1 > 2) = P(X_1 = 3) + P(X_1 = 4) \\ &= b(3; 4, 0{,}6) + b(4; 4, 0{,}6) \\ &= b(1; 4, 0{,}4) + b(0; 4, 0{,}4) \\ &= 0{,}346 + 0{,}130 = 0{,}476 . \end{aligned}$$

b) X_2 ... zufällige Anzahl der von A im zweiten Wettkampf gewonnenen Partien, binomialverteilt mit den Parametern $n = 6$ und $p = 0{,}6$.

$$\begin{aligned} P(A_2) &= P(X_2 > 3) = \sum_{k=4}^{6} P(X_2 = k) = \sum_{k=4}^{6} b(k; 6, 0{,}6) \\ &= \sum_{k=4}^{6} b(6-k; 6, 1-0{,}6) = \sum_{j=0}^{2} b(j; 6, 0{,}4) \\ &= 0{,}047 + 0{,}187 + 0{,}311 \\ &= 0{,}545 . \end{aligned}$$

c) $P(A_3) = P(A_1 \cap A_2) = P(A_1)\,P(A_2) = 0{,}476 \cdot 0{,}545 \approx 0{,}259$

d) X ... zufällige Anzahl der von A insgesamt gewonnenen Partien, binomialverteilt mit den Parametern $n = 10$ und $p = 0{,}6$.

$$P(A_4) = P(X > 5) = \sum_{k=6}^{10} P(X = k) = \sum_{k=6}^{10} b(k;\, 10,\, 0{,}6)$$
$$= \sum_{k=6}^{10} b(10 - k;\, 10,\, 1 - 0{,}6) = \sum_{j=0}^{4} b(j;\, 10,\, 0{,}4)$$
$$= 0{,}006 + 0{,}040 + 0{,}121 + 0{,}215 + 0{,}251 = 0{,}633\,.$$

8. a) X ... zufällige Anzahl der Gewinnlose unter den fünf ausgewählten Losen, hypergeometrisch verteilt mit $N = 10$, $M = 2$, $n = 5$.

$$P(A) = P(X = 1) = \frac{\binom{2}{1}\binom{8}{4}}{\binom{10}{5}} = \frac{5}{9},$$

$$P(B) = P(X = 2) = \frac{\binom{2}{2}\binom{8}{3}}{\binom{10}{5}} = \frac{2}{9},$$

$$P(C) = P(X \geqq 1) = P(X = 1) + P(X = 2) = \frac{5}{9} + \frac{2}{9} = \frac{7}{9}\,.$$

b) X ... zufällige Anzahl der brauchbaren Ventile unter den zwei ausgewählten Ventilen,
hypergeometrisch verteilt mit $N = 10$, $M = 7$, $n = 2$.

$$P(A) = P(X = 2) = \frac{\binom{7}{2}\binom{3}{0}}{\binom{10}{2}} = \frac{7}{15}\,.$$

9. X ... binomialverteilt mit den Parametern $n = 1000$ und $p = 0{,}005$.

$$P(A) = P(X > 5) = 1 - P(X \leqq 5) = 1 - \sum_{k=0}^{5} P(X = k)$$
$$= 1 - \sum_{k=0}^{5} b(k;\, 1000,\, 0{,}005) \approx 1 - \sum_{k=0}^{5} p(k;\, 5)$$
$$= 1 - 0{,}0067 - 0{,}0337 - 0{,}0842 - 0{,}1404 - 0{,}1755 - 0{,}1755$$
$$= 1 - 0{,}6160 = 0{,}384$$ (↗ Tafel 2 des Anhangs)

Kapitel 8

1. $f(x) \geqq 0$ für jede reelle Zahl $x \quad \Leftrightarrow \quad a \geqq 0\,,$

$$\int_{-\infty}^{\infty} f(x)\, \mathrm{d}x = 1 \quad \Leftrightarrow \quad b \neq 0,\ a = b;$$

f ist also genau dann eine Wahrscheinlichkeitsdichte, wenn a positiv und b gleich a ist.

2. $$EX = \int_{-\infty}^{\infty} x\, f_X(x)\, \mathrm{d}x = \int_{-1}^{1} x \cdot \frac{1}{2}\, \mathrm{d}x = 0\,,$$

$$EY = \int_{-\infty}^{\infty} x f_Y(x)\,dx = \int_{-2}^{2} x \cdot \frac{1}{4}\,dx = 0\,,$$

$$EZ = \int_{-\infty}^{\infty} x f_Z(x)\,dx = \int_{-1}^{0} x\,(1+x)\,dx + \int_{0}^{1} x\,(1-x)\,dx = 0\,.$$

3. $$D^2X = \int_{-\infty}^{\infty} (x - EX)^2 f_X(x)\,dx = \int_{-1}^{1} x^2 \cdot \frac{1}{2}\,dx = \frac{1}{3}\,,$$

$$D^2Y = \int_{-\infty}^{\infty} (x - EY)^2 f_Y(x)\,dx = \int_{-2}^{2} x^2 \cdot \frac{1}{4}\,dx = \frac{4}{3}\,,$$

$$D^2Z = \int_{-\infty}^{\infty} (x - EZ)^2 f_Z(x)\,dx = \int_{-1}^{0} x^2\,(1+x)\,dx + \int_{0}^{1} x^2(1-x)\,dx = \frac{1}{6}\,.$$

4. $$F_X(x) = \int_{-\infty}^{x} f_X(t)\,dt = \begin{cases} 0 & \text{für } x \leqq -1 \\ \frac{x+1}{2} & \text{für } -1 \leqq x \leqq +1 \\ 1 & \text{für } x \geqq +1 \end{cases}$$

$$F_Y(x) = \int_{-\infty}^{x} f_Y(t)\,dt = \begin{cases} 0 & \text{für } x \leqq -2 \\ \frac{x+2}{4} & \text{für } -2 \leqq x \leqq +2 \\ 1 & \text{für } x \geqq +2 \end{cases}$$

$$F_Z(x) = \int_{-\infty}^{x} f_Z(t)\,dt = \begin{cases} 0 & \text{für } x \leqq -1 \\ \frac{(x+1)^2}{2} & \text{für } -1 \leqq x \leqq 0 \\ 1 - \frac{(1-x)^2}{2} & \text{für } 0 \leqq x \leqq 1 \\ 1 & \text{für } x \geqq 1\,. \end{cases}$$

5. $$f(x) = \begin{cases} 1 & \text{für } 0 \leqq x \leqq 1 \\ 0 & \text{für } x < -1,\ x > +1 \end{cases}$$

(Für $x \neq 0$, $x \neq 1$ folgt dies aus $f(x) = F'(x)$. Die Festsetzungen $f(0) = f(1) = 1$ sind willkürlich.)

Die Zufallsgröße X ist dadurch gekennzeichnet, daß sie in Teilintervalle gleicher Länge des Intervalls $[0, 1]$ mit der gleichen Wahrscheinlichkeit fällt (↗ 175, Abschnitt 9.1.).

Kapitel 9

1. $P(X < EX) = P\left(X < \frac{1}{\alpha}\right) = F_X\left(\frac{1}{\alpha}\right) = 1 - e^{-\alpha \cdot \frac{1}{\alpha}} = 1 - e^{-1} \approx 0{,}63\,.$

   Die gesuchte Wahrscheinlichkeit ist also unabhängig von α und größer als 0,5.

2. a) Wegen $EX = \frac{1}{\alpha} = 4$ werden durchschnittlich vier Stunden zur Reparatur eines Kraftfahrzeugs benötigt.

   b) $P(X \leqq 6) = F_X(6) = 1 - e^{-0{,}25 \cdot 6} = 1 - 0{,}223 = 0{,}777\,.$

3. a) $P(1{,}8 < X < 2{,}1) = P\left(\frac{1{,}8-1{,}95}{0{,}05} < \frac{X-1{,}95}{0{,}05} < \frac{2{,}1-1{,}95}{0{,}05}\right)$
$= P\left(-3 < \frac{X-1{,}95}{0{,}05} < +3\right) = \Phi(3) - \Phi(-3)$
$= 2\,\Phi(3) - 1 = 0{,}9973$ (↗ Tafel 4).

b) $P(X \geqq 2) = 1 - P(X < 2) = 1 - P\left(\frac{X-1{,}95}{0{,}05} < \frac{2-1{,}95}{0{,}05}\right)$
$= 1 - P\left(\frac{X-1{,}95}{0{,}05} < 1\right) = 1 - \Phi(1) = 0{,}1587.$

Man muß mit etwa 16 Umschlägen in einem Päckchen von 100 Stück rechnen, die eine Masse von mindestens 2 g haben.

4. $P(X \leqq 3{,}5) = P\left(\frac{X-3{,}7}{0{,}3} \leqq \frac{3{,}5-3{,}7}{0{,}3}\right) = P\left(\frac{X-3{,}7}{0{,}3} \leqq -\frac{2}{3}\right) = \Phi\left(-\frac{2}{3}\right)$
$= 1 - \Phi\left(\frac{2}{3}\right) = 1 - 0{,}748 = 0{,}252 \approx 25\%.$

5. a) $P(\text{Ausschuß}) = P(X < 9{,}97) = P\left(\frac{X-10}{0{,}02} < \frac{9{,}97-10}{0{,}02}\right)$
$= \Phi(-1{,}5) = 1 - \Phi(1{,}5) = 0{,}067 = 6{,}7\%$

b) $P(\text{Ausschuß}) = P(X > 10{,}05) = 1 - P(X \leqq 10{,}05)$
$= 1 - P\left(\frac{X-10}{0{,}02} \leqq \frac{10{,}05-10}{0{,}02}\right) = 1 - \Phi(2{,}5) = 0{,}006 = 0{,}6\%.$

c) $P(\text{Ausschuß}) = P(|X - 10| > 0{,}03) = P(X < 9{,}97) + P(X > 10{,}03)$
$= 2\,P(X < 9{,}97) = 2 \cdot 0{,}067 = 0{,}134 = 13{,}4\%.$

d) Aus der Forderung $P(10 - c \leqq X \leqq 10 + c) = 0{,}95$ erhält man:
$P\left(\frac{10-c-10}{0{,}02} \leqq \frac{X-10}{0{,}02} \leqq \frac{10+c-10}{0{,}02}\right) = \Phi\left(\frac{c}{0{,}02}\right) - \Phi\left(\frac{-c}{0{,}02}\right)$
$= 2\,\Phi\left(\frac{c}{0{,}02}\right) - 1 = 0{,}95,$

d. h., $\Phi\left(\frac{c}{0{,}02}\right) = 0{,}975$. Hieraus ergibt sich $\frac{c}{0{,}02} = 1{,}96$ und damit $c = 0{,}0392$.

Als Toleranzgrenzen ergeben sich also 9,9608 mm und 10,0392 mm.

6. X ist binomialverteilt mit den Parametern $n = 10\,000$ und $p = 0{,}5$. Es gilt also insbesondere $EX = 5000$ und $D^2X = np(1-p) = 2500$. Unter Verwendung der im Zusammenhang mit dem Grenzwertsatz von MOIVRE-LAPLACE angegebenen Näherungsformel (↗ 188, Abschnitt 9.3.) erhalten wir
$P(|X - 5000| < 100) = P(-100 < X - 5000 < +100) = P(4900 < X < 5100)$
$\approx \Phi\left(\frac{5100-5000}{\sqrt{2500}}\right) - \Phi\left(\frac{4900-5000}{\sqrt{2500}}\right)$
$= \Phi(2) - \Phi(-2) = 2\,\Phi(2) - 1 = 0{,}955.$

Literaturverzeichnis

Bei den aufgeführten Titeln handelt es sich ausnahmslos um deutschsprachige Titel über Wahrscheinlichkeitsrechnung und mathematische Statistik; Vollständigkeit wurde in keiner Weise angestrebt.

[1] Clauss, G. und H. Ebner: Grundlagen der Statistik für Psychologen, Pädagogen und Soziologen. Volk und Wissen Volkseigener Verlag, Berlin 1967, und Verlag Harri Deutsch, Frankfurt/Main und Zürich 1971.

[2] Fisz, M.: Wahrscheinlichkeitsrechnung und Mathematische Statistik. 5. Auflage, VEB Deutscher Verlag der Wissenschaften, Berlin 1970.

[3] Freudenthal, H.: Wahrscheinlichkeit und Statistik. 2., verbesserte Auflage. R. Odenbourg Verlag, München, Wien 1968.

[4] Gnedenko, B. W.: Lehrbuch der Wahrscheinlichkeitsrechnung. 5. Auflage, Akademie-Verlag, Berlin 1968.

[5] Gnedenko, B. W. und A. J. Chintschin: Elementare Einführung in die Wahrscheinlichkeitsrechnung. 6. Auflage, VEB Deutscher Verlag der Wissenschaften, Berlin 1966.

[6] Goldberg, S.: Die Wahrscheinlichkeit. Eine Einführung in die Wahrscheinlichkeit und Statistik. 3., verbesserte Auflage. Verlag Friedr. Vieweg & Sohn, Braunschweig 1969.

[7] Grenander, U.: Einführung in das Studium der mathematischen Statistik. VEB Fachbuchverlag, Leipzig 1969.

[8] Meschkowski, H.: Wahrscheinlichkeitsrechnung. B • I-Hochschultaschenbücher 285/285a. Bibliographisches Institut, Mannheim, Wien, Zürich 1968.

[9] Morgenstern, D.: Einführung in die Wahrscheinlichkeitsrechnung und mathematische Statistik. 2. Auflage. Springer-Verlag, Berlin, Heidelberg, New York 1968.

[10] Müller, P. H.: Lexikon der Wahrscheinlichkeitsrechnung und mathematischen Statistik. Akademie-Verlag, Berlin 1970.

[11] NEVEU, J.: Mathematische Grundlagen der Wahrscheinlichkeitstheorie. R. Oldenbourg Verlag, München, Wien 1969.

[12] RASCH, D.: Elementare Einführung in die Mathematische Statistik. VEB Deutscher Verlag der Wissenschaften, Berlin 1968.

[13] RÉNYI, A.: Briefe über die Wahrscheinlichkeit. VEB Deutscher Verlag der Wissenschaften, Berlin 1969.

[14] RÉNYI, A.: Wahrscheinlichkeitsrechnung mit einem Anhang über Informationstheorie. 2. Auflage, VEB Deutscher Verlag der Wissenschaften, Berlin 1966.

[15] RICHTER, H.: Wahrscheinlichkeitstheorie. 2. Auflage. Springer-Verlag, Berlin, Heidelberg, New York 1966.

[16] ROSANOW, J. A.: Wahrscheinlichkeitstheorie. Akademie-Verlag, Berlin 1970, und Verlag Friedr. Vieweg & Sohn, Braunschweig 1970.

[17] SWESCHNIKOW, A. A.: Wahrscheinlichkeitsrechnung und Mathematische Statistik in Aufgaben. BSB B. G. Teubner Verlagsgesellschaft, Leipzig 1970.

[18] SMIRNOW, N. W. und I. W. DUNIN-BARKOWSKI: Mathematische Statistik in der Technik. 2. Auflage, VEB Deutscher Verlag der Wissenschaften, Berlin 1969.

[19] STEMPELL, D.: Programmierte Einführung in die Wahrscheinlichkeitsrechnung. Verlag Die Wirtschaft, Berlin 1968, und 2., berichtigte Auflage bei Verlag Friedr. Vieweg & Sohn, Braunschweig 1970.

[20] STORM, R.: Wahrscheinlichkeitsrechnung, mathematische Statistik und statistische Qualitätskontrolle. 3. Auflage, VEB Fachbuchverlag, Leipzig 1969.

[21] WEBER, E.: Grundriß der biologischen Statistik. 6. Auflage, VEB Gustav Fischer Verlag, Jena 1967, und Verlag Gustav Fischer, Stuttgart 1967.

[22] WENTZEL, J.: Operationsforschung. Deutscher Militärverlag, Berlin 1966.

[23] WUNSCH, G.: Systemanalyse (Band 2: Statistische Systemanalyse). VEB Verlag Technik, Berlin 1970, und 2., durchgesehene Auflage bei Verlag Dr. Alfred Hüthig, Heidelberg 1970.

[4] und [13] sind Einführungen in die Wahrscheinlichkeitsrechnung, die den Rahmen dieses Buches nicht übersteigen; in [8] werden die Grundfragen der Wahrscheinlichkeitsrechnung in literarisch außerordentlich ansprechender Form erörtert; [11] enthält neben einer kurzen Stoffdarstellung eine umfangreiche Sammlung von Aufgaben (mit kurzen Lösungen) zur Wahrscheinlichkeitsrechnung; in [6] wird das wesentliche Gedankengut der Wahrscheinlichkeitsrechnung, der mathematischen Statistik und einiger wichtiger daraus hervorgegangener Spezialdisziplinen in Stichworten lexikographisch zusammengefaßt und erläutert.
Die außerdem angeführten Bücher können zur Erweiterung des Wissens über Wahrscheinlichkeitsrechnung und — wie aus den Titeln ersichtlich — teilweise auch zum Studium der mathematischen Statistik und weiterer Anwendungsgebiete der Wahrscheinlichkeitsrechnung herangezogen werden.

Tafel 1: Einzelwahrscheinlichkeiten der Binomialverteilung

$$P(X = k) = b(k; n, p) = \binom{n}{k} p^k (1-p)^{n-k}, \quad k = 0, 1, \ldots, n$$

Freie Stellen bedeuten: $b(k; n, p) < 0{,}0005$

n	k	$p = 0{,}01$	0,02	0,05	0,10	0,15	0,20	0,25	0,30	0,40	0,50
1	0	0,990	0,980	0,950	0,900	0,850	0,800	0,750	0,700	0,600	0,500
	1	0,010	0,020	0,050	0,100	0,150	0,200	0,250	0,300	0,400	0,500
2	0	0,980	0,960	0,902	0,810	0,722	0,640	0,562	0,490	0,360	0,250
	1	0,020	0,039	0,095	0,180	0,255	0,320	0,375	0,420	0,480	0,500
	2			0,002	0,010	0,022	0,040	0,062	0,090	0,160	0,250
3	0	0,970	0,941	0,857	0,729	0,614	0,512	0,422	0,343	0,216	0,125
	1	0,029	0,058	0,135	0,243	0,325	0,384	0,422	0,441	0,432	0,375
	2		0,001	0,007	0,027	0,057	0,096	0,141	0,189	0,288	0,375
	3				0,001	0,003	0,008	0,016	0,027	0,064	0,125
4	0	0,961	0,922	0,815	0,656	0,522	0,410	0,316	0,240	0,130	0,062
	1	0,039	0,075	0,171	0,292	0,368	0,410	0,422	0,412	0,346	0,250
	2	0,001	0,002	0,014	0,049	0,098	0,154	0,211	0,265	0,346	0,375
	3				0,004	0,011	0,026	0,047	0,076	0,154	0,250
	4					0,001	0,002	0,004	0,008	0,026	0,062
5	0	0,951	0,904	0,774	0,590	0,444	0,328	0,237	0,168	0,078	0,031
	1	0,048	0,092	0,204	0,328	0,392	0,410	0,396	0,360	0,259	0,156
	2	0,001	0,004	0,021	0,073	0,138	0,205	0,264	0,309	0,346	0,312
	3			0,001	0,008	0,024	0,051	0,088	0,132	0,230	0,312
	4					0,002	0,006	0,015	0,028	0,077	0,156
	5							0,001	0,002	0,010	0,031

n	k	$p = 0{,}01$	0,02	0,05	0,10	0,15	0,20	0,25	0,30	0,40	0,50
6	0	0,941	0,886	0,735	0,531	0,377	0,262	0,178	0,118	0,047	0,016
	1	0,057	0,108	0,232	0,354	0,399	0,393	0,356	0,303	0,187	0,094
	2	0,001	0,006	0,031	0,098	0,176	0,246	0,297	0,324	0,311	0,234
	3			0,002	0,015	0,041	0,082	0,132	0,158	0,276	0,312
	4				0,001	0,005	0,015	0,033	0,060	0,138	0,234
	5						0,002	0,004	0,010	0,037	0,094
	6								0,001	0,004	0,016
7	0	0,932	0,868	0,698	0,478	0,321	0,210	0,133	0,082	0,028	0,008
	1	0,066	0,124	0,257	0,372	0,396	0,367	0,311	0,247	0,131	0,055
	2	0,002	0,008	0,041	0,124	0,210	0,275	0,311	0,318	0,261	0,164
	3			0,004	0,023	0,062	0,115	0,173	0,227	0,290	0,273
	4				0,003	0,011	0,029	0,058	0,097	0,194	0,273
	5					0,001	0,004	0,012	0,025	0,077	0,164
	6							0,001	0,004	0,017	0,055
	7									0,002	0,008
8	0	0,923	0,851	0,663	0,430	0,272	0,168	0,100	0,058	0,017	0,004
	1	0,075	0,139	0,279	0,383	0,385	0,336	0,267	0,198	0,090	0,031
	2	0,003	0,010	0,051	0,149	0,238	0,294	0,311	0,296	0,209	0,109
	3			0,005	0,033	0,084	0,147	0,208	0,254	0,279	0,219
	4				0,005	0,018	0,046	0,087	0,136	0,232	0,273
	5					0,003	0,009	0,023	0,047	0,124	0,219
	6						0,001	0,004	0,010	0,041	0,109
	7								0,001	0,008	0,031
	8									0,001	0,004
9	0	0,914	0,834	0,630	0,387	0,232	0,134	0,075	0,040	0,010	0,002
	1	0,083	0,153	0,299	0,387	0,368	0,302	0,225	0,156	0,060	0,018
	2	0,003	0,013	0,063	0,172	0,260	0,302	0,300	0,267	0,161	0,070
	3		0,001	0,008	0,045	0,107	0,176	0,234	0,267	0,251	0,164
	4			0,001	0,007	0,028	0,066	0,117	0,172	0,251	0,246
	5				0,001	0,005	0,017	0,039	0,074	0,167	0,246
	6					0,001	0,003	0,009	0,021	0,074	0,164
	7							0,001	0,004	0,021	0,070
	8									0,004	0,018
	9										0,002
10	0	0,904	0,817	0,599	0,349	0,197	0,107	0,056	0,028	0,006	0,001
	1	0,091	0,167	0,315	0,387	0,347	0,268	0,188	0,121	0,040	0,010
	2	0,004	0,015	0,075	0,194	0,276	0,302	0,282	0,233	0,121	0,044
	3		0,001	0,010	0,057	0,130	0,201	0,250	0,267	0,215	0,117
	4			0,001	0,011	0,040	0,088	0,146	0,200	0,251	0,205
	5				0,001	0,008	0,026	0,058	0,103	0,201	0,246
	6					0,001	0,006	0,016	0,037	0,111	0,205
	7						0,001	0,003	0,009	0,042	0,117
	8								0,001	0,011	0,044
	9									0,002	0,010
	10										0,001

Tafel 1: Fortsetzung

n	k	$p=0{,}01$	0,02	0,05	0,10	0,15	0,20	0,25	0,30	0,40	0,50
15	0	0,860	0,739	0,463	0,206	0,087	0,035	0,013	0,005	0,000	0,000
	1	0,130	0,226	0,366	0,343	0,231	0,132	0,067	0,031	0,005	0,000
	2	0,009	0,032	0,135	0,267	0,286	0,231	0,156	0,092	0,022	0,003
	3		0,003	0,031	0,129	0,218	0,250	0,225	0,170	0,063	0,014
	4			0,005	0,043	0,116	0,188	0,225	0,219	0,127	0,042
	5			0,001	0,010	0,045	0,103	0,165	0,206	0,186	0,092
	6				0,002	0,013	0,043	0,092	0,147	0,207	0,153
	7					0,003	0,014	0,039	0,081	0,177	0,196
	8					0,001	0,003	0,013	0,035	0,118	0,196
	9						0,001	0,003	0,012	0,061	0,153
	10							0,001	0,003	0,024	0,092
	11								0,001	0,007	0,042
	12									0,002	0,014
	13										0,003
	14										
	15										
20	0	0,818	0,668	0,358	0,122	0,039	0,012	0,003	0,001	0,000	0,000
	1	0,165	0,272	0,377	0,270	0,137	0,058	0,021	0,007	0,000	0,000
	2	0,016	0,053	0,189	0,285	0,229	0,137	0,067	0,028	0,003	0,000
	3	0,001	0,006	0,060	0,190	0,243	0,205	0,134	0,072	0,012	0,001
	4		0,001	0,013	0,090	0,182	0,218	0,190	0,130	0,035	0,005
	5			0,002	0,032	0,103	0,175	0,202	0,179	0,075	0,015
	6				0,009	0,045	0,109	0,169	0,192	0,124	0,037
	7				0,002	0,016	0,055	0,112	0,164	0,166	0,074
	8					0,005	0,022	0,061	0,114	0,180	0,120
	9					0,001	0,007	0,027	0,065	0,160	0,160
	10						0,002	0,010	0,031	0,117	0,176
	11							0,003	0,012	0,071	0,160
	12							0,001	0,004	0,035	0,120
	13								0,001	0,015	0,074
	14									0,005	0,037
	15									0,001	0,015
	16										0,005
	17										0,001
	18										
	19										
	20										

Diese Tafel ist [13] entnommen.

Tafel 2: Einzelwahrscheinlichkeiten der POISSON-Verteilung

$$P(X = k) = p(k; \lambda) = \frac{\lambda^k}{k!} e^{-\lambda}, \qquad k = 0, 1, 2, \ldots$$

Freie Stellen bedeuten: $p(k; \lambda) < 0{,}00005$

k	λ 0,1	0,2	0,3	0,4	0,5	0,6	0,7	0,8
0	0,9048	0,8187	0,7408	0,6703	0,6065	0,5488	0,4966	0,4493
1	0,0905	0,1637	0,2222	0,2681	0,3033	0,3293	0,3476	0,3595
2	0,0045	0,0164	0,0333	0,0536	0,0758	0,0988	0,1217	0,1438
3	0,0002	0,0011	0,0033	0,0072	0,0126	0,0198	0,0284	0,0383
4		0,0001	0,0003	0,0007	0,0016	0,0030	0,0050	0,0077
5				0,0001	0,0002	0,0004	0,0007	0,0012
6							0,0001	0,0002

k	λ 0,9	1,0	1,5	2,0	2,5	3,0	3,5	4,0
0	0,4066	0,3679	0,2231	0,1353	0,0821	0,0498	0,3020	0,0183
1	0,3659	0,3679	0,3347	0,2707	0,2052	0,1494	0,1507	0,0733
2	0,1647	0,1839	0,2510	0,2707	0,2565	0,2240	0,1850	0,1465
3	0,0494	0,0613	0,1255	0,1804	0,2138	0,2240	0,2158	0,1954
4	0,0111	0,0153	0,0471	0,0902	0,1336	0,1680	0,1888	0,1954
5	0,0020	0,0031	0,0141	0,0361	0,0668	0,1008	0,1322	0,1563
6	0,0003	0,0005	0,0035	0,0120	0,0278	0,0504	0,0771	0,1042
7		0,0001	0,0008	0,0034	0,0099	0,0216	0,0385	0,0595
8			0,0001	0,0009	0,0031	0,0081	0,0169	0,0298
9				0,0002	0,0009	0,0027	0,0066	0,0132
10					0,0002	0,0008	0,0023	0,0053
11						0,0002	0,0007	0,0019
12						0,0001	0,0002	0,0006
13							0,0001	0,0002
14								0,0001

Diese Tafel ist [14] entnommen.

Tafel 2: Fortsetzung

k	λ						
	4,5	5,0	6,0	7,0	8,0	9,0	10,0
0	0,0111	0,0067	0,0025	0,0009	0,0003	0,0001	
1	0,0500	0,0337	0,0149	0,0064	0,0027	0,0011	0,0005
2	0,1125	0,0842	0,0446	0,0223	0,0107	0,0050	0,0023
3	0,1687	0,1404	0,0892	0,0521	0,0286	0,0150	0,0076
4	0,1898	0,1755	0,1339	0,0912	0,0573	0,0337	0,0189
5	0,1708	0,1755	0,1606	0,1277	0,0916	0,0607	0,0378
6	0,1281	0,1462	0,1606	0,1490	0,1221	0,0911	0,0631
7	0,0824	0,1044	0,1377	0,1490	0,1396	0,1171	0,0901
8	0,0463	0,0653	0,1033	0,1304	0,1396	0,1318	0,1126
9	0,0232	0,0363	0,0688	0,1014	0,1241	0,1318	0,1251
10	0,0104	0,0181	0,0413	0,0710	0,0993	0,1186	0,1251
11	0,0043	0,0082	0,0225	0,0452	0,0722	0,0970	0,1137
12	0,0016	0,0034	0,0113	0,0264	0,0481	0,0728	0,0948
13	0,0006	0,0013	0,0052	0,0142	0,0296	0,0504	0,0729
14	0,0002	0,0005	0,0022	0,0071	0,0169	0,0324	0,0521
15	0,0001	0,0002	0,0009	0,0033	0,0090	0,0194	0,0347
16			0,0003	0,0014	0,0045	0,0109	0,0217
17			0,0001	0,0006	0,0021	0,0058	0,0128
18				0,0002	0,0009	0,0029	0,0071
19				0,0001	0,0004	0,0014	0,0037
20					0,0002	0,0006	0,0019
21					0,0001	0,0003	0,0009
22						0,0001	0,0004
23							0,0002
24							0,0001

k	λ				
	12	14	16	18	20
1	0,0001				
2	0,0004	0,0001			
3	0,0018	0,0004	0,0001		
4	0,0053	0,0013	0,0003	0,0001	
5	0,0127	0,0037	0,0010	0,0002	
6	0,0255	0,0087	0,0026	0,0007	0,0002
7	0,0437	0,0174	0,0060	0,0019	0,0005
8	0,0655	0,0304	0,0120	0,0042	0,0013
9	0,0874	0,0473	0,0213	0,0083	0,0029
10	0,1048	0,0663	0,0341	0,0150	0,0059
11	0,1144	0,0844	0,0496	0,0245	0,0106
12	0,1144	0,0984	0,0661	0,0368	0,0176
13	0,1055	0,1060	0,0814	0,0509	0,0271
14	0,0905	0,1060	0,0930	0,0655	0,0387
15	0,0724	0,0989	0,0992	0,0786	0,0517
16	0,0543	0,0866	0,0992	0,0884	0,0645
17	0,0383	0,0713	0,0934	0,0936	0,0760
18	0,0256	0,0554	0,0830	0,0936	0,0844
19	0,0161	0,0409	0,0699	0,0887	0,0888
20	0,0097	0,0286	0,0559	0,0798	0,0888
21	0,0055	0,0191	0,0426	0,0684	0,0846
22	0,0030	0,0121	0,0310	0,0559	0,0769
23	0,0016	0,0074	0,0216	0,0438	0,0669
24	0,0008	0,0043	0,0144	0,0328	0,0557
25	0,0004	0,0024	0,0092	0,0237	0,0445
26	0,0002	0,0013	0,0057	0,0164	0,0343
27	0,0001	0,0007	0,0033	0,0109	0,0254
28		0,0003	0,0019	0,0070	0,0181
29		0,0002	0,0011	0,0044	0,0125
30		0,0001	0,0006	0,0026	0,0084
31			0,0002	0,0015	0,0053
32			0,0001	0,0009	0,0034
33			0,0001	0,0005	0,0020
34				0,0003	0,0013
35				0,0001	0,0007
36					0,0004
37					0,0002
38					0,0001

Tafel 3: Werte der Verteilungsdichte φ der standardisierten Normalverteilung

x	0,00	0,01	0,02	0,03	0,04	0,05	0,06	0,07
0,0	0,39894	0,39892	0,39886	0,39876	0,39862	0,39844	0,39822	0,39797
0,1	0,39695	0,39654	0,39608	0,39559	0,39505	0,39448	0,39387	0,39322
0,2	0,39104	0,39024	0,38940	0,38853	0,38762	0,38667	0,38568	0,38466
0,3	0,38139	0,38023	0,37903	0,37780	0,37654	0,37524	0,37391	0,37255
0,4	0,36827	0,36678	0,36526	0,36371	0,36213	0,36053	0,35889	0,35723
0,5	0,35207	0,35029	0,34849	0,34667	0,34482	0,34294	0,34105	0,33912
0,6	0,33322	0,33121	0,32918	0,32713	0,32506	0,32297	0,32086	0,31874
0,7	0,31225	0,31006	0,30785	0,30563	0,30339	0,30114	0,29887	0,29659
0,8	0,28969	0,28737	0,28504	0,28269	0,28034	0,27798	0,27562	0,27324
0,9	0,26609	0,26369	0,26129	0,25888	0,25647	0,25406	0,25164	0,24923
1,0	0,24197	0,23955	0,23713	0,23471	0,23230	0,22988	0,22747	0,22506
1,1	0,21785	0,21546	0,21307	0,21069	0,20831	0,20594	0,20357	0,20121
1,2	0,19419	0,19186	0,18954	0,18724	0,18494	0,18265	0,18037	0,17810
1,3	0,17137	0,16915	0,16694	0,16474	0,16256	0,16038	0,15822	0,15608
1,4	0,14973	0,14764	0,14556	0,14350	0,14146	0,13943	0,13742	0,13542
1,5	0,12952	0,12758	0,12566	0,12376	0,12188	0,12001	0,11816	0,11632
1,6	0,11092	0,10915	0,10741	0,10567	0,10396	0,10226	0,10059	0,09893
1,7	0,09405	0,09246	0,09089	0,08933	0,08780	0,08628	0,08478	0,08329
1,8	0,07895	0,07754	0,07614	0,07477	0,07341	0,07206	0,07074	0,06943
1,9	0,06562	0,06438	0,06316	0,06195	0,06077	0,05959	0,05844	0,05730
2,0	0,05399	0,05292	0,05186	0,05082	0,04980	0,04879	0,04780	0,04682
2,1	0,04398	0,04307	0,04217	0,04128	0,04041	0,03955	0,03871	0,03788
2,2	0,03547	0,03470	0,03394	0,03319	0,03246	0,03174	0,03103	0,03034
2,3	0,02833	0,02768	0,02705	0,02643	0,02582	0,02522	0,02463	0,02406
2,4	0,02239	0,02186	0,02134	0,02083	0,02033	0,01984	0,01936	0,01889
2,5	0,01753	0,01709	0,01667	0,01625	0,01585	0,01545	0,01506	0,01468
2,6	0,01358	0,01323	0,01289	0,01256	0,01223	0,01191	0,01160	0,01130
2,7	0,01042	0,01014	0,00987	0,00961	0,00935	0,00909	0,00885	0,00861
2,8	0,00792	0,00770	0,00748	0,00727	0,00707	0,00687	0,00668	0,00649
2,9	0.00595	0,00578	0,00562	0,00545	0,00530	0,00514	0,00499	0,00485
	0,0	0,1	0,2	0,3	0,4	0,5	0,6	0,7
3,0	0,00443	0,00327	0,00238	0,00172	0,00123	0,00087	0,00061	0,00042

Diese Tafel ist [14] entnommen.

0,08	0,09
0,39767	0,39733
0,39253	0,39181
0,38361	0,38251
0,37115	0,36973
0,35553	0,35381
0,33718	0,33521
0,31659	0,31443
0,29431	0,29200
0,27086	0,26848
0,24681	0,24439
0,22265	0,22025
0,19886	0,19652
0,17585	0,17360
0,15395	0,15183
0,13344	0,13147
0,11450	0,11270
0,09728	0,09566
0,08183	0,08038
0,06814	0,06687
0,05618	0,05508
0,04586	0,04491
0,03706	0,03626
0,02965	0,02898
0,02349	0,02294
0,01842	0,01797
0,01431	0,01394
0,01100	0,01071
0,00837	0,00814
0,00631	0,00613
0,00471	0,00457
0,8	0,9
0,00029	0,00020

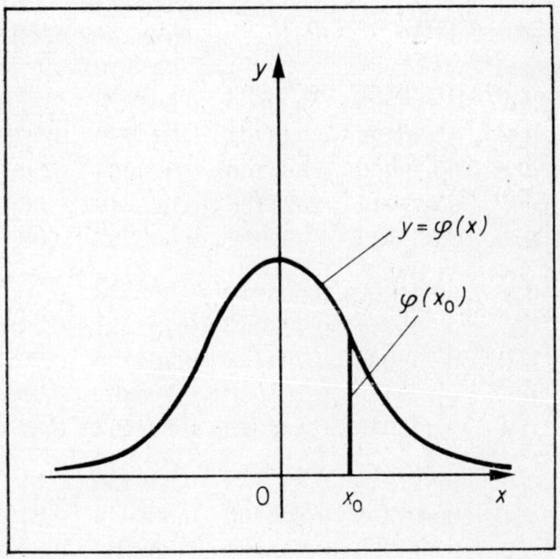

Tafel 4: Werte der Verteilungsfunktion Φ der standardisierten Normalverteilung

x	0,00	0,01	0,02	0,03	0,04	0,05	0,06	0,07
0,0	0,500000	0,503989	0,507978	0,511966	0,515953	0,519938	0,523922	0,527903
0,1	0,539828	0,543795	0,547758	0,551717	0,555670	0,559618	0,563560	0,567495
0,2	0,579260	0,583166	0,587064	0,590954	0,594835	0,598706	0,602568	0,606420
0,3	0,617911	0,621720	0,625616	0,629300	0,633072	0,636831	0,640576	0,644309
0,4	0,655422	0,659097	0,662757	0,666402	0,670031	0,673645	0,677242	0,680822
0,5	0,691462	0,694974	0,698468	0,702944	0,705402	0,708840	0,712260	0,715661
0,6	0,725747	0,729069	0,732371	0,735653	0,738914	0,742154	0,745373	0,748571
0,7	0,758036	0,761148	0,764238	0,767305	0,770350	0,773373	0,776373	0,779350
0,8	0,788145	0,791030	0,793892	0,796731	0,799546	0,802338	0,805106	0,807850
0,9	0,815940	0,818589	0,821214	0,823814	0,826391	0,828944	0,831472	0,833977
1,0	0,841345	0,843752	0,846136	0,848495	0,850830	0,853141	0,855428	0,857690
1,1	0,864334	0,866500	0,868643	0,870762	0,872857	0,874928	0,876976	0,879000
1,2	0,884930	0,886861	0,888768	0,890651	0,892512	0,894350	0,896165	0,897958
1,3	0,903200	0,904902	0,906582	0,908241	0,909877	0,911492	0,913085	0,914656
1,4	0,919243	0,920730	0,922196	0,923642	0,925066	0,926471	0,927855	0,929219
1,5	0,933193	0,934478	0,935744	0,936992	0,938220	0,939429	0,940620	0,941792
1,6	0,945201	0,946301	0,947384	0,948449	0,949497	0,950528	0,951543	0,952540
1,7	0,955434	0,956367	0,957284	0,958185	0,959070	0,959941	0,960796	0,961636
1,8	0,964070	0,964852	0,965620	0,966375	0,967116	0,967843	0,968557	0,969258
1,9	0,971283	0,971933	0,972571	0,973197	0,973810	0,974412	0,975002	0,975581
2,0	0,977250	0,977784	0,978308	0,978822	0,979325	0,979818	0,980301	0,980774
2,1	0,982136	0,982571	0,982997	0,983414	0,983823	0,984222	0,984614	0,984997
2,2	0,986097	0,986447	0,986791	0,987126	0,987454	0,987776	0,988089	0,988396
2,3	0,989276	0,989556	0,989830	0,990097	0,990358	0,990613	0,990862	0,991106
2,4	0,991802	0,992024	0,992240	0,992451	0,992656	0,992857	0,993053	0,993244
2,5	0,993790	0,993963	0,994132	0,994297	0,994457	0,994614	0,994766	0,994915
2,6	0,995339	0,995473	0,995604	0,995731	0,995855	0,995975	0,996093	0,996207
2,7	0,996533	0,996636	0,996736	0,996833	0,996928	0,997020	0,997110	0,997197
2,8	0,997445	0,997523	0,997599	0,997673	0,997744	0,997814	0,997882	0,997948
2,9	0,998134	0,998193	0,998250	0,998305	0,998359	0,998411	0,998462	0,998511
	0,0	0,1	0,2	0,3	0,4	0,5	0,6	0,7
3,0	0,998650	0,999032	0,999313	0,999517	0,999663	0,999767	0,999841	0,999892

Diese Tafel ist [14] entnommen.

0,08	0,09
0,531881	0,535856
0,571424	0,575345
0,610261	0,614092
0,648027	0,651732
0,684386	0,687933
0,719043	0,722405
0,751748	0,754903
0,872305	0,785236
0,810570	0,813267
0,836457	0,838913
0,859929	0,862143
0,881000	0,882977
0,899727	0,901475
0,916207	0,917736
0,930563	0,931889
0,942947	0,944083
0,953521	0,954486
0,962462	0,963273
0,969946	0,970621
0,976148	0,976704
0,981237	0,981691
0,985371	0,985738
0,988696	0,988989
0,991344	0,991576
0,993431	0,993613
0,995060	0,995201
0,996319	0,996427
0,997282	0,997365
0,998012	0,998074
0,998559	0,998605
0,8	**0,9**
0,999928	0,999952

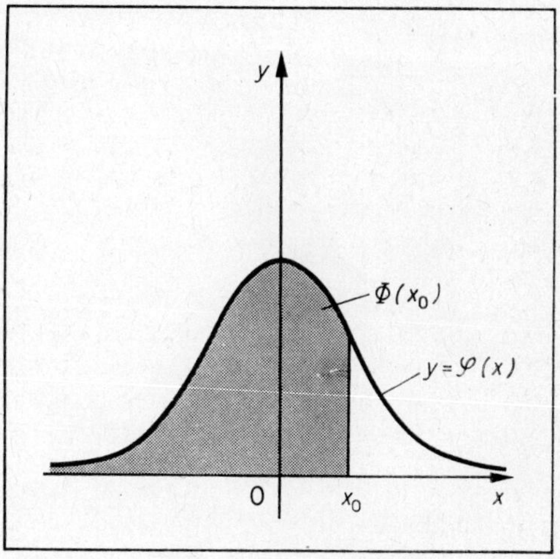

V